圖解系列

圖解

本書特色

● 解決向量在老師與學生內心的疙瘩。

● 難道一定要用物理概念才能學會數學向量嗎？

● 內積、外積在數學與物理各自是什麼意思？

向量與解析幾何

五南圖書出版公司 印行

吳作樂
吳秉翰 /著

閱讀文字

理解內容

觀看圖表

圖解讓

向量與解析幾何

更簡單

前言

　　本書是針對高中生學習「向量」時，產生大量疑惑而寫的一部著作。高中數學課本從物理學的功、力矩的定義導入向量內積、外積的概念，造成學生極大的困惑，並誤以爲僅能經由功、力矩的概念，才能推導出向量的內積與外積，這是相當大的錯誤認知。其中最大的問題是：

1. 如果沒有「功」和「力矩」的概念，就沒有「內積」和「外積」嗎？
2. 沒有「內積」和「外積」，就不能將解析幾何，由二度空間推廣到三度空間嗎？
3. 爲什麼會用物理概念來推論數學，不是說數學是科學的語言嗎？

　　有鑑於此，作者從歷史演進說明及數學推導傳統解析幾何**根本不需要「向量」的概念**，就能夠推廣至三度空間，只是**相當繁瑣**而已。誠然物理學家創造了向量的概念，並啓發了數學家。換句話說，物理爲了正確描述力學現象，建立一套數學語言，而後由數學家接手，建構了向量分析、線性代數，及希爾伯特空間（Hilbert Space），也就是 n 維度空間。但我們仍然不可以將數學與物理混爲一談、這樣會導致兩者關係的混亂，誤會數學需要物理，事實上數學不需借助外力，本身就可說明清楚，也就是自圓其說。

　　作者在本書所要釐清的重點是：

1. 高中數學使用向量學習三度空間內容，是因爲比傳統方法簡潔，而非必要，這個重點應該讓學生清楚知道，並讓學生知道數學不該存在破綻，一門演繹邏輯的科目，不該被誤解爲歸納邏輯。
2. 本書依實際發生過的歷史進展過程詳加說明，徹底去除學生因課本的陳述方式，所產生的歷史錯亂與困惑感，如：柯西不等式、行列式、參數式。爲了解決這種問題，本書將不屬於向量範疇的內容移除，以免學生誤會一定要先會向量才能學會那些內容，並了解傳統解析幾何就足以推導，但較

爲繁瑣，必須知道不用借助向量也可以推導。

3. 點出數學與物理之間的關係，數學是物理的語言，數學可以和物理緊密相關，也可能毫不相關。然而有趣的是，表面上和物理不相關的數學，竟然常常被物理學家或工程師使用在新的領域。有興趣的讀者可參考物理學家 Eugene Wigner 有名的論述：「在自然科學中，數學不可理喻的有效性。」原文是：「The Unreasonable Effectiveness of Mathematics in the Natural Sciences」。

4. 了解內積、外積在數學、物理兩方的關係，而不是混爲一談。數學「餘弦定理」會對應到物理的「功」，其運算動作都稱爲「內積」；數學「平面方程式係數」會對應到物理的「力矩」，其運算動作都稱爲「外積」。現行的內積、外積教學方式，大抵如下述：內積直接用物理來定義，硬套用到數學，不一定解釋。外積用公垂向量解釋外積，或直接用物理來定義，硬套用到數學，不一定能解釋。本書詳細說明向量在數學及物理的歷史發展，並說明數學支撐物理。

5. 認識向量是基礎數學和基礎物理的交界點之一，高中數學從物理應用切入三度空間的數學，導致許多學生產生困惑。雖然數學和物理有錯綜複雜的關係，但我們仍然不該混爲一談。必須理解到數學是建構在演繹邏輯的語言，而物理是建構在歸納邏輯的自然科學，只是用數學語言來表達，物理與數學兩者高度相關，但不相同。作者將所有產生困惑的原因全面清理，期望學生或教師們終能理解。

6. 如果不說明清楚向量概念的原由，將失去一次可以說明數學與物理之間的關係（另一次是拋物線的內容）。而數學與物理之間的關係，實際上是數學支撐物理，而不是物理來說明數學。如果不了解兩者關係，使得有一部分的人將數學當作物理，也就是誤會數學公式如同物理公式一般，會隨著時代被修正，也就是將演繹邏輯當歸納邏輯。

　　作者認為數學教科書應該使學習者學習順暢，而非死背定義。現行教科書用向量作為定理來說明解析幾何，也就是用物理概念強迫學生學向量，再處理數學的解析幾何問題。學生可能不明白內積的意義，若要死背公式（內積）來硬套數學題目，必然會令學習者相當困惑。

　　但作者也能理解到傳統解析幾何非常繁瑣，所以也不希望完全走回原本的老路，最起碼也應該用數學餘弦定理的概念來說明內積，用公垂向量來說明外積，避開物理概念的硬套，才能讓學生接受。如果非要用物理也應該說清楚從何而來，為什麼物理與數學可以相互呼應。為此本書說明了物理為什麼需要創造向量與內積、外積。

　　作者之一多年來，在求學與教學深受上述問題困擾，因為用物理說明數學會導致學生不理解、造成教學困難。作者認為**死背定義的數學學習方式，或說不清楚的數學，根本不配稱為好的數學教育。因為數學是一門可以被說清楚的演繹邏輯，不能說清楚的部分愈少愈好。**因此本書盡可能將向量產生的疑惑納入討論，希望學生不再有困惑，心裡不再存在疙瘩。

　　本書詳述了非常多的細節部分，但實際的核心價值是「釐清內積、外積在數學與物理的混亂」，想要快速解除困惑可以參考 CH1、CH5、CH6 的 6-1 到 6-5、CH7、CH9，至於細節部分可以斟酌跳過。

　　「如果我做的物理問題呈現意料外的豐富數學結構，那麼這個物理理論一定是正確的。我們都知道這個假說曾經被驚人的驗證過，例如愛因斯坦的重力理論與狄拉克的電子理論。」

徐一鴻，華裔美國物理學家

　　本書雖經多次修訂，缺點與錯誤在所難免，歡迎各界批評指正，得以不斷改善。如有問題也可以連絡作者，作者信箱 praxismathwu@gmail.com

　　在本書出版之際，特別感謝義美食品高志明總經理，除了全力資助本書的出版，也長期支持波提思的數學書寫作及出版。

前言

第 1 章　疑惑與歷史

第 2 章　傳統解析幾何

第 3 章　　行列式

第 4 章　　高斯列運算

第 5 章　　向量在物理的意義

第 6 章　向量改變數學的教法

第 7 章　向量從物理到數學，再回到物理

第 8 章　矩陣

第 9 章　總結

附錄

只要一門科學分支能提出大量的問題，它就充滿著生命力，而問題缺乏則預示著獨立發展的終止或衰亡。

——希爾伯特（Hilbert）

在數學的領域中，提出問題的藝術比解答問題的藝術更為重要。

——康托爾（Cantor）

問題是數學的心臟。

——保羅‧哈爾莫斯（PR Halmos）

絕不承認任何事物為真，對於我完全不懷疑的事物才視為真理；必須將每個問題分成若干個簡單的部分來處理；思想必須從簡單到複雜；我們應該時常進行徹底的檢查，確保沒有遺漏任何東西。

——笛卡兒（René Descartes）

我們應該鑽牛角尖，追求問題的本質，而不要死背、盲從，以及不邏輯的爭論。

——波提思（Prxais）

第一章
疑惑與歷史

1-1 向量常見的疑惑

在國中、高中數學，各單元都有當時的實用性，甚至延伸到現在。如：三角函數與3C通訊、指對數的計算。並且各單元的起源也是相當清晰，如：三角函數是為了計算幾何問題與應用；函數是為了討論曲線的概念；幾何證明是為了學會邏輯；指對數與代數是為了幫助計算；不等式為了分析；平面、空間、圓錐曲線是為了討論其對應的代數或是幾何問題；基礎微積分也是為了討論面積、曲線斜率；統計、機率的應用在生活上也很常見。

唯獨向量的學習很突兀，並且應用上是物理居多，**令人納悶數學一定要用物理的概念來解釋嗎**？此外連帶的還有矩陣、行列式、還有向量與平面方程式，這些內容，令學生在向量的學習感到混亂。

學生在向量、矩陣、行列式、平面空間**解析幾何**的學習過程中，大抵上有以下的問題：

1. 為什麼需要向量？傳統幾何與座標的應用，不是已經能夠解決很多問題了嗎？
2. 向量、矩陣、列運算、行列式、平面空間，彼此間關係是什麼？
3. 內積、外積為什麼一定要借助物理來描述？
4. 內積、外積在數學上的意義是什麼？
5. 內積（·）、外積（×）的符號，為什麼用乘號的兩個形式？
6. 為什麼內積公式，既是 $\overrightarrow{OA} \cdot \overrightarrow{OB} = a_1 b_1 + a_2 b_2$，

   又是 $\overrightarrow{OA} \cdot \overrightarrow{OB} = |\overrightarrow{OA}| \times |\overrightarrow{OB}| \times \cos\theta$？

   且為什麼相等：$\overrightarrow{OA} \cdot \overrightarrow{OB} = |\overrightarrow{OA}| \times |\overrightarrow{OB}| \times \cos\theta = a_1 b_1 + a_2 b_2$？

7. 為什麼外積的計算又與行列式有關？
8. 為什麼兩向量的外積長度是兩向量展開的平行四邊形面積？
9. 為什麼三向量所張出的平行六面體體積，恰巧是三階行列式的值？
10. 向量、矩陣、行列式在生活應用上的意義為何？
11. 向量為什麼又是數學，又是物理？實際的情況與關係為何？
12. 為什麼向量在絕對值的展開，是 $|\vec{a} \pm \vec{b}|^2 = |\vec{a}|^2 \pm 2\vec{a} \cdot \vec{b} + |\vec{b}|^2$，而不是

    $|\vec{a} \pm \vec{b}|^2 = |\vec{a}|^2 \pm 2|\vec{a}| \cdot |\vec{b}| + |\vec{b}|^2$。而 $(|\vec{a}| \pm |\vec{b}|)^2 = |\vec{a}|^2 \pm 2|\vec{a}| \cdot |\vec{b}| + |\vec{b}|^2$？

13. 力矩跟平面法向量有什麼關係？$\vec{\tau} = \vec{r} \times \vec{F}$，力矩的 r 不是一個距離嗎？為什麼用向量 $\vec{r}$。

14. 學生提到他並不理解力矩與功的意義，要如何相信可以用內積、外積這兩個數學式來進行計算，以及**最大問題是在物理上具有內積（功）、外積（力矩）的數學式**，請問如何說明在數學上也具有這樣的數學式。

15. 正射影的意義爲何？

如果各自回答每個問題將重複不少內容，所以從**歷史的發展**來看可以更爲清晰這邊的關聯性，將在之後章節回答以上問題。但數學與物理的關係必須各自優先認識，才能有助於理解上述問題。

作者認為理不理解物理的內積、外積概念，都不該令學生與老師誤以為：「物理能硬套在數學上」。最重要的是，數學與物理的關係，全世界的科學家都有一個共識：「物理需要數學的語言來描述自然界」。也就是說是物理需要數學，而不是數學需要物理，數學不需要使用任何自然科學來描述。而解析幾何用向量來教，簡直是倒果爲因；這種教法白白浪費了讓學生認識「自然界中，數學的有效性簡直不可理喻」的機會。

內積是什麼？它在哪裡？見圖 1。

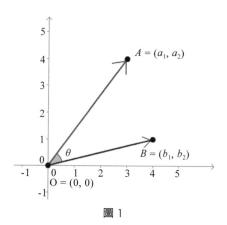

圖 1

外積是什麼？爲什麼平面會變立體？見圖 2。
行列式又是什麼？爲什麼有這種奇特的計算規則？見圖 3。

圖 2   圖 3

1-2 **數學與物理的關係**

　　數學與物理的關係，這個問題可以連同「為什麼要學一堆幾何證明」一起回答。很多學生對於幾何證明的題目太多，感到有疑問，為什麼要練習那麼大量的幾何證明？幾何證明固然可以學習邏輯，但基礎概念理解後其他僅是練習，為什麼有那麼多題目？因為中世紀的僧侶，因戰爭避世，並肩負傳承知識，認為「上帝就是幾何學家（God is Geometer）」、「宇宙的建築師（Architect of the Universe）」，所以僧侶研究幾何問題產生大量的證明；同時文藝復興時期的歐洲人認為希臘的數學是哲學的基礎，故大量練習幾何證明（歐式幾何），更成為近代教科書的內容。

　　僧侶為什麼要研究數學？因為在西方的文化，理性占文化很大一部分，並且神學、哲學、數學的關係是密不可分的。同時更早**希臘時期的大哲學家 —— 柏拉圖也曾說過「經驗世界是真實世界的投影」**。其意義為我們處的世界具有很多數學規則，有些已經理解成為了經驗，有些是由這些組合成為新的經驗，但仍不夠完善。所以要學習數學的目的是為了解**神創造世界的原理**。

　　為什麼他們從數學切入，而不是從其他科目切入，如：物理、化學？因為科目本質性的不同，可以從幾個角度來討論原因。

1. 出錯修正的機率

　　數學是零修正，唯一需要修正的情形，僅是取有效位數產生的誤差，如：圓周率，微積分（200 年來都沒變，且不需要改變）。

　　物理、化學則是隨時代進步而修正模型公式。

2. 研究的方式

　　數學是演繹邏輯的學問。

　　物理、化學是經驗結果論（歸納邏輯）的科學，科技進步就會更改，如：拋物線的軌跡、四大元素到現在週期表。

3. 由真實經驗假設最基礎的情形

　　數學是可以理解的、不必再質疑準確性的公理做為**最小元件**。

　　如：$1 + 1 = 2$。再以此基礎來組合定義新的數學式，且不需質疑與驗證。

　　並且**數學**進步**可視作由小元件到大物品**的組合。

　　物理、化學是以現在的科技能觀察到的情形，做為元件，因科技進步，觀察到在更大的情形不符合，就必須修正。如：牛頓力學與愛因斯坦的相對論，或是要說明此方程式對於此情形是正確的，須實驗確定真實性。並且**物理、化學**進步**可視作元件由半成品到大物品**的組合，但須驗證，因為不清楚此半成品的理論是否正確，可能會導致**大物品的實驗產生錯誤；以及半成品是否可以分解為更細小的元件**。如：四大元素→週期表→電子中子→夸克→超弦理論。

4. 數學家與物理、化學家目標不同：

　　數學家組合出新數學式後，並不一定知道可以用在哪裡，只知道演繹出來的結果是

正確的，並認為這是具藝術美感，不知道也不在乎有何意義，可能未來有一天就有用了。

例子 1：數論學家哈代明確指出，他的數論研究就是一堆與現實沒關係卻正確而美麗的數學，但在 50 年後卻被大量用在密碼學上。

例子 2：虛數 $i = \sqrt{-1}$ 的意義是什麼？一開始源自卡當的三次方程式求解。但在實際生活應用上不知能做什麼，但在 19 世紀發展成複變函數理論，成為近代通訊、與物理的基礎。

例子 3：複數的奇異點討論，是以純數學的角度在討論，完全不知道與大自然有何關連性，但是近代物理學家發現黑洞的概念完全吻合奇異點的數學描述。

　　物理學家與數學家相當不同，大部分是先有目標，再尋找適當的數學式，並驗證，但有可能不符合而需要修正，有些時候也會與數學家合作找出適當的數學式。

　　當然在早期的科學，也是有著研究出不知能做什麼用的情形，如：法拉第對於電磁學的研究，做出了馬達，見圖1，他展示給國王看。國王問說能做什麼用？法拉第回：不知道，但總有一天能從此物品延伸的器械上抽取稅賦。之後果然可以抽取稅賦。

結論：**討論數學對於研究真理是具有成效的。也要明白數學不是科學，而是幫助描述科學的語言。**如果我們對數學學習感覺不舒服、不直覺，這是不對的。數學建構在邏輯之上，不熟悉要多練習、不理解要多思考。但總不會突兀的多了一個新的方法，令人不舒服、不直覺。數學的產生雖不像物理、化學全因現實需要而產生關係式，但也是因計算需要而產生關係式。這可以引用**數學家龐加萊的話「如果我們想要預見數學的將來，適當的途徑是研究這門學科的歷史和現狀。」**

　　同理如果對於學習不舒服、不直覺，將會干擾學習的熱忱，並且對數學家產生神化的感覺。同時臺灣的數學教育大多利用背公式而不去理解，將會降低創意與思考，變相來說就是影響了數學未來的發展。所以可以把數學家龐加萊這段話延伸到另一個層面，**「如果我們想要學習數學的保持直覺性與創意性，適當的途徑是研究這門學科的歷史和現狀。」**

補充 1：戰爭避世產生一堆幾何證明，好比黑死病時期部分人躲在城堡中寫吸血鬼、狼人小說。

補充 2：複數的奇異點討論，近代物理學家發現吻合黑洞的概念。因此近代物理學家，開始思考是否有更多的純數學理論可以吻合大自然。而實際上的情形的確如此，如：超弦理論。為什麼可以這樣作？因為數學的演繹邏輯不會有錯誤，而物理的歸納邏輯有時會出現問題。這樣的情況再次說明：**「在自然科學中，數學不可理喻的有效性。」**

圖1　1827 年的馬達，取自 WIKI CC3.0

1-3 **數學的歷史**

在學習數學過程中，從 1、2、3、…… 的整數，到分數，到小數，到未知數，到負數，也到了虛數與複數；圖形觀念也從規則的幾何形狀，到不規則的拓樸等；同時也從二度空間走向三度，甚至是多維度，及無窮維度空間的討論。

有趣的是，數學歷史可以自成一個脈絡，不用夾雜其他的科目，順利的延伸。但在臺灣的數學教育有關於行列式、向量、矩陣，卻必須加入物理概念，相當混亂。作者猜測是爲了幫助簡化學習而設計的課程，但卻會令人感覺相當突兀，太多的名詞，與突如其來的定義。而這些問題從歷史上來看就一目了然，由原本的方法太過麻煩並且無法推廣，不斷的更新與修正。

首先從傳統幾何意義與座標系開始，也就是解析幾何，其實已經可以解決當時很多問題。但當數學家將代數問題慢慢推廣後發現原本的方法不夠使用，首先出現了行列式（這與現在課本順序不同），接著出現矩陣的概念；同時物理學家爲了解決所遇到的數學式問題，將行列式拆開成一行一行來研究，發明出向量的概念。

而後數學家也將物理學家向量的概念繼續發展，使得更加完善。可以發現數學的起源，也需要其他科目的靈感來加以茁壯。最後這三個概念（行列式、矩陣、向量）內容的相互討論，就是現在的高中數學內容。

向量與矩陣是現代數學的一個分支，也是電腦動畫的根本。需要了解到，數學的知識必須走在科技前面，即便是數學知識在當下不知能否用到，但在未來的某一天它可能成爲科技的重要基礎。參考圖 1，了解歷史順序。

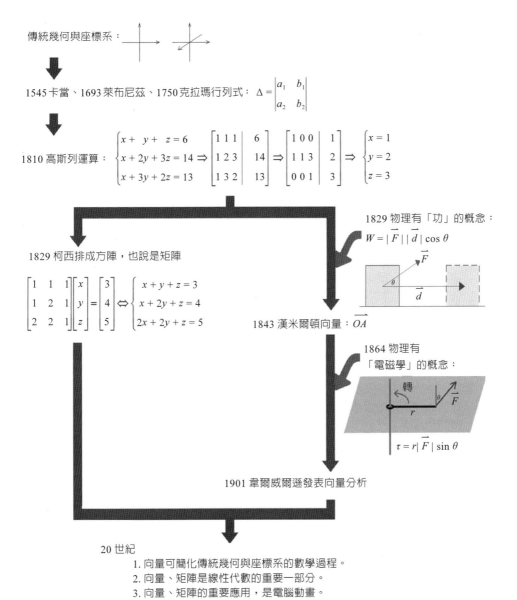

傳統幾何與座標系：

1545卡當、1693萊布尼茲、1750克拉瑪行列式：$\Delta = \begin{vmatrix} a_1 & b_1 \\ a_2 & b_2 \end{vmatrix}$

1810高斯列運算：$\begin{cases} x + y + z = 6 \\ x + 2y + 3z = 14 \\ x + 3y + 2z = 13 \end{cases} \Rightarrow \left[\begin{array}{ccc|c} 1 & 1 & 1 & 6 \\ 1 & 2 & 3 & 14 \\ 1 & 3 & 2 & 13 \end{array} \right] \Rightarrow \left[\begin{array}{ccc|c} 1 & 0 & 0 & 1 \\ 1 & 1 & 3 & 2 \\ 0 & 0 & 1 & 3 \end{array} \right] \Rightarrow \begin{cases} x = 1 \\ y = 2 \\ z = 3 \end{cases}$

1829柯西排成方陣，也說是矩陣

$\begin{bmatrix} 1 & 1 & 1 \\ 1 & 2 & 1 \\ 2 & 2 & 1 \end{bmatrix} \begin{bmatrix} x \\ y \\ z \end{bmatrix} = \begin{bmatrix} 3 \\ 4 \\ 5 \end{bmatrix} \Leftrightarrow \begin{cases} x + y + z = 3 \\ x + 2y + z = 4 \\ 2x + 2y + z = 5 \end{cases}$

1829物理有「功」的概念：
$W = |\vec{F}| |\vec{d}| \cos \theta$

1843漢米爾頓向量：$\vec{OA}$

1864物理有「電磁學」的概念：

$\tau = r |\vec{F}| \sin \theta$

1901韋爾威爾遜發表向量分析

20世紀
1. 向量可簡化傳統幾何與座標系的數學過程。
2. 向量、矩陣是線性代數的重要一部分。
3. 向量、矩陣的重要應用，是電腦動畫。

圖1

1-4 太多新的定義

在向量單元，因為借用物理的部分說明數學，令人困惑是否要有物理才能學數學，來解決解析幾何部分的內容。同時課本的歷史順序錯亂，導致大家只能死背，不明白學習的目的。這個單元對於學習的熱忱有著嚴重打擊，這個打擊就是要求學生只能硬性的接受與死背公式。

我們的數學教科書常常充滿一堆的數學名詞，如定義、規定、命名、推導、推論、猜測、結論、定理、性質、關係式、線性組合、律、一般式、方程式、不等式、恆等式、標準式、面積公式、差角公式、分點座標公式、乘法公式。導致學習一團混亂，但最後不管是什麼名詞，大多數人通通統稱為公式，就是要背，見圖 1。其實**最嚴重的影響是沒有培養到邏輯順序觀念**。

如果把全部的數學都一概而論當作同一層級，就會把數學學得**莫名其妙**。**那麼要如何解決這個問題，先認識數學名詞，以及歷史由來與意義，不要死背**。

1. 定義：命名、規定某情況的意義，如：定義負數的觀念。
2. 公理：不證自明的現象稱為公理，也就是數學推理的起點。如：歐幾里得 Euclidean 的平行公理：通過一個不在直線上的點，有且僅有一條不與該直線相交的直線，見圖 2。
3. 定理：由定義、公理推導的結論，其中包含律、法則、性質等，

對於數學的名詞我們只需要這三個「定義」、「公理」、「定理」。而推理的需要使用的動詞：「推導」、「推論」、「結論」。只要這些就夠了，不需要五花八門的一堆詞。

所以可以知道定理是由定義與公理推導來的，也就是可以認知定理是第二層而定義與公理是第一層，也就是規則的起點。所以如果可以完整理解這個觀念，就能知道事情是有邏輯且有分層級，見圖 3。

利用數學學好邏輯，以免造成一堆莫名其妙事情。同時也要避免用公式這個含混不清的名詞，導致何者為起點：定義、公理；何者為推導的結果：定理，兩者邏輯順序不清。當我們有弄清楚的習慣之後，自然而然會習慣有道理後才學習吸收數學的觀念，不然只是在死背一堆公式。

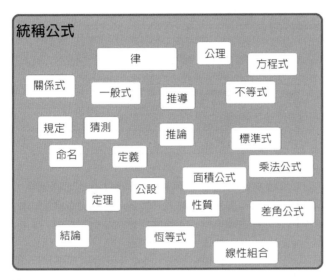

圖 1

圖 2

圖 3

1-5 向量的教學順序令人困惑

　　傳統解析幾何與用向量學習的解析幾何兩者的差異性在哪？傳統解析幾何較直覺，但大多數不方便解題。利用向量學習的解析幾何較不直覺，但大多數方便解題。而兩者的差異性，可見表1。

表1

	學習	繁瑣度	解題
傳統解析幾何	直覺	高	大多不易
向量	較不直覺	低	大多容易

　　臺灣的教育，空間的解析幾何教育幾乎都用向量來教，失去了直覺性，也沒有按照歷史發展教學，使得學生在這一部分是跳躍式的學習。有關高中向量的教學是：
　　第三冊、第二章直線與圓，直線方程式等平面座標的解析幾何內容。
　　第三冊、第三章平面向量，3-1～3-3 平面向量內容。
　　第三冊、第三章平面向量，3-4 面積與二階行列式，**但行列式不是向量**。
　　第四冊、第一章空間向量，1-1～1-3 空間向量內容。
　　第四冊、第一章空間向量，1-4 外積、體積與行列式，**但行列式不是向量**。
　　第四冊、第二章空間的平面與直線，平面方程式、空間的直線方程式、三元一次聯立方程式，等空間座標的解析幾何內容，**大部分利用向量求解**。
　　第四冊、第三章矩陣，矩陣相關內容。
　　第四冊、第四章二次曲線，拋物線、橢圓、雙曲線內容，平面座標的解析幾何內容。
　　再看一次發展順序圖，見圖1，**底圖為歷史順序，標碼是現行的順序，看線條可以發現順序很不合理**，可以發現教學與實際歷史發展有很大的不同。而這會發生什麼問題？學生最常問的問題是學這個要做什麼應用？當時的數學發展為什麼會發展出這個？這樣就無法回答了，誤會一定要會向量才能學空間幾何。當然這可能是設計來讓學生學習輕鬆，但以教學經驗來看是破壞學習的直覺性，簡直荒謬。
　　同時以現行學習順序是，見表2，數字為順序。這樣相當弔詭，明明是同一單元的內容，卻用平面、空間的關係切開。

表2

	解析幾何	向量	行列式	矩陣
2度空間	1、9	2	3	7
3度空間	6 大多用向量	4	5	8

這樣的教學順序作者認為極為荒謬，因為平面後空間，是一個延伸的概念，沒必要切開，導致教學及學習上的不連貫。作者認為應該按照歷史的發展，二度完就三度，比較有連貫性，見表3。而太深的數學推導可以跳過，或是以附錄方式，或是之後用向量再次補充證明即可。

表3

	解析幾何	向量	行列式	矩陣
2度	1	7	3	5
3度	2	8	4	6

高斯曾說過，數學是一隻雪地裡的狡猾狐狸，走過去就把足跡抹去。而後來的人只會發現起點、終點，也就是數學家整理好的說明流程、或是教學流程，然後大家就誤以為數學家都是天才怎麼可以想的到，殊不知只是把嘗試錯誤的部分抹去。

同樣的在解析幾何，作者認為這邊有兩隻狐狸，一隻是數學老狐狸，另一隻是物理向量狐狸。數學老狐狸為了解決解析幾何，繞來繞去，最後到達目的地。而物理向量狐狸也是走走跳跳到了目的地，但是比數學老狐狸快，因為老狐狸跳不動，而物理向量狐狸遇到一些不高的障礙物（內積為0）一跳就過去了。

現在的教學就是看不到這兩隻狐狸的足跡，自行找了一條路，但狐狸的狡猾，使得不少足跡被抹去了（大部分的傳統解析幾何被抹去，而功與力矩概念未說明清楚），難免會覺得混亂不堪。**所以在討論解析幾何時，應該思考如何讓學生更加直覺的學習。**

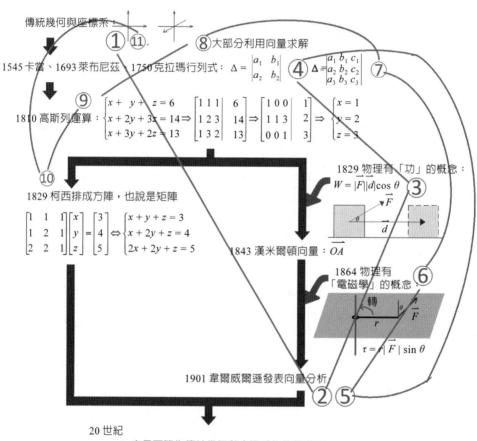

傳統幾何與座標系：

①⑪　　　　　⑧大部分利用向量求解

1545卡當、1693萊布尼茲、1750克拉瑪行列式：$\Delta = \begin{vmatrix} a_1 & b_1 \\ a_2 & b_2 \end{vmatrix}$　④ $\Delta = \begin{vmatrix} a_1 & b_1 & c_1 \\ a_2 & b_2 & c_2 \\ a_3 & b_3 & c_3 \end{vmatrix}$　⑦

⑨

1810高斯列運算：$\begin{cases} x + y + z = 6 \\ x + 2y + 3z = 14 \\ x + 3y + 2z = 13 \end{cases} \Rightarrow \begin{bmatrix} 1 & 1 & 1 & 6 \\ 1 & 2 & 3 & 14 \\ 1 & 3 & 2 & 13 \end{bmatrix} \Rightarrow \begin{bmatrix} 1 & 0 & 0 & 1 \\ 1 & 1 & 3 & 2 \\ 0 & 0 & 1 & 3 \end{bmatrix} \Rightarrow \begin{cases} x = 1 \\ y = 2 \\ z = 3 \end{cases}$

⑩

1829柯西排成方陣，也說是矩陣

$\begin{bmatrix} 1 & 1 & 1 \\ 1 & 2 & 1 \\ 2 & 2 & 1 \end{bmatrix} \begin{bmatrix} x \\ y \\ z \end{bmatrix} = \begin{bmatrix} 3 \\ 4 \\ 5 \end{bmatrix} \Leftrightarrow \begin{cases} x + y + z = 3 \\ x + 2y + z = 4 \\ 2x + 2y + z = 5 \end{cases}$

1829 物理有「功」的概念：③

$W = |\vec{F}||\vec{d}|\cos\theta$

1843 漢米爾頓向量：$\overrightarrow{OA}$

1864 物理有「電磁學」的概念：⑥

$\tau = r|\vec{F}|\sin\theta$

1901韋爾威爾遜發表向量分析

②⑤

20世紀

1. 向量可簡化傳統幾何與座標系的數學過程。
2. 向量、矩陣是線性代數的重要一部分。
3. 向量、矩陣的重要應用，是電腦動畫。

Note

數學方法滲透並支配著一切自然科學的理論分支。它愈來愈成為衡量科學成就的主要標誌了。

——馮紐曼（John von Neumann）

幾何學有兩個寶貝，一個是畢氏定理，另一個是黃金分割。前者如黃金，後者如珍珠。

——克卜勒（Johannes Kepler）

笛卡兒的解析幾何和牛頓與萊布尼茲的微積分，大大擴展了數學的想法，使數學成為科學不可或缺的工具。

——尼古拉斯．默里．巴特勒（Nicholas Murray Butler）

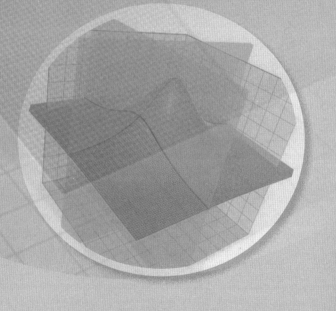

第二章
傳統解析幾何

2-1 笛卡兒的平面座標

　　在進入向量空間前，先回到傳統幾何與座標系的認識。西元 1596 年法國數學家笛卡兒（René Descartes）創立了平面座標的架構。笛卡兒創立座標系，也稱「笛卡兒座標系」。而他爲什麼會想作出座標系？據說當他躺在床上，觀察一隻蒼蠅在天花板上移動時，他想知道蒼蠅在牆上的移動距離，思考後，發現必須先知道蒼蠅的移動路線（路徑）。這正是平面座標系的誘因，但要如何描述此路線，他還經歷另一件事情，才找到方法。見圖 1。

　　在晚上休息之餘，他看到滿天的星星，這些星星如何表示位置，如果用以前的方法，拿出整張地圖，再去找出那顆星星，相當費時費力，而且也不好說明。只能說在哪個東西的旁邊。這只是「相對位置」的說法，並不夠直接。笛卡兒從軍時，由於要回報給上級部隊的位置，但無論是他拿著地圖比在哪，或是說在多瑙河上游左岸、或是下游的右岸等，這些找指標物，然後說一個相對位置，這是很沒有效率的說法，所以他開始思考如何好好描述位置。

　　有一天晚上笛卡兒正在思考不睡覺，被查鋪的排長拉出去到野外。在野外，排長說笛卡兒整天在想著，如何用數學解釋自然與宇宙，於是告訴他一個好方法。從背後抽出 2 支弓箭，對他說把它擺成十字。一個箭頭一端向右，另一個箭頭向上，箭可以射向遠方，高舉過頭頂。頭上有了一個十字，延伸出去後天空被分成 4 份，每個星星都在其中一塊。笛卡兒反駁：早在希臘人就已經使用在畫圖上，哪有什麼稀奇的地方。況且就算在上面標刻度，那負數又應該擺放在哪裡，排長就說了一個方法，把十字交叉處定爲 0，往箭頭的方向是正數，反過來是負數，不就可以用數字去顯示全部位置了嗎，笛卡兒就大喊這是個好方法，想去拿那 2 支箭，排長將弓箭丟到河裡，笛卡兒追出去，想拿來研究，沒想到溺水了，之後被救醒。笛卡兒抓著排長大問，剛說了什麼，排長不理他，繼續叫下一個士兵起床，笛卡兒發現原來是夢，馬上拿出筆把夢裡面的東西寫下來，平面座標就此誕生了。

　　平面座標與方程式結合在一起，最後有了函數的觀念，笛卡兒將代數與幾何連結在一起，而不是分開的兩大分支。幾何用代數來解釋，而代數用幾何的直觀更容易看出結果與想法。於是笛卡兒把這兩大分支合在一起，把圖形看成點的連續運動後的軌跡，最後點在平面上運動的想法，進入了數學。見圖 2、3、4。

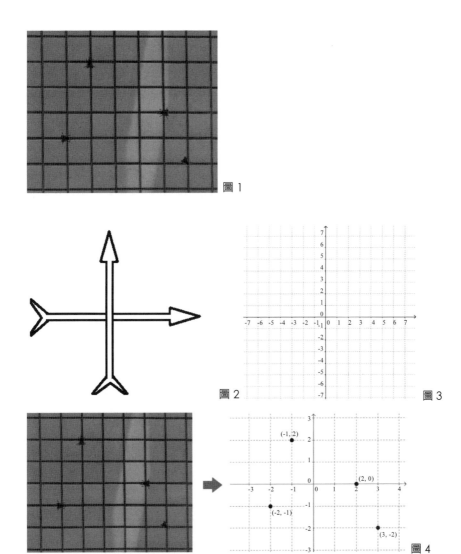

圖 1

圖 2

圖 3

圖 4

2-2 平面座標系的直線方程式 (1)：由來

在國中學過兩個變數的方程式，如：$2x - y - 1 = 0$，此方程式可在平面座標上繪圖得到一條直線。由**方程式找出兩點** $(1, 1)$、$(2, 3)$，連成一線就是該方程式。

由方程式 $2x - y - 1 = 0$ 找到適當的點 $(1, 1)$、$(2, 3)$ 是容易的，而由點找到方程式是不容易的，但我們知道點是可以代入方程式使得等式成立。如 $(1, 1)$ 代入 $2x - y - 1 = 0$，可得到左式 2-1-1，的確等於右式。所以當由點來求方程式時就必須將點代入方程式，確定方程式是否成立。

同時有兩個未知數 x、y 的方程式可記作：$Ax + By + C = 0$，A、B 為係數、C 為常數。如果我們要由點 $(1, 1)$、$(2, 3)$ 來還原直線方程式，就必須將點 $(1, 1)$、$(2, 3)$ 代入 $Ax + By + C = 0$，可以得到 $\begin{cases} A + B + C = 0 ...(1) \\ 2A + 3B + C = 0 ...(2) \end{cases}$，可以發現並不好處理。

解該聯立方程式的方法，將 (1) 式 $A + B + C = 0$，移項得到 $C = -A - B$ 代入 (2) 式，得到 $2A + 3B - A - B = 0$，也就是 $A + 2B = 0$，$A = -2B$ 得到 (3) 式，代回 (1) 式，得到 $-2B + B + C = 0$，也就是 $B = C$，所以 $\begin{cases} A = -2B \\ B = C \end{cases}$，其比例關係是 $\begin{cases} A : B = -2 : 1 \\ B : C = 1 : 1 \end{cases}$，接著處

理連比，
$$
\begin{array}{ccc}
A & : \ B & : \ C \\
-2 & 1 & \\
& 1 & 1 \\
\hline
-2 & : \ 1 & : \ 1
\end{array}
\Rightarrow A : B : C = 2 : 1 : 1，所以可設 \begin{cases} A = -2R \\ B = R \\ C = R \end{cases} 代入 Ax + By +
$$

$C = 0$，得到 $-2Rx + Ry + R = 0$，同除 $-R$，化簡後得到 $2x - y - 1 = 0$，與原方程式相同。

我們可以發現這方法相當不好用，所以國中一般沒有教，而是用另外一個方法 $y = ax + b$ 來代入求解。$y = ax + b$ 是如何產生的？原本的方程式為 $Ax + By + C = 0$ 經移項後 $By = -Ax - C$，同除後 $y = -\dfrac{A}{B}x - \dfrac{C}{B}$，而因為係數不喜歡太複雜，所以改寫為 $y = ax + b$。當方程式改寫為 $y = ax + b$，這樣可以降低一個係數，並表示除了 y **的係數為 0** 外的方程式。

所以我們已知兩點時，代入 $y = ax + b$，可解出係數，求得直線方程式。如：$(1, 1)$、$(2, 3)$，代入 $y = ax + b$ 可得 $\begin{cases} 1 = a + b \\ 3 = 2a + b \end{cases}$，解得 $y = 2x - 1$，觀察圖 1。

並且從方程式上找出 $C(3, 5)$，從圖 3 觀察也是可以確認 C 在直線上，利用 $(1, 1)$、$(3, 5)$，可解得 $y = 2x - 1$，所以 $C(3, 5)$ 真的在 $(1, 1)$、$(2, 3)$ 構成的直線上。如果找一個不在方程式上的反例 $(3, 7)$ 與 $(1, 1)$ 解得 $y = 3x - 2$，所以 $(3, 7)$ 不在 $(1, 1)$、$(2, 3)$ 構成的直線上。觀察圖 3。

結論：爲了方便起見我們的直線方程式就變成了 $y = ax + b$，但他不包括鉛錘線，因爲鉛錘線是 y 係數是 0 的線，如：$x = 2$

註：以往課本在符號上用 $y = ax + b$ 與 $ax + by + c = 0$，會讓人混淆，這是一種偷懶的寫法。兩方程式的 a、b 是不同的意義，必須寫作 $y = ax + b$ 與 $Ax + By + C = 0$ 才正確。

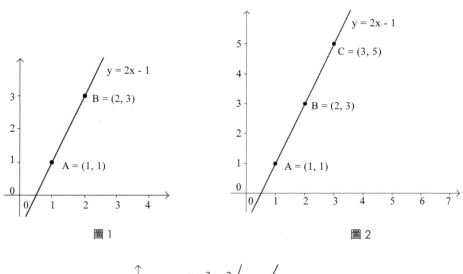

圖1　　　　　　　　　　　　　　圖2

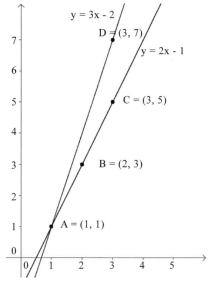

圖3

2-3 平面座標系的直線方程式 (2)：斜截式

　　已知 $y = ax + b$ 的概念後，繼續討論這個方程式，但先不討論常數 b，先討論 a，也就是討論 $y = ax$。先看圖 1，可以看到 $y = 2x$ 的直線傾斜程度，再看看 $y = 3x$ 的直線傾斜程度，以及 $y = 4x$ 的直線傾斜程度，可以發現數字愈大就愈傾斜。而傾斜程度定義為斜率，其數字意義為 $\dfrac{\Delta y}{\Delta x} = \dfrac{y_1 - y_0}{x_1 - x_0}$，見圖 2。所以可知 $y = ax$ 的 a 是斜率，而斜率的數學符號是 m，所以數學上又記作 $y = mx$。

　　接著討論當 m 是負數時的情況，先看圖 3，可以看到 $y = -2x$ 的直線傾斜程度，再看看 $y = -3x$ 的直線傾斜程度，以及 $y = -4x$ 的直線傾斜程度，可以發現負數的數字部分愈大就愈傾斜。只是與正數時是相反的，左下右上變成左上右下，見圖 4，$y = 2x$ 與 $y = -2x$ 的比較。

註 1：斜率的英文是 slope，但有趣的是它的數學符號卻是 m，其中原因已經不可考，但如果用 slope 的字首字母，就會變成 $y = sx$，念起來相當拗口，所以換另外一個字母是可被理解的。

　　可以發現 $y = ax$，必通過 $(0, 0)$，但直線不是都一定要經過原點，如果將 $y = 2x$ 的線，向上平移 1 單位長，見圖 5，可發現通過 $(0, 1)$、$(1, 3)$，再利用 $y = ax + b$ 求解，可以得到通過 $(0, 1)$、$(1, 2)$ 的方程式為 $y = 2x + 1$。

　　同理 $y = 3x$ 的線，向上平移 2 單位長，見圖 6，可發現通過 $(0, 2)$、$(2, 8)$，再利用 $y = ax + b$ 求解，可以得到通過 $(0, 1)$、$(2, 8)$ 的方程式為 $y = 3x + 2$。所以我們可以知道 $y = ax + b$ 的 b 值，就是過 y 軸的點座標數值，也就是 $(0, b)$ 必過 $y = ax + b$，這個距離稱為 y 截距。

　　所以 $y = ax + b$，因為有斜率 a，也有截距 b，必通過 $(0, b)$，故被稱為**斜截式**。更常用的寫法是 $y = mx + k$，斜率 m，截距 k，必通過 $(0, k)$。為什麼用 k 後面會說明。

註 2：因為學生對於符號的抽象度不一，如果不同的寫法，卻說是同一種意義，部分學生會混淆。所以有時候會聽到 $y = ax + b$ 是直線方程式，$y = mx + k$ 是斜截式，將其區分開來才不會錯亂。但其實都是直線方程式，只是不同字母的寫法，而 $y = ax + b$ 與 $y = mx + k$，都是斜截式。

結論：已知斜率與截距時，利用斜截式就可以直接寫出方程式，如斜率是 0.5 與截距 2，則直線方程式為 $y = 0.5x + 2$。

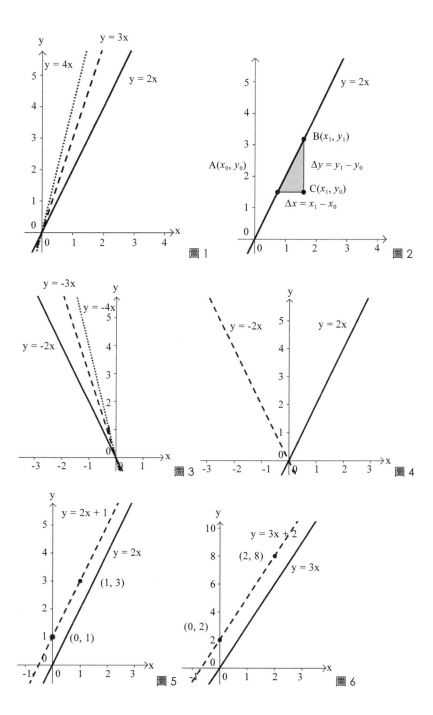

圖 1

圖 2

圖 3

圖 4

圖 5

圖 6

2-4 平面座標系的直線方程式 (3)：點斜式、截距式

點斜式

在討論平面直線時，更常是只知道其中一點，與斜率，所以有必要找出一個好用的方程式來加以利用。而任意點在數學上經常是用 (x_0, y_0) 或是 (h, k) 來表示。

註 1：(h, k) 用在一點時，而 (x_0, y_0) 可用在一點時，見圖 1。或是有多點需要表示時，如需要表示 2 個點的時後就會寫作 (x_0, y_0) 與 (x_1, y_1)，或是有的人下標習慣從 1 開始，也寫作 (x_1, y_1) 與 (x_2, y_2)，見圖 2。

註 2：某一點 (h, k) 為什麼用 h 跟 k？因為是按照字母排序，a、b、c、d、e 是常用係數，f、g 是函數，所以只好用 h 跟 k。同時 l 與 o 因為跟 1 與 0 太像，數學符號很少用到。

用任意一點，與斜率作出的直線方程式，我們通常會是用直線上一點 (h, k) 與斜率 m，見圖 3。點斜式方程式的推導過程為，已知直線方程式 $y = ax + b$，必通過 (h, k)，且斜率 m。所以代入後可以得到 $k = mh + b$，而 $k - mh = b$，及 $a = m$，代入直線方程式 $y = ax + b$，得到 $y = mx + k - mh$，化簡後得到 $y - k = m(x - h)$。

驗證 $y - k = m(x - h)$ 是否存在一點為 (h, k)，左式為 $k - k = 0$，右式為 $m(h - h) = 0$，所以等號成立，故 $y - k = m(x - h)$ 是可以使用的直線方程式，當你有一點，及斜率時可以直接得到直線方程式。如：一直線通過 $(3, 4)$，斜率為 2，則直線方程式為 $y - 4 = 2(x - 3)$，見圖 4。

註 3：已知 (h, k)，與 (x_0, y_0) 都可用在一點時，而 $y - k = m(x - h)$ 驗證此式的正確性式帶入確認是否等號成立。所以如果我們希望用 $(x_0, y_0) \cdots (1)$ 與 $ax + by + c = 0 \cdots (2)$ 來組合出一個式子，(1) 代入 (2) 後得到 $ax_0 + by_0 + c = 0$，令 $c = -ax_0 - by_0 \cdots (3)$，(3) 代回 (2) 化簡，可得到 $a(x - x_0) + b(y - y_0) = 0$。

截距式

斜截式 $y = mx + k$，斜率 m，y 截距 k，必通過 $(0, k)$。此時我們就會去思考，有沒有辦法得到一點在 x 軸上，一點在 y 軸上，作成的直線方程式，此時我們令在 x 軸上是 $(a, 0)$，a 是 x 截距，意思為 x 軸上的點與原點的距離，但具有方向性，也就是具有正負性質；同理，令 y 軸上是 $(0, b)$，b 是 y 截距，意思為 y 軸上的點與原點的距離，但具有方向性，見圖 5。

推導，利用 $Ax + By + C = 0 \cdots (1)$，將 $(a, 0)$ 代入，可得到 $Aa + C = 0$，所以 $A = \dfrac{-C}{a} \cdots (2)$ 將 $(0, b)$ 代入，可得到 $Bb + C = 0$，所以 $B = \dfrac{-C}{b} \cdots (3)$，將 (2)、(3) 代入 (1)，得到 $\dfrac{-C}{a}x + \dfrac{-C}{b}y + C = 0$，化簡得到 $\dfrac{x}{a} + \dfrac{y}{b} - 1 = 0 \Rightarrow \dfrac{x}{a} + \dfrac{y}{b} = 1$

驗證：將 $(a, 0)$ 代入 $\dfrac{x}{a} + \dfrac{y}{b} = 1$，可以得到 $\dfrac{a}{a} = 1$，將 $(0, b)$ 代入 $\dfrac{x}{a} + \dfrac{y}{b} = 1$，可以得

到 $\dfrac{b}{b}=1$，所以此直線方程式無誤。

假設有兩點（2, 0）與（0, −3），利用截距式，就可以快速得到，直線方程式為，見圖 6。而截距式很少用到，但可以利用截距式，計算直線與兩軸所夾的面積，以及**兩軸上的點座標值**。

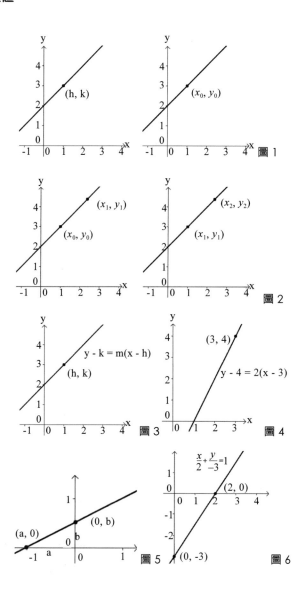

2-5 平面座標系的直線方程式 (4)：兩點式

已知兩點時可以用 $y = ax + b$，去找出直線方程式為何。但我們可以利用 $y - k = m(x - h)$，進行推導可以得到一個，有兩點就可以直接得到直線方程式的方法。此時因為有兩點 (x_0, y_0) 與 (x_1, y_1)，所以 $(h, k) = (x_0, y_0)$，所以 $y - k = m(x - h)$ 變成 $y - y_0 = m(x - x_0)$，進行移向，$\dfrac{y - y_0}{x - x_0} = m$，而 m 為斜率，$m = \dfrac{\Delta y}{\Delta x} = \dfrac{y_1 - y_0}{x_1 - x_0}$，見圖 1。所以可得到 $\dfrac{y - y_0}{x - x_0} = m = \dfrac{y_1 - y_0}{x_1 - x_0}$。這個方程式的意思很簡單，直線上任意兩點的斜率都是相同，(x, y) 與 (x_0, y_0) 的斜率是 m，(x_1, y_1) 與 (x_0, y_0) 的斜率也是 m。

兩點式的直線方程式有怎樣的優點？它可以方便作直線內插法，而部分的書是用直線方式來表示，見圖 2，指數的內插法，$2^{1.3} = ?$ 但並不容易理解概念。但是如果作成曲線圖就變得相當容易，見圖 3。

想求 $2^{1.3} = ?$，已知 $2^1 = 2$ 與 $2^2 = 4$，圖 3 可看到直線 AB 與 $y = 2^x$，在 $x = 1.3$ 很接近，所以就用直線 AB 的 D 點 y 值來代替 $y = 2^x$ 的 C 點 y 值，而計算 D 點的 y 值，就可以利用內插法，因為直線 AB 是一條直線，所以直線上任兩點的斜率相同，故直線 AB 與直線 AD 的斜率相同，見過程 1。而 j 值接近 k 值，所以 $2^{1.3} \approx 2.6$。

同理對數的內插法亦然，$\log 2.3 = ?$ 想求 $\log 2.3 = ?$，已知 $\log_{10} 2 = 0.301$ 與 $\log_{10} 3 = 0.4771$，圖 4 可看到直線 AB 與 $y = \log_{10} x$，在 $x = 2.3$ 很接近，所以就用直線 AB 的 D 點 y 值來代替 $y = \log_{10} x$ 的 C 點 y 值，而計算 D 點的 y 值，就可以利用內插法，因為直線 AB 是一條直線，所以直線上任兩點的斜率相同，故直線 AB 與直線 AD 的斜率相同，見過程 2。而 j 值接近 k 值，所以 $\log 2.3 \approx 0.35383$。

同理三角函數的內插法亦然，$\sin(35°) = ?$ 想求 $\sin(35°) = ?$，已知 $\sin(30°) = 0.5$ 與 $\sin(37°) = 0.6$，圖 5 可看到直線 AB 與 $y = \sin(x)$，在 $x = 35°$ 很接近，所以就用直線 AB 的 D 點 y 值來代替 $y = \log_{10} x$ 的 C 點 y 值，而計算 D 點的 y 值，就可以利用內插法，因為直線 AB 是一條直線，所以直線上任兩點的斜率相同，故直線 AB 與直線 AD 的斜率相同，見過程 3。而 j 值接近 k 值，所以 $\sin(35°) \approx 0.57142$。

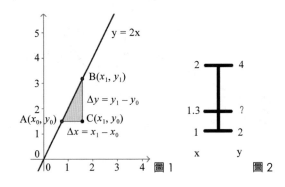

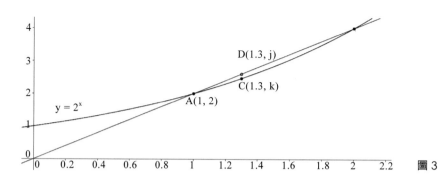

圖 3

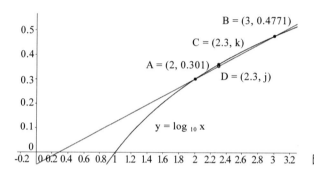

圖 4

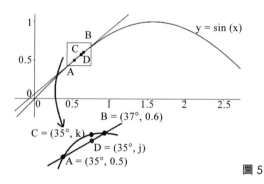

圖 5

$m_{AB} = m_{AD}$	$m_{AB} = m_{AD}$	$m_{AB} = m_{AD}$
$\dfrac{y_B - y_A}{x_B - x_A} = \dfrac{y_D - y_A}{x_D - x_A}$	$\dfrac{y_B - y_A}{x_B - x_A} = \dfrac{y_D - y_A}{x_D - x_A}$	$\dfrac{y_B - y_A}{x_B - x_A} = \dfrac{y_D - y_A}{x_D - x_A}$
$\dfrac{4-2}{2-1} = \dfrac{j-2}{1.3-1}$	$\dfrac{0.4771-0.301}{3-2} = \dfrac{j-0.301}{2.3-2}$	$\dfrac{0.6-0.5}{37°-30°} = \dfrac{j-0.5}{35°-30°}$
$2 = \dfrac{j-2}{0.3}$	$0.1761 = \dfrac{j-2}{0.3}$	$\dfrac{0.1}{7°} = \dfrac{j-0.5}{5°}$
$2.6 = j$	$0.35383 = j$	$0.57142 \approx j$
過程 1	過程 2	過程 3

2-6 平面座標系的直線方程式 (5)：參數式

　　任兩點可以構成一直線，並知道直線上，是由無限多個點構成。同時直線上任意兩點斜率是固定的，也就是 $m = \dfrac{\Delta y}{\Delta x} = \dfrac{y_1 - y_0}{x_1 - x_0} = \dfrac{y_2 - y_0}{x_2 - x_0}$，如：$y = 2x + 1$，可以看到，$P_0(1, 3)$、$P_1(2, 5)$、$P_2(3, 7)$、$P_3(5, 11)$，作出來的三角形底跟高的比例都是相等的，或者說斜率（比值）相同，見圖 1。

　　所以試著將點拆開座標值的方式來討論一條直線，以本題為例，就是直線上的點 x 部分每移動 1 單位長，y 部分就會移動 2 單位長。直線上的點 x 部分每移動 t 單位長，y 部分就會移動 $2t$ 單位長。如：$P_0 = \begin{cases} x = 1 \\ y = 3 \end{cases}$、$P_1 = \begin{cases} x = 1 + 1 \times \boxed{1} = 2 \\ y = 3 + 2 \times \boxed{1} = 5 \end{cases}$、$P_2 = \begin{cases} x = 1 + 1 \times \boxed{3} = 4 \\ y = 3 + 2 \times \boxed{3} = 9 \end{cases}$、$P_3 = \begin{cases} x = 1 + 1 \times \boxed{4} = 5 \\ y = 3 + 2 \times \boxed{4} = 11 \end{cases}$，見圖 2。

　　也就意味著，如果討論新點的 x 座標與 y 座標，其實就是討論 $m = \dfrac{\Delta y \times t}{\Delta x \times t}$ 的 t 放大了幾倍。

註 1：用 t 作為符號，是因為有時間的概念在內部，所以用 time 的字首作為符號。

註 2：參數式可以將符號減少，此時 $y = ax + b$ 不需要計算，當 $x = 1$ 時經過 a 與 b 運算後的 y 值為何。而是只需要考慮當 t 等於多少時，x 值會是多少，y 值又會是多少，這個工具在三度空間就更為重要。

　　要如何表示參數式，可以從兩點 (x_0, y_0)、(x_1, y_1) 找到一個起點 $P_0(x_0, y_0)$，P_0 一般使用左側點，跟 Δx 與 Δy，然後我們就可以將點表示為 $\begin{cases} x = x_0 + \Delta x \times t \\ y = y_0 + \Delta y \times t \end{cases}$，$t$ 為任意數，但因為 Δx 與 Δy 容易使人不習慣，所以大多是用 a 與 b 取代 Δx 與 Δy，故寫作 $\begin{cases} x = x_0 + at \\ y = y_0 + bt \end{cases}$，$t$ 為任意數。或以座標形式表示 $(x_0 + at, y_0 + bt)$。因此只要改變 t 就能表示線上的某一點。

註 3：參數式 $\begin{cases} x = x_0 + at \\ y = y_0 + bt \end{cases}$ 的 a 與 b 與 $y = ax + b$ 無關，不可混為一談，同時也與 $ax + by + c = 0$ 無關，因為改寫本身就是不好的方式。

　　在作者看來參數式的概念就已經接近向量的分量概念，只是並沒有進一步的討論，以及化簡符號出現內積、外積等內容，並且現在內容是把參數式放在向量之中，這是歷史順序的錯誤，因為參數式在解析幾何上相當直覺。

註 4：觀察 $3x + 4y = 12$ 圖案，見圖 3，其參數式為 $\begin{cases} x = 4 + 4t \\ y = 0 - 3t \end{cases}$，以及觀察 $2x - 3y = -6$

圖案，見圖 4，其參數式為 $\begin{cases} x = 0 + 3t \\ y = 2 + 2t \end{cases}$。所以給我們方程式時，就可以找到參數

式變化量的部分，也就是，Δx 是 y 的係數、Δy 是 x 的係數 $\times(-1)$。

註 5：想知道參數式的由來可以參考 2-23。

直線方程式整理

1. 一般式：$Ax + By + C = 0$
2. 國中常用直線方程式：$y = ax + b$，就是斜截式。
3. 斜截式：$y = mx + k$
4. 點斜式：$y - k = m(x - h)$
5. 兩點式：$\dfrac{y - y_0}{x - x_0} = \dfrac{y_1 - y_0}{x_1 - x_0}$
6. 截距式：$\dfrac{x}{a} + \dfrac{y}{b} = 1$
7. 參數式：$\begin{cases} x = x_0 + at \\ y = y_0 + bt \end{cases}$，$a = \Delta x = x_1 - x_0, b = \Delta y = y_1 - y_0$，$t$ 是任意數

或以座標形式表示 $(x_0 + at, y_0 + bt)$

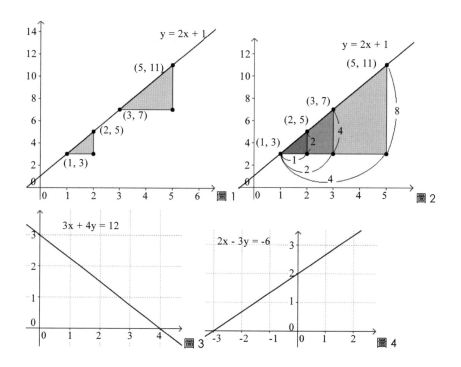

2-7 空間座標系的平面方程式 (1)：由來

已知兩個未知數在平面是直線，可以認知 $Ax + By + C = 0$、或 $y = ax + b$ 是直線方程式。同時不禁思考三度空間座標系的平面方程式是什麼，直覺上的延伸會猜測是 $Ax + By + Cz + D = 0$，**但空間中有直線、曲線、平面、曲面，而 $Ax + By + Cz + D = 0$ 代表的是平面嗎？**我們回想平面座標系的直線方程式由來，再來推論空間座標系的平面方程式由來。

空間的座標有三個未知數 x、y、z，空間的平面方程式可猜測為：$Ax + By + Cz + D = 0$，並可改寫：$z = ax + by + c$，這樣可以表示除了 z 的係數為 0 外的方程式。已知三點決定一平面，任取三點，代入 $z = ax + by + c$，可解出係數，求得平面方程式。

如：$(1, 1, 1)$、$(2, 3, 9)$、$(3, -1, -1)$，代入 $z = ax + by + c$ 可得 $\begin{cases} 1 = a + b + c \\ 9 = 2a + 3b + c \\ -1 = 3a - b + c \end{cases}$，解得 $z = 2x + 3y - 4$，觀察圖 1。

並且從方程式上找出 $(0, 0, -4)$，從圖觀察不大能確認是否與其他三點在同一平面上。但我們可以利用 $(1, 1, 1)$、$(2, 3, 9)$、與 $(0, 0, -4)$ 再解一次方程式的情況，

$\begin{cases} 1 = a + b + c \\ 9 = 2a + 3b + c \\ -4 = 0a + 0b + c \end{cases}$，同樣解得 $z = 2x + 3y - 4$，觀察圖 2。

所以四點構成的兩個三角形都得到同一個方程式，所以這 4 點在同一個平面上。觀察圖 3。

如果找一個不在方程式上的點做為，反例：$(10, 10, 10)$ 與 $(1, 1, 1)$、$(2, 3, 9)$，

$\begin{cases} 1 = a + b + c \\ 9 = 2a + 3b + c \\ 10 = 10a + 10b + c \end{cases}$，解得 $z = -6x + 7y$，所以 $(10, 10, 10)$ 不在 $(1, 1, 1)$、$(2, 3, 9)$、$(3, -1, -1)$ 構成的平面上。觀察圖 4。

所以最後可以認知 $Ax + By + Cz + D = 0$、$z = ax + by + c$ 是平面方程式。

可以發現只用傳統幾何與座標系概念，就能推廣到空間的平面方程式 $Ax + By + Cz + D = 0$，也就是利用三點決定一平面的方式。但思考上比較麻煩，以及過程也較複雜。傳統方法與現行教科書「引進新的概念 —— 向量，才能推導出平面方程式」不同，向量是利用內積為 0，來導出平面方程式。使用向量的推導將在後面向量內容介紹。同時空間中的直線也會在後面介紹。

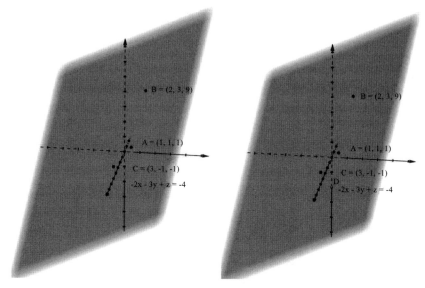

圖 1   圖 2

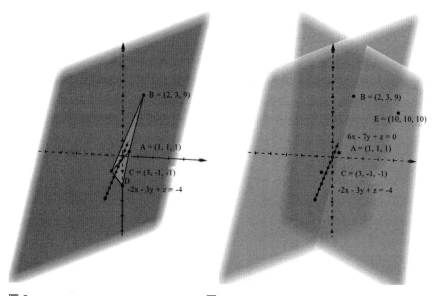

圖 3   圖 4

2-8 空間座標系的平面方程式 (2)：表示方法

在平面座標，直線有七個表示方法，同理已知 $Ax + By + Cz + D = 0$ 是平面方程式，也知道它可以改寫爲 $z = ax + by + c$，但此式仍然不好用，因爲空間的點是三個座標值，在計算平面方程式時，是三元聯立方程式，計算上有一定麻煩。所以在傳統解析幾何，還可以利用其他的方式來求解。以下是平面的直線方程式與空間的方程式比較。

1. 平面的直線一般式：$Ax + By + C = 0$。而空間的平面一般式：$Ax + By + Cz + D = 0$，見圖 1。

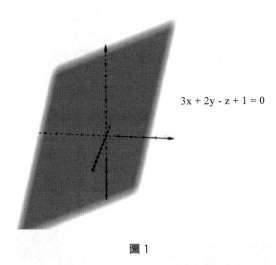

$$3x + 2y - z + 1 = 0$$

圖 1

2. 平面的直線斜截式：$y = ax + b$。而空間的類似的數學式：$z = ax + by + c$。見圖 2。

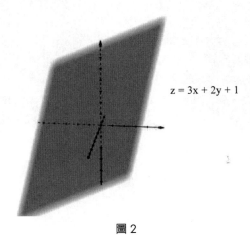

$$z = 3x + 2y + 1$$

圖 2

3. 平面的直線點斜式：給點、斜率得到方程式 $y - k = m(x - h)$，也可認知為必通過 (h, k) 使得方程式成立，也可記作通過 (x_0, y_0)，所以可寫作 $A(x - x_0) + B(y - y_0) = 0$。空間稱作是**點向式**：必通過 (x_0, y_0, z_0) 使得方程式成立，所以可寫作 $A(x - x_0) + B(y - y_0) + C(z - z_0) = 0$，見圖 3。

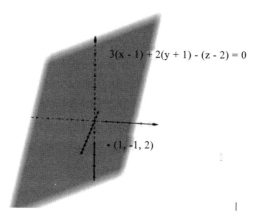

3(x - 1) + 2(y + 1) - (z - 2) = 0

• (1, -1, 2)

圖 3

註：平面點斜式中的 A 與 B 代表是斜率，也就是某個方向，空間中方程式的 A 與 B 與 C 也是代表某個方向，故稱點向式。同時空間中方程式的 A 與 B 與 C 在向量時會有更明顯具體概念。

4. 平面的直線截距式：必通過 $(a, 0)$、$(0, b)$，滿足 $\dfrac{x}{a} + \dfrac{y}{b} = 1$。空間的平面截距式：必通過 $(a, 0, 0)$、$(0, b, 0)$、$(0, 0, c)$，滿足 $\dfrac{x}{a} + \dfrac{y}{b} + \dfrac{z}{c} = 1$。見圖 4。

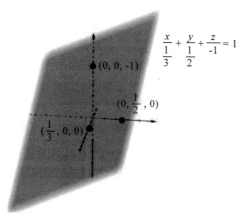

$\dfrac{x}{\frac{1}{3}} + \dfrac{y}{\frac{1}{2}} + \dfrac{z}{-1} = 1$

(0, 0, -1)

$(0, \frac{1}{2}, 0)$

$(\frac{1}{3}, 0, 0)$

圖 4

2-9 空間座標系的直線方程式

　　已知 $Ax + By + Cz + D = 0$ 是空間中平面方程式，那空間中直線應該怎麼表示？此時要利用參數式，因為參數式只需要一個參數 t 就可以用來表示三個座標的變化。如 $(1, 1, 1)$、$(2, 2, 2)$、$(3, 3, 3)$ 很明顯得是在同一條直線上，見圖 1，可以認知是 $(1 + t, 1 + t, 1 + t)$，或是認知為 $\begin{cases} x = 1 + t \\ y = 1 + t \\ z = 1 + t \end{cases}$，$t$ 為任意數。所以推廣到任意情況時，應該是從一個起點 $P_0 \, (x_0, y_0, z_0)$，與其三軸的變化量 Δx、Δy、Δz 的組合，所以記作 $\begin{cases} x = x_0 + \Delta x \cdot t \\ y = y_0 + \Delta y \cdot t \\ z = z_0 + \Delta z \cdot t \end{cases}$，$t$ 為任意數，但因為 Δx 與 Δy 與 Δz 容易使人不習慣，所以大多是用 a 與 b 與 c 取代 Δx 與 Δy 與 Δz，記作 $\begin{cases} x = x_0 + at \\ y = y_0 + bt \\ z = z_0 + ct \end{cases}$，$t$ 為任意數。或以座標形式表示 $(x_0 + at, y_0 + bt, z_0 + ct)$。

對稱比例式

　　已知空間直線可以表示為 $\begin{cases} x = x_0 + at \\ y = y_0 + bt \\ z = z_0 + ct \end{cases}$，可以進行移向動作的討論

$\begin{cases} x - x_0 = at \\ y - y_0 = bt \\ z - z_0 = ct \end{cases} \Rightarrow \begin{cases} \dfrac{x - x_0}{a} = t \\ \dfrac{y - y_0}{b} = t \\ \dfrac{z - z_0}{c} = t \end{cases}$，既然都等於 t 就可改寫為，$\dfrac{x - x_0}{a} = \dfrac{y - y_0}{b} = \dfrac{z - z_0}{c} = t$，

　　而這就是空間直線的另一種表示方法，內容意義為，Δx 與 Δy 與 Δz 的變化量應該是與直線的 a 與 b 與 c 成比例關係。如同平面直線的參數式概念，見圖 2，$(1, 1, 1)$，$(2, 3, 4)$ 的直線上必存在 $(3, 5, 7)$ 及 $(4, 7, 10)$。

兩面式

　　可以直觀的理解兩平面 $A_1 x + B_1 y + C_1 z + D_1 = 0$、$A_2 x + B_2 y + C_2 z + D_2 = 0$，如果不是重合或平行，必然會相交於一條線，見圖 3。所以也用兩個平面來表示空間中直線，但很少用到。

空間中直線的表示方式

1. 參數式：$\begin{cases} x = x_0 + at \\ y = y_0 + bt \\ z = z_0 + ct \end{cases}$，$t$ 為任意數。或以座標形式表示 $(x_0 + at, y_0 + bt, z_0 + ct)$

2. 對稱比例式：$\dfrac{x - x_0}{a} = \dfrac{y - y_0}{b} = \dfrac{z - z_0}{c}$

3. 兩面式：$\begin{cases} A_1 x + B_1 y + C_1 z + D_1 = 0 \\ A_2 x + B_2 y + C_2 z + D_2 = 0 \end{cases}$，且兩平面不能平行或是重合。

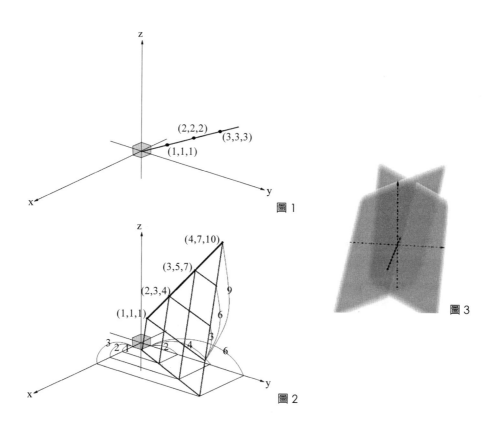

圖1

圖2

圖3

2-10 平面座標系的兩直線夾角

　　有時會需要討論夾角，不論是不是在平面座標上都可以夾角。如果不是則直接利用三角函數來計算餘弦定理，而如果是討論平面座標上的兩直線，則只要兩直線不是平行或是重合，必定會相交一點，產生夾角，見圖 1。並且為了方便討論，會讓兩直線平移，使其交於原點，也就是將常數項歸零，來幫助計算。

　　為什麼平移到原點是常數項歸零？見圖 2。為什麼夾角相同？見圖 3，因為同位角相等。

　　接著討論平面座標上的兩直線如何求夾角。設過原點的兩直線方程式為
$$\begin{cases} L_1 : a_2x - a_1y = 0 \\ L_2 : b_2x - b_1y = 0 \end{cases}$$，所以交點為 $(0,0)$，而 L_1 必通過點 $A = (a_1, a_2)$，L_2 必通過點 $B = (b_1, b_2)$，見圖 4。

　　所以求夾角可利用餘弦公式：$\cos\theta = \dfrac{\overline{OA}^2 + \overline{OB}^2 - \overline{AB}^2}{2 \times \overline{OA} \times \overline{OB}}$，見圖 5。

　　由畢氏定理可知，$\overline{OA}^2 = a_1^2 + a_2^2$，$\overline{OB}^2 = b_1^2 + b_2^2$，$\overline{AB}^2 = (a_1 - b_1)^2 + (a_2 - b_2)^2$

　　得到 $\cos\theta = \dfrac{(a_1^2 + a_2^2) + (b_1^2 + b_2^2) - ((a_1 - b_1)^2 + (a_2 - b_2)^2)}{2\sqrt{a_1^2 + a_2^2}\sqrt{b_1^2 + b_2^2}}$

$\cos\theta = \dfrac{a_1^2 + a_2^2 + b_1^2 + b_2^2 - (a_1^2 - 2a_1b_1 + b_1^2 + a_2^2 - 2a_2b_2 + b_2^2)}{2\sqrt{a_1^2 + a_2^2}\sqrt{b_1^2 + b_2^2}}$

$\cos\theta = \dfrac{2a_1b_1 + 2a_2b_2}{2\sqrt{a_1^2 + a_2^2}\sqrt{b_1^2 + b_2^2}} = \dfrac{a_1b_1 + a_2b_2}{\sqrt{a_1^2 + a_2^2}\sqrt{b_1^2 + b_2^2}}$

結論：

　　可以發現只用傳統幾何與座標系概念，就能算出 $\cos\theta$，也就是可知夾角 θ 的大小。但過程較複雜，傳統方法與現行教科書「引進新的概念 —— 向量，推導出夾角大小」不同。使用向量的推導將在後面向量內容介紹。

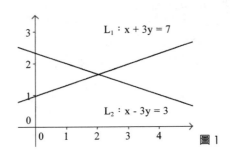

圖 1

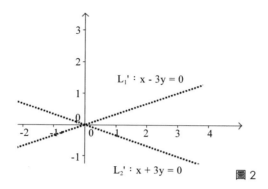

L₁' : x - 3y = 0

L₂' : x + 3y = 0

圖 2

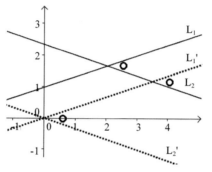

圖 3

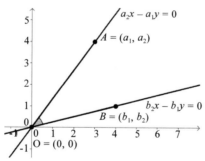

圖 4

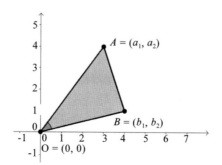

圖 5

2-11 **空間座標系的兩直線夾角**

　　直覺可知平面的兩直線除了平行、重合外，必然存在相交與夾角。但在空間中，有可能兩直線是不相交的情形。所以為了方便起見可以先從空間中三點來討論夾角，有三點就可以計算出三邊長，就可以利用餘弦定理來求出夾角，$\cos\theta = \dfrac{a^2 + b^2 - c^2}{2ab}$，見圖 1。

　　如果是確定已經相交的直線，直線 L_1 找出一點 A，直線 L_2 找出另一點 B，以及找出交點 C，就可回到剛剛的，三點有三邊長，就可以利用餘弦定理來求出夾角，$\cos\theta = \dfrac{a^2 + b^2 - c^2}{2ab}$，見圖 2。

　　如何判斷兩直線是否相交？這邊要利用到兩組參數式，驗證是否相交。

　　令 L_1 過 $(0, 1, 0)$，直線方程式的參數式為 $P = \begin{cases} x = 0 + t \\ y = 1 + t \\ z = 0 + t \end{cases}$，

　　令 L_2 過 $(5, 4, -1)$，直線方程式的參數式為 $Q = \begin{cases} x = 5 + 2s \\ y = 4 + s \\ z = -1 - s \end{cases}$，

　　如果 L_1 與 L_2 相交，存在一組 s、t 使得 P 點與 Q 點重合為同一點，則意味者兩直線相交，反之不相交。

註：因為是不同的直線，所以參數式的變數要用兩組，一般習慣上為 t 與 s。

　　以該題為例 $P = \begin{cases} x = 0 + t \\ y = 1 + t \\ z = 0 + t \end{cases}$，與 $Q = \begin{cases} x = 5 + 2s \\ y = 4 + s \\ z = -1 - s \end{cases}$，先計算 x 與 y 部分，$\begin{cases} x = 0 + t = 5 + 2s \\ y = 1 + t = 4 + s \end{cases}$，

$\begin{cases} 0 + t = 5 + 2s \\ 1 + t = 4 + s \end{cases} \Rightarrow \begin{cases} t = 1 \\ s = -2 \end{cases}$，但無法證明 P、Q 兩點是否為同一點有可能是高度（z 值）不同，所以還要驗證 z 值的部分，將 $t = 1$、$s = -2$ 代入 $1 + t = 4 + s$ 可得到左式 2 = 右式 2，也就是當 $t = 1$、$s = -2$ 時，可得到兩直線的交點是 $(1, 2, 1)$，見圖 3。

　　同理而不相交時，會在 z 值的驗證出現錯誤。

　　令 L_1 過 $(0, 2, 1)$，直線方程式的參數式為 $P = \begin{cases} x = 0 + t \\ y = 2 - t \\ z = 1 + t \end{cases}$，

L_2 過（-1, 2, 3），直線方程式的參數式為 $Q = \begin{cases} x = -1 + 2s \\ y = 2 + s \\ z = 3 + s \end{cases}$ ，

如果 L_1 與 L_2 相交，存在一組 s、t 使得 P 點與 Q 點重合為同一點，則意味者兩直

線相交，反之不相交。以該題為例 $P = \begin{cases} x = 0 + t \\ y = 2 - t \\ z = 1 + t \end{cases}$ 與 $Q = \begin{cases} x = -1 + 2s \\ y = 2 + s \\ z = 3 + s \end{cases}$ ，先計算，x 與 y

部分，$\begin{cases} x = 0 + t = -1 + 2s \\ y = 2 - t = 2 + s \end{cases}$ $\begin{cases} 0 + t = -1 + 2s \\ 2 - t = 2 + s \end{cases} \Rightarrow \begin{cases} t = 1 \\ s = 1 \end{cases}$ ，但為無法證明 P、Q 兩點為同一

點有可能是高度（z 值）不同，所以還要驗證 z 的部分，將 $t = 1$、$s = 1$ 代入 $1 + t = 3 + s$ 可得到左式 2 不等於右式 5，所以 z 值出現錯誤，也就是兩直線沒有交點，見圖 4，也稱歪斜線。

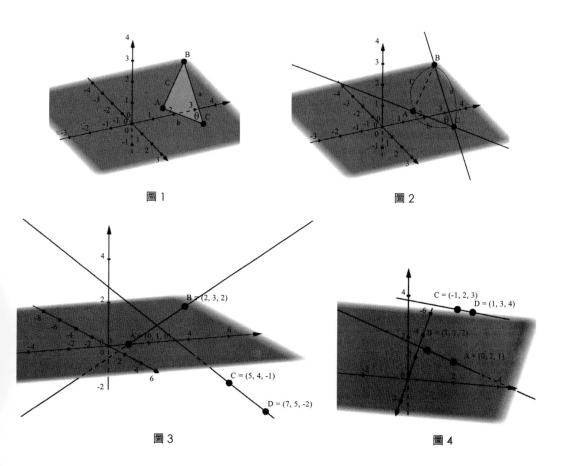

圖 1

圖 2

圖 3

圖 4

2-12 平面座標系、空間座標系的距離問題

本書將介紹其中常見的距離，見下述。

二度空間

1. 點到點：● → ●
2. 點到線：● → /
3. 線到線：/ → /

三度空間

1. 點到點：● → ●
2. 點到線：● → /
3. 點到面：● → ▱
4. 線到線（平行）：/ → /
5. 線到線（歪斜）：/ → ＼
6. 線到面：/ → ▱
7. 面到面：▱ → ▱

接著先認識二度與三度點到點的距離，都是利用畢氏定理。

二度空間的兩點距離，$A(x_0, y_0)$、$B(x_1, y_1)$，見圖 1，

加上水平線與鉛錘線後就可以利用畢氏定理，圖 2。

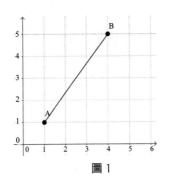

圖1

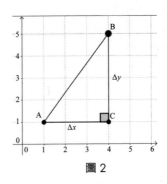

圖2

所以 $\overline{AB} = \sqrt{\Delta x^2 + \Delta y^2} = \sqrt{(x_1 - x_0)^2 + (y_1 - y_0)^2}$。

三度空間，$A(x_0, y_0, z_0)$、$B(x_1, y_1, z_1)$，要把它想成是一個長方體中的對角線，見圖3。

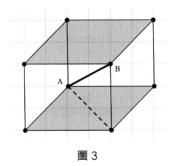

圖 3

此時思考各邊長的長度關係，見圖 4

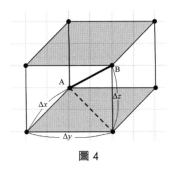

圖 4

利用畢氏定理，作出對角線長度，見圖 5。

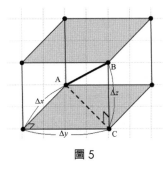

圖 5

為了幫助計算，先算出 $\overline{AC}=\sqrt{\Delta x^2+\Delta y^2}$，

而 $\overline{AB}=\sqrt{\overline{AC}^2+\Delta z^2}=\sqrt{\Delta x^2+\Delta y^2+\Delta z^2}=\sqrt{(x_1-x_0)^2+(y_1-y_0)^2+(z_1-z_0)^2}$

所以 $\overline{AB}=\sqrt{(x_1-x_0)^2+(y_1-y_0)^2+(z_1-z_0)^2}$。

2-13 平面座標系的點到線的距離 (1)：畢氏定理

在數學上、應用上有時需要知道點 (x_0, y_0) 到線 $ax + by + c = 0$ 的距離。觀察圖片可快速知道各階段意義，但也可發現符號種類繁多。

第一步：平面上點到線構圖

可知 h 就是要求的點到線的距離，見圖 1。

第二步：挖出所需部分，並標記符號

已知 $\overline{PB}^2 = p^2 = x_0^2 + (y_0 + \dfrac{c}{b})^2$，見圖 2，而其中符號關係式為 $\overline{PA}^2 = q^2 = (x_0 + \dfrac{c}{a})^2 + y_0^2$，

而 h 如何計算，三角形 $\overline{AB}^2 = r^2 = \dfrac{c^2}{a^2} + \dfrac{c^2}{b^2}$ 的底用 k 分開，見圖 3，

所以可得 $\begin{cases} p^2 = h^2 + k^2 \\ q^2 = h^2 + (r-k)^2 \end{cases} \rightarrow p^2 - q^2 = -r^2 + 2rk \rightarrow \dfrac{r^2 + p^2 - q^2}{2r} = k$

代入得到 $p^2 = h^2 + k^2 \rightarrow h^2 = p^2 - k^2 \rightarrow h^2 = p^2 - \dfrac{(r^2 + p^2 - q^2)^2}{4r^2}$。

第三步： 將 $\begin{cases} p^2 = x_0^2 + (y_0 + \dfrac{c}{b})^2 \\ q^2 = (x_0 + \dfrac{c}{a})^2 + y_0^2 \\ r^2 = \dfrac{c^2}{a^2} + \dfrac{c^2}{b^2} \end{cases}$ 代入 $h^2 = p^2 - \dfrac{(r^2 + p^2 - q^2)^2}{4r^2}$

$$h^2 = p^2 - \frac{(r^2 + p^2 - q^2)^2}{4r^2}$$

$$= x_0^2 + (y_0 + \frac{c}{b})^2 - \frac{(\frac{c^2}{a^2} + \frac{c^2}{b^2} + x_0^2 + (y_0 + \frac{c}{b})^2 - [(x_0 + \frac{c}{a})^2 + y_0^2])^2}{4(\frac{c^2}{a^2} + \frac{c^2}{b^2})}$$

$$= x_0^2 + y_0^2 + \frac{2cy_0}{b} + \frac{c^2}{b^2} - \frac{(\frac{c^2}{a^2} + \frac{c^2}{b^2} + x_0^2 + y_0^2 + \frac{2cy_0}{b} + \frac{c^2}{b^2} - x_0^2 - \frac{2cx_0}{a} - \frac{c^2}{a^2} - y_0^2)^2}{4(\frac{c^2}{a^2} + \frac{c^2}{b^2})}$$

$$= x_0^2 + y_0^2 + \frac{2cy_0}{b} + \frac{c^2}{b^2} - \frac{(\frac{2c^2}{b^2} + \frac{2cy_0}{b} - \frac{2cx_0}{a})^2}{4(\frac{c^2}{a^2} + \frac{c^2}{b^2})}$$

$$= x_0{}^2 + y_0{}^2 + \frac{2cy_0}{b} + \frac{c^2}{b^2} - \frac{(2c)^2(\frac{c}{b^2} + \frac{y_0}{b} - \frac{x_0}{a})^2}{4c^2(\frac{1}{a^2} + \frac{1}{b^2})} \times \frac{a^2b^2}{a^2b^2}$$

$$= x_0{}^2 + y_0{}^2 + \frac{2cy_0}{b} + \frac{c^2}{b^2} - \frac{(\frac{ac}{b} + ay_0 - bx_0)^2}{b^2 + a^2}$$

$$= \frac{(a^2 + b^2)(x_0{}^2 + y_0{}^2 + \frac{2cy_0}{b} + \frac{c^2}{b^2})}{a^2 + b^2}$$

$$- \frac{(\frac{ac}{b})^2 + (ay_0)^2 + (bx_0)^2 + 2(\frac{ac}{b})(ay_0) - 2(\frac{ac}{b})(bx_0) - 2(ay_0)(bx_0)}{b^2 + a^2}$$

$$= \frac{a^2x_0{}^2 + b^2x_0{}^2 + a^2y_0{}^2 + b^2y_0{}^2 + a^2 \times \frac{2cy_0}{b} + b^2 \times \frac{2cy_0}{b} + a^2 \times \frac{c^2}{b^2} + b^2 \times \frac{c^2}{b^2}}{a^2 + b^2}$$

$$- \frac{(\frac{ac}{b})^2 + (ay_0)^2 + (bx_0)^2 + 2(\frac{ac}{b})(ay_0) - 2(\frac{ac}{b})(bx_0) - 2(ay_0)(bx_0)}{b^2 + a^2}$$

$$= \frac{a^2x_0{}^2 + b^2y_0{}^2 + c^2 + 2abx_0y_0 + 2acx_0 + 2bcy_0}{a^2 + b^2} = \frac{(ax_0 + by_0 + c)^2}{a^2 + b^2}$$

$$h^2 = \frac{(ax_0 + by_0 + c)^2}{a^2 + b^2} \Rightarrow h = \frac{|ax_0 + by_0 + c|}{\sqrt{a^2 + b^2}}$$

最後得到平面上點到線的距離：$h = d(P, L) = \dfrac{|ax_0 + by_0 + c|}{\sqrt{a^2 + b^2}}$。

結論：不一定要用向量的觀念就可以得到點到線的公式，見圖 4。

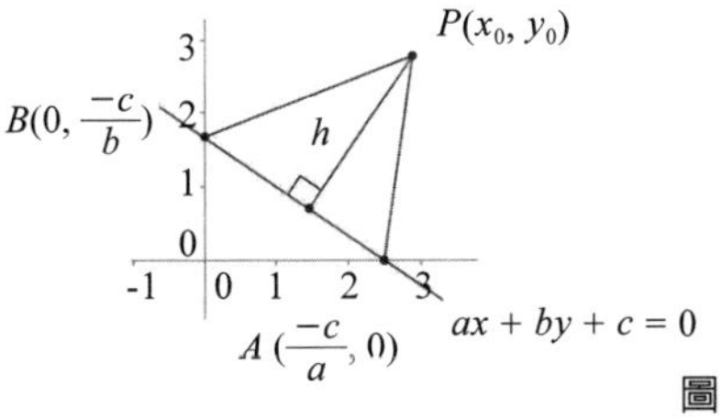

圖 1

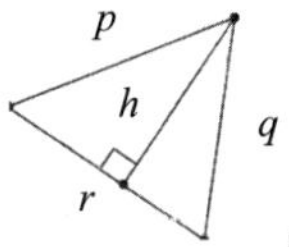

圖 2

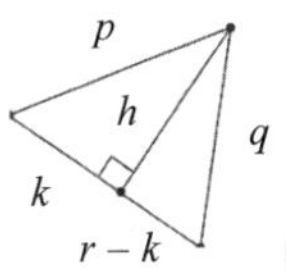

$$h^2 = p^2 - \frac{(r^2 + p^2 - q^2)^2}{4r^2}$$

$$\Rightarrow h^2 = \frac{(ax_0 + by_0 + c)^2}{a^2 + b^2}$$

$$\Rightarrow h = \frac{|ax_0 + by_0 + c|}{\sqrt{a^2 + b^2}}$$

圖 3

圖 4

2-14 平面座標系的點到線的距離 (2)：三角函數

觀察圖片可快速知道各階段意義，但也可發現符號種類繁多。

第一步：平面上點到線構圖

見圖 1，可知 h 就是要求的點到線的距離。

第二步：挖出所需部分，並標記符號

見圖 2，其中符號關係式為

$$\overline{PB}^2 = p^2 = x_0{}^2 + (y_0 + \frac{c}{b})^2$$

$$\overline{PA}^2 = q^2 = (x_0 + \frac{c}{a})^2 + y_0{}^2$$

$$\overline{AB}^2 = r^2 = \frac{c^2}{a^2} + \frac{c^2}{b^2}$$

而 h 如何計算，利用三角函數，

已知 $h = p \times \sin\theta = p \times \sqrt{1 - \cos^2\theta}$，

而 $\cos\theta = \dfrac{p^2 + r^2 - q^2}{2pr}$，

所以
$$
\begin{aligned}
h &= p \times \sqrt{1 - \cos^2\theta} \\
&= \sqrt{p^2 - (p\cos\theta)^2} \\
&= \sqrt{p^2 - (p \times \frac{r^2 + p^2 - q^2}{2rp})^2} \\
&= \sqrt{p^2 - \frac{(r^2 + p^2 - q^2)^2}{4r^2}}
\end{aligned}
$$

$$\Rightarrow h^2 = p^2 - \frac{(r^2 + p^2 - q^2)^2}{4r^2}$$

第三步：計算式與「用畢氏定理推導：平面上點到線的距離公式」的第三步計

算相同。將
$$
\begin{cases}
p^2 = x_0{}^2 + (y_0 + \frac{c}{b})^2 \\
q^2 = (x_0 + \frac{c}{a})^2 + y_0{}^2 \\
r^2 = \frac{c^2}{a^2} + \frac{c^2}{b^2}
\end{cases}
$$
代入 $h^2 = p^2 - \dfrac{(r^2 + p^2 - q^2)^2}{4r^2}$

$$h^2 = \frac{(ax_0 + by_0 + c)^2}{a^2 + b^2} \Rightarrow h = \frac{|ax_0 + by_0 + c|}{\sqrt{a^2 + b^2}}$$

最後得到平面上點到線的距離：$h = d(P, L) = \dfrac{|ax_0 + by_0 + c|}{\sqrt{a^2 + b^2}}$。

註：$d(P, L)$，是點到面的距離的數學符號，距離 distance、點 point 字首、直線 Line 字首。

結論：不一定要用向量的觀念就可以得到點到線的公式 $h = d(P, L) = \dfrac{|ax_0 + by_0 + c|}{\sqrt{a^2 + b^2}}$，見圖 3。

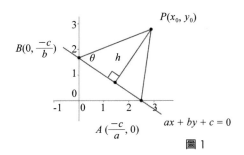

圖 1

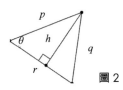

圖 2

$$h^2 = p^2 - \frac{(r^2 + p^2 - q^2)^2}{4r^2}$$
$$\Rightarrow h^2 = \frac{(ax_0 + by_0 + c)^2}{a^2 + b^2}$$
$$\Rightarrow h = \frac{|ax_0 + by_0 + c|}{\sqrt{a^2 + b^2}}$$

圖 3

2-15 平面座標系的點到線的距離 (3)：參數式

在數學上、應用上有時需要知道點到線的距離。這次利用參數式與配方法，觀察圖片可快速知道各階段意義，但也可發現符號種類繁多。

利用參數式表法將直線寫成參數式，可知 h 就是要求的點到線的距離，也就是點 P 到線上 Q 點的最短距離，見圖 1。

已知 P 點 (x_0, y_0)，Q 點設為 $(x_1 - bt, y_1 + at)$，所以 P 點到線上某一點 Q 的距離是 $\overline{PQ}^2 = [x_0 - (x_1 - bt)]^2 + [y_0 - (y_1 + at)]^2$，可以發現展開後必定會是 t 的二次多項式，故可以寫作 $\overline{PQ}^2 = Mt^2 + Nt + L$，再配方得到 $\overline{PQ}^2 = M(t-\alpha)^2 + \beta$，此時是 P 點到線上某一點 Q 的距離，而當 $t = \alpha$ 時，$\overline{PQ}^2$ 有最小值 β，此值也就是平面上點到線的最短距離，故 $h = d(P,L) = \sqrt{\beta}$。先作概念上介紹，以例題作為更直觀的練習。

例題 1：P 點 $(3, 2)$ 與直線 $x + 2y - 4 = 0$ 的最短距離為多少？見圖 2。

設直線上一點 $Q = \begin{cases} x = 0 + 2t \\ y = 2 - t \end{cases}$，見圖 3，所以 $\overline{PQ}^2 = [3 - (2t)]^2 + [2 - (2 - t)]^2 = (3 - 2t)^2 + t^2$

$= 5t^2 - 12t + 9 = 5(t - \frac{6}{5})^2 + \frac{9}{5}$，當 $t = \frac{6}{5}$，P 點到線有最小值，故 $d(P,L) = \overline{PQ} = \sqrt{\frac{9}{5}} = \frac{3}{\sqrt{5}}$。

同時如果令 (x_1, y_1) 是在 y 軸上的一點，該點為 $(0, \frac{-c}{b})$，則 Q 點設為 $(-bt, \frac{-c}{b} + at)$，見圖 4，同樣的方法再作一次已知 P 點 (x_0, y_0)，$\overline{PQ}^2 = [x_0 - (-bt)]^2 + [y_0 - (\frac{-c}{b} + at)]^2$ 可以發現展開後必定會是 t 的二次多項式，$\overline{PQ}^2 = Mt^2 + Nt + L$，再配方得到 $\overline{PQ}^2 = M(t-\alpha)^2 + \beta$，此時是 P 點到線上某一點 Q 的距離，而當 $t = \alpha$ 時，$\overline{PQ}^2$ 有最小值 β，此值也就是平面上點到線的最短距離，故 $h = d(P,L) = \sqrt{\beta} = \dfrac{|ax_0 + by_0 + c|}{\sqrt{a^2 + b^2}}$。在此不作展開，先作概念上介紹。

例題 2：P 點 $(3, 2)$ 與直線 $x + 2y - 4 = 0$ 的最短距離為多少？見圖 2。

$$h = d(P,L) = \sqrt{\beta} = \frac{|ax_0 + by_0 + c|}{\sqrt{a^2 + b^2}} \Rightarrow d(P,L) = \frac{|1 \times 3 + 2 \times 2 - 4|}{\sqrt{1^2 + 2^2}} = \frac{3}{\sqrt{5}}$$

結論：不一定要用向量的觀念就可以得到點到線的公式，更甚至不用套公式，直接用配方法就可以得到點到線的距離。

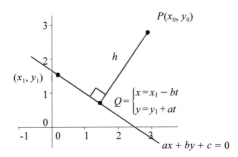

圖 1

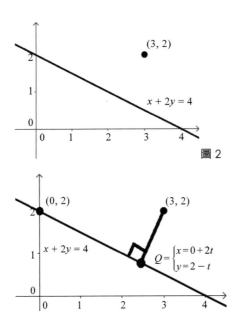

圖 2

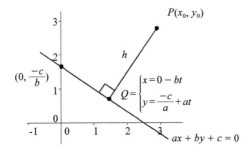

圖 3

圖 4

2-16 空間座標系的點到線的距離、兩平行線的距離

我們在數學上、應用上有時需要知道點到線的距離。即便是在空間中，仍然可以利用參數式與配方法，觀察圖片可快速知道各階段意義，但也可發現符號種類繁多。

空間中上點到線距離

已知空間中的直線是利用參數式表示，可知 h 就是要求的點到線的距離，也就是點 P 到線上 Q 點的最短距離，見圖 1。

已知 P 點 (x_0, y_0, z_0)，Q 點設為 $(x_1 + at, y_1 + bt, z_1 + ct)$，所以我們知道 P 點到線上某一點 Q 的距離是 $\overline{PQ}^2 = [x_0 - (x_1 + at)]^2 + [y_0 - (y_1 + bt)]^2 + [z_0 - (z_1 + ct)]^2$，可以發現展開後必定會是 t 的二次多項式，故可以寫作 $\overline{PQ}^2 = Mt^2 + Nt + L$，再配方得到 $\overline{PQ}^2 = M(t - \alpha)^2 + \beta$，此時是 P 點到線上某一點 Q 的距離，而當 $t = \alpha$ 時，$\overline{PQ}^2$ 有最小值 β，此值也就是平面上點到線的最短距離，故 $h = d(P, L) = \sqrt{\beta}$。作概念上介紹，以例題作為更直觀的練習。

例題：空間中 P 點 $(5, 4, 3)$ 與直線的最短距離 $Q = \begin{cases} x = 1 + t \\ y = 1 + 2t \\ z = 1 + 3t \end{cases}$ 為多少？見圖 2。

設直線上一點 $Q = \begin{cases} x = 1 + t \\ y = 1 + 2t \\ z = 1 + 3t \end{cases}$，見圖 3，所以，

$$\overline{PQ}^2 = [5 - (1 + t)]^2 + [4 - (1 + 2t)]^2 + [3 - (1 + 3t)]^2$$
$$= (4 - t)^2 + (3 - 2t)^2 + (2 - 3t)^2$$
$$= 14t^2 - 32t + 29$$
$$= 14(t^2 - \frac{32}{14}t + (\frac{16}{14})^2) - 14 \times (\frac{16}{14})^2 + 29$$
$$= 14(t - \frac{16}{14})^2 + \frac{75}{7}$$

當 $t = \frac{16}{14} = \frac{8}{7}$，$P$ 點到線有最小值，故 $d(P, L) = \overline{PQ} = \sqrt{\frac{75}{7}}$。

結論：由此可見，利用基礎的工具（參數式與配方法），即可計算出空間中點到線的距離，而非一定要用到向量；但用向量的確會變得很便利，之後會再介紹。在此就沒有一個固定的公式可利用，而是一套流程來計算空間中點到線的距離。

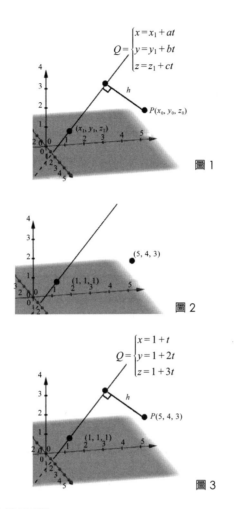

圖 1

圖 2

圖 3

空間中上兩平行線的距離

　　空間中兩平行線的距離，其實就是空間中點到線的距離，只是要多作一個步驟，先從其中一條線找出一個點，再作一次空間中點到線的距離，即可完成，見圖 4。

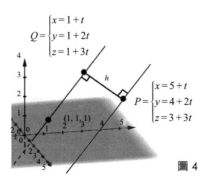

圖 4

2-17 空間座標系的點到面的距離

畢氏定理

　　想要計算空間中點到面的距離公式，利用座標求邊長，就可變成傳統幾何的方式，先利用平面截距式在平面找出三個點，見圖1，$A(\frac{-d}{a}, 0, 0)$、$B(0, \frac{-d}{b}, 0)$、$C(0, 0, \frac{-d}{c})$，與空間中 P 點 (x_0, y_0, z_0)，作出三角錐的6邊長度。

$$p^2 = (\frac{d}{a})^2 + (\frac{d}{b})^2 + 0^2 \quad , \quad u^2 = (x_0 + \frac{d}{a})^2 + y_0{}^2 + z_0{}^2 \quad ,$$

$$q^2 = 0^2 + (\frac{d}{b})^2 + (\frac{d}{c})^2 \quad , \quad v^2 = x_0{}^2 + (y_0 + \frac{d}{b})^2 + z_0{}^2 \quad ,$$

$$r^2 = (\frac{d}{a})^2 + 0^2 + (\frac{d}{c})^2 \quad , \quad w^2 = x_0{}^2 + y_0{}^2 + (z_0 + \frac{d}{c})^2 \quad ,$$

　　作圖時令 P 點在空中，可以看到求點到平面的高度就求角錐高度，觀察圖2可快速知道各階段意義，但也可發現符號種類繁多。計算方式是二度空間的推廣，在此就不再贅述邊長代入後的數學式的計算，見圖3。

用三角函數

　　利用三角函數求空間中點到面的距離，利用座標求邊長，就變成傳統幾何的方式，先利用平面截距式在平面找出三個點，見圖1，$A(\frac{-d}{a}, 0, 0)$、$B(0, \frac{-d}{b}, 0)$、$C(0, 0, \frac{-d}{c})$，與空間中 P 點 (x_0, y_0, z_0)，作出三角錐的六邊長度，作圖時令 P 點在空中，可以看到求點到平面的高度就求角錐高度。觀察圖4可快速知道各階段意義，但也可發現符號種類繁多。計算方式是二度空間的推廣，在此就不再贅述數學式的計算。

註：$d(P, E)$，是點到面的距離的數學符號，距離 distance、點 point 字首、E 代表平面。

結論：

　　可以發現只用傳統幾何與座標系概念，就能算出點到線與點到面的數學式：$d(P, E) = \frac{|ax_0 + by_0 + cz_0 + d|}{\sqrt{a^2 + b^2 + c^2}}$。但思考上比較麻煩，以及過程也較複雜。傳統方法與現行教科書「引進新的概念：向量」，才能推導出點到線與點到面的方式不同。使用向量的推導將在後面向量內容介紹。

　　可以發現只用傳統幾何與座標系概念，就能算出相關的數學式。思考上比較直接，但過程較複雜。所以在此時期計算上是不方便的，接著發展出幾種新的表示方法、以及對應的計算方法 —— 向量。我們可以理解為向量是用鐵鎚（方便好用）解決問題，而傳統方法是用石頭（不方便）。

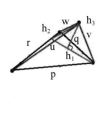

圖 1

$$h_1{}^2 = p^2 - \frac{(p^2 + r^2 - q^2)^2}{4r^2}$$

$$h_2{}^2 = u^2 - \frac{(u^2 + r^2 - w^2)^2}{4r^2}$$

$$h_3{}^2 = v^2 - \frac{(v^2 + h_1{}^2 - h_2{}^2)^2}{4h_1{}^2}$$

圖 2

$$h_3{}^2 = \frac{(ax_0 + by_0 + cz_0 + d)^2}{a^2 + b^2}$$

$$h_3 = \frac{|ax_0 + by_0 + cz_0 + d|}{\sqrt{a^2 + b^2 + c^2}}$$

圖 3

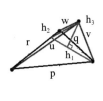

$$h_1 = p \sin \alpha = p\sqrt{1 - \cos \alpha} = p\sqrt{1 - \frac{r^2 + p^2 - q^2}{2rp}}$$

$$h_2 = u \sin \beta = u\sqrt{1 - \cos \beta} = p\sqrt{1 - \frac{r^2 + u^2 - w^2}{2ru}}$$

$$h_3 = h_2 \sin \gamma = h_2\sqrt{1 - \cos \gamma} = p\sqrt{1 - \frac{h_1{}^2 + h_2{}^2 - v^2}{2h_1h_2}}$$

圖 4

2-18 各個平行情況的距離

A. 平面中，兩平行線的距離

在平面中，兩直線如果不平行，延伸後必然相交，這是相當直覺的。所以在數學上會討論兩平行線的距離。但基本上，只是平面中，點 $P\left(x_0, y_0\right)$ 到線 $L : ax + by + c = 0$ 的距離 $d(P,L) = \dfrac{|ax_0 + by_0 + c|}{\sqrt{a^2 + b^2}}$。已知平面中，點到線的距離，而平面上兩平行直線要如何求距離，見圖 1。可觀察到兩平行直線的距離就是求 $\overline{PQ}$，$\overline{PQ}$ 是與兩平行線垂直的線，因為 L_1 與 L_2 是平行，所以 x、y 項的等比例，故可以假設為 $L_1 : ax + by + c_1 = 0$、$L_2 : ax + by + c_2 = 0$、$P\left(x_0, y_0\right)$ 在 L_1 上、在 L_2 上。求兩平行直線的距離就是 P 點到 L_2 的距離，也就是 $d(L_1, L_2) = d(P, L_2) = \dfrac{|ax_0 + by_0 + c_2|}{\sqrt{a^2 + b^2}}$ …(1)。而 $P\left(x_0, y_0\right)$ 在 L_1 上，所以滿足 $ax_0 + by_0 + c_1 = 0$，故 $ax_0 + by_0 = -c_1$…(2)，將 (2) 代入 (1)，得到 $d(L_1, L_2) = \dfrac{|-c_1 + c_2|}{\sqrt{a^2 + b^2}} = \dfrac{|c_1 - c_2|}{\sqrt{a^2 + b^2}}$。

例題 1：$L_1 : 3x + 4y + 5 = 0$、$L_2 : 3x + 4y + 15 = 0$，求兩平行線距離。

$d(L_1, L_2) = \dfrac{|c_1 - c_2|}{\sqrt{a^2 + b^2}} = \dfrac{|5 - 15|}{\sqrt{3^2 + 4^2}} = \dfrac{10}{5} = 2$，所以兩平行直線的距離 2 單位長。

B. 空間中，兩平行平面的距離

同理在空間中，兩平面如果不平行，延伸後必然相交，這是相當直覺的。所以在數學上會討論兩平行平面的距離。但基本上，只是平面中，點到面的矩離。已知平面中，點 $P\left(x_0, y_0, z_0\right)$ 到平面 $E : ax + by + cz + d = 0$ 的距離，而空間中兩平行平面要如何求距離 $d(P, E) = \dfrac{|ax_0 + by_0 + cz_0 + d|}{\sqrt{a^2 + b^2 + c^2}}$，見圖 2。可觀察到兩平行平面的距離就是求 $\overline{PQ}$，$\overline{PQ}$ 是與兩平行平面垂直的線，因為是平行，所以 x、y、z 項的等比例，故可以假設為 $E_1 : ax + by + cz + d_1 = 0$、$E_2 : ax + by + cz + d_2 = 0$。$P\left(x_0, y_0, z_0\right)$ 在 E_1 上、Q 在 E_2 上。求兩平行直線的距離就是 P 點到 E_2 的距離，也就是 $d(E_1, E_2) = d(P, E_2) = \dfrac{|ax_0 + by_0 + cz_0 + d_2|}{\sqrt{a^2 + b^2 + c^2}}$ …(1)。而 $P\left(x_0, y_0, z_0\right)$ 在 E_1 上，所以滿足 $ax_0 + by_0 + cz_0 + d_1 = 0$，故 $ax_0 + by_0 + cz_0 = -d_1$…(2)，將 (2) 代入 (1)，得到 $d(E_1, E_2) = \dfrac{|-d_1 + d_2|}{\sqrt{a^2 + b^2 + c^2}} = \dfrac{|d_1 - d_2|}{\sqrt{a^2 + b^2 + c^2}}$。

例題 2：$E_1 : 3x + 4y + 5z + 6 = 0$、$E_2 : 3x + 4y + 5z + 9 = 0$，求兩平面距離。

$d(E_1, E_2) = \dfrac{|-d_1 + d_2|}{\sqrt{a^2 + b^2 + c^2}} = \dfrac{|6 - 9|}{\sqrt{3^2 + 4^2 + 5^2}} = \dfrac{3}{\sqrt{50}}$，所以兩平面的距離 $\dfrac{3}{\sqrt{50}}$ 單位長。

C. 空間中，線到平面的距離

在空間中，線與平面如果不平行，延伸後必然相交，這是相當直覺的。所以在數學上會討論線與平面的平行距離是多少。但基本上，只是空間中，點到面的距離。已知平面中，點 $P(x_0, y_0, z_0)$ 到平面 $E : ax + by + cz + d = 0$ 的距離 $d(P, E) = \dfrac{|ax_0 + by_0 + cz_0 + d|}{\sqrt{a^2 + b^2 + c^2}}$，而空間中線與平面平行要如何求距離，見圖 3。可觀察到線與平面平行的距離就是求 $\overline{PQ}$，$\overline{PQ}$ 與線垂直，$\overline{PQ}$ 與平面也垂直，故可以假設爲 $E : ax + by + cz + d = 0$、$P(x_0, y_0, z_0)$ 在 L 上。求線與平面平行的距離就是 P 點到 L 的距離，也就是 $d(L, E) = d(P, E) = \dfrac{|ax_0 + by_0 + cz_0 + d|}{\sqrt{a^2 + b^2 + c^2}}$。

例題 3：$L : \begin{cases} x = 3 - 3t \\ y = 2 - 4t \\ z = 1 + 5t \end{cases}$，$t$ 是任意實數、$E : 3x + 4y + 5z + 6 = 0$，求線與平面距離。

先檢查直線是否穿過平面，將點代入，$3(3 - 3t) + 4(2 - 4t) + 5(1 + 5t) + 6 \neq 0$ 所以直線不穿過平面，則 $d(L, E) = d(P, E) = \dfrac{|ax_0 + by_0 + cz_0 + d|}{\sqrt{a^2 + b^2 + c^2}} = \dfrac{|3 \times 3 + 4 \times 2 + 5 \times 1 + 6|}{\sqrt{3^2 + 4^2 + 5^2}} = \dfrac{28}{\sqrt{50}}$，所以線與平面的距離 $\dfrac{28}{\sqrt{50}}$ 單位長。

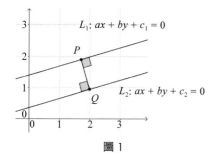

圖 1

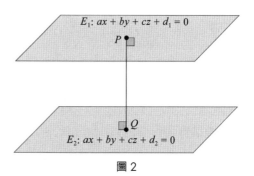

圖 2

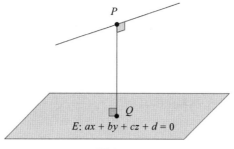

圖 3

2-19 空間座標系的兩歪斜線的距離

在空間中，兩條線的情況，有相交，重合，平行不相交，不平行不相交。不平行不相交被稱為歪斜線，見圖1。可想成天橋與馬路的關係。在數學上會討論兩歪斜線的（最短）距離、該線與兩線的交點，及該線直線方程式。

例題：L_1 與 L_2 是兩歪斜線，$L_1 : \begin{cases} x = 1+t \\ y = 2+t, t \in R \\ z = 3+t \end{cases}$、$L_2 : \begin{cases} x = 2+s \\ y = 4-s , s \in R \\ z = 6-2s \end{cases}$，求兩歪斜線

　　　　的最短距離、該線與兩線的交點，及該線直線方程式。

註：$t \in R$，數學意義為 t 屬於實數集合，也就是 t 為任意實數。

解：找 L_1 與 L_2 最短距離要找到對應的兩點 P、Q，見圖2。

其座標值要利用參數式 $P(1+t, 2+t\ 3+t)$、$Q(2+s, 4-s, 6-2s)$，

所以，$\overline{PQ} = \sqrt{[(2+s)-(1+t)]^2 + [(4-s)-(2+t)]^2 + [(6-2s)-(3+t)]^2}$

化簡，$\overline{PQ}^2 = [(1+s-t)^2 + [2-s-t]^2 + [3-2s-t]^2]$

展開，$\overline{PQ}^2 = 6s^2 + 4st + 3t^2 - 14s - 12t + 14$

求最短距離，可以利用配方法，而在此時有兩個變數必須用雙重配方法，
先處理 s^2, st, s 項，

$\overline{PQ}^2 = (\sqrt{6}s + \frac{2}{\sqrt{6}}t + \frac{-7}{\sqrt{6}})^2 - (\frac{2}{\sqrt{6}}t)^2 - 2(\frac{2}{\sqrt{6}}t)(\frac{-7}{\sqrt{6}}) - (\frac{-7}{\sqrt{6}})^2 + 3t^2 - 12t + 14$

化簡得到 $\overline{PQ}^2 = (\sqrt{6}s + \frac{2}{\sqrt{6}}t + \frac{-7}{\sqrt{6}})^2 + \frac{7}{3}t^2 - \frac{22}{3}t + 14 - \frac{49}{6}$

再處理 t^2, t 項，$\overline{PQ}^2 = (\sqrt{6}s + \frac{2}{\sqrt{6}}t + \frac{-7}{\sqrt{6}})^2 + \frac{1}{3}(\sqrt{7}t - \frac{11}{\sqrt{7}})^2 - \frac{1}{3} \times (\frac{11}{\sqrt{7}})^2 + 14 - \frac{49}{6}$

化簡得到 $\overline{PQ}^2 = (\sqrt{6}s + \frac{2}{\sqrt{6}}t + \frac{-7}{\sqrt{6}})^2 + \frac{1}{3}(\sqrt{7}t - \frac{11}{\sqrt{7}})^2 + 14 - \frac{49}{6} - \frac{121}{21}$

再次化簡 $\overline{PQ}^2 = (\sqrt{6}s + \frac{2}{\sqrt{6}}t + \frac{-7}{\sqrt{6}})^2 + \frac{1}{3}(\sqrt{7}t - \frac{11}{\sqrt{7}})^2 + \frac{1}{14}$

所以 $\overline{PQ}^2$ 有最小值 $\frac{1}{14}$，也就是 $\overline{PQ}$ 最小值 $\sqrt{\frac{1}{14}}$，發生在 $\sqrt{7}t - \frac{11}{\sqrt{7}} = 0$ 時，也就是 $t = \frac{11}{7}$，及 $\sqrt{6}s + \frac{2}{\sqrt{6}}t + \frac{-7}{\sqrt{6}} = 0$ 時，也就是 $s = \frac{9}{14}$。

有 s, t 的值時就可以得到 P、Q 兩點座標值，$P\ (\frac{18}{7}, \frac{25}{7}, \frac{32}{7})$、$Q\ (\frac{37}{14}, \frac{47}{14}, \frac{66}{14})$，有 P、

Q 兩點就能得到 $\overrightarrow{PQ}$ 的直線方程式，$\overrightarrow{PQ} = \begin{cases} x = \dfrac{18}{7} - u \\ y = \dfrac{25}{7} + 3u, u \in R \\ z = \dfrac{32}{7} - 2u \end{cases}$。

故兩歪斜線最短距離爲 $\sqrt{\dfrac{1}{14}}$，發生在 $s = \dfrac{9}{14}$、$t = \dfrac{11}{7}$，也就 P ($\dfrac{18}{7}, \dfrac{25}{7}, \dfrac{32}{7}$)、

Q ($\dfrac{37}{14}, \dfrac{47}{14}, \dfrac{66}{14}$)，最短距離的直線方程式爲 $\overrightarrow{PQ} = \begin{cases} x = \dfrac{18}{7} - u \\ y = \dfrac{25}{7} + 3u, u \in R \\ z = \dfrac{32}{7} - 2u \end{cases}$。

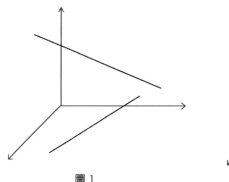

圖 1

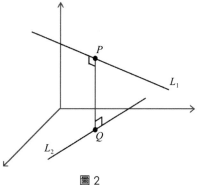

圖 2

2-20 空間座標系的兩平面相交直線方程式

在數學上有時需要討論兩個平面的交線方程式，見圖1，也就是求出此聯立方程式的解：$\begin{cases} x+y+z=0\cdots(1) \\ x+2y+3z=0\cdots(2) \end{cases}$，該如何求交線？討論出 x 與 y 的關係，及討論出 x 與 z 的關係，再討論三者關係，就可以得到空間中直線。

為了得到 x 與 y 的關係，要消去 z 項，而將 $(1)\times 3-(2)$，得到 $2x+y=0$，移項 $2x=-y$，作成空間直線對稱比例式的形態，$\dfrac{x-0}{1}=\dfrac{y-0}{-2}\cdots(3)$；

為了得到 x 與 z 的關係，要消去 y 項，而將 $(1)\times 2-(2)$，得到 $x-z=0$，移向 $x=z$，作成空間直線對稱比例式的形態，$\dfrac{x-0}{1}=\dfrac{z-0}{1}\cdots(4)$；

將 (3) 與 (4) 合併，得到兩平面交線 $\dfrac{x-0}{1}=\dfrac{y-0}{-2}=\dfrac{z-0}{1}$，或寫作 $\begin{cases} x=0+t \\ y=0-2t \\ z=0+t \end{cases}$，見圖 2。此方法不難，但是在現在卻用向量來解，反而不易理解。

同時也可以討論 $2x=-y$ 與 $x=z$，在這邊的階段可以討論為連比的形式

$2x=-y\to x:y=1:-2$，$x=z\to x:z=1:1$，計算連比 $\begin{array}{ccc} x: & y: & z \\ 1 & -2 & \\ & 1 & 1 \\ \hline 1 & -2 & 1 \end{array}$，所以連比為 $x:y:z=1:-2:1$，此係數為在空間中的方向的變化量，可對照參數式。

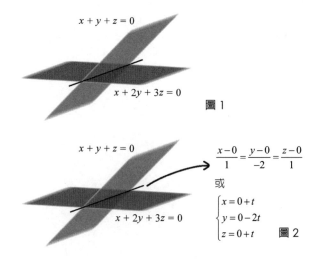

圖1

圖2

例題 2：$\begin{cases} x+y+z=2\cdots(1) \\ 3x+y+2z=6\cdots(2) \end{cases}$，求兩平面相交的空間直線方程式，見圖 3。

為了得到 x 與 y 的關係，要消去 z 項，而將 (1)×2 − (2)，得到 $-x+y=-2$，移向 $x-2=y$，作成空間直線對稱比例式的形態，$\dfrac{x-2}{1}=\dfrac{y-0}{1}\cdots(3)$；

為了得到 x 與 z 的關係，要消去 y 項，而將 (2) − (1)，得到 $2x+z=4$，移向 $2(x-2)=-z$，作成空間直線對稱比例式的形態，$\dfrac{x-2}{1}=\dfrac{z-0}{-2}\cdots(4)$；

將(3)與(4)合併，得到兩平面交線 $\dfrac{x-2}{1}=\dfrac{y-0}{1}=\dfrac{z-0}{-2}$，或寫作 $\begin{cases} x=2+t \\ y=0+t \\ z=0-2t \end{cases}$，見圖4。

也可以討論 $x-2=y$ 與 $2(x-2)=-z$，在這邊的階段可以討論為連比的形式 $x-2=y\rightarrow(x-2):y=1:1$，$2(x-2)=-z\rightarrow(x-2):z=1:-2$，計算連比 $\begin{array}{ccc} x-2: & y: & z \\ 1 & -2 & \\ \hline 1 & & 1 \\ \hline 1 & -2 & 1 \end{array}$，

所以連比為 $(x-2):y:z=1:1:-2$，此係數為在空間中的方向的變化量；同時可看到比例不是 $x:y:z$，而是 $(x-2):y:z$，其實完整寫應該寫為 $(x-2):(y-0):(z-0)$，是因為代表著必通過的點（2,0,0），可對照參數式。

註：如果只是要獲得兩相交平面的直線空間方向變化量的話，可直接取三變數係數作連比。

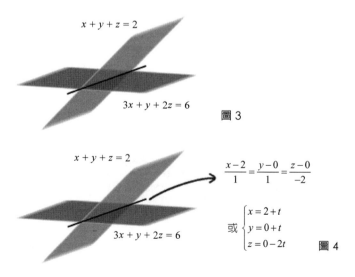

圖 3

圖 4

2-21 空間座標系的兩平面夾角

兩平面的夾角，又稱**兩面角**，但兩面角是哪一個？見圖1。

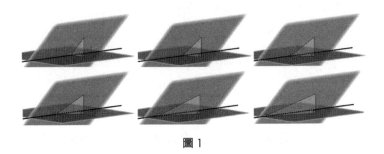

圖1

可以發現愈往兩邊，夾角會愈小，如同點到線距離要找哪一個，就是要找唯一性的最短距離，見圖2。

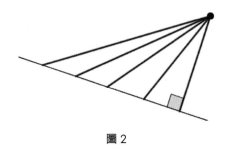

圖2

同樣的兩平面夾角指的是兩平面的唯一夾角，見圖3，如同點到線距離是找唯一的最短距離，而這個問題是數學的懶散，沒有說清楚，但也因習慣成自然，所以就如此使用。

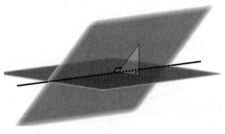

圖3

而點到線的最短距離會是由該點到垂足的距離,也就是要直角。所以兩平面的直角,由圖 1 可知,必須有兩個直角才是最小的兩平面夾角。而兩面角又應該如何計算角度呢?利用上一小節的例題,兩個平面為 $\begin{cases} x+y+z=0 \\ x+2y+3z=0 \end{cases}$,該兩平面交線為

$\dfrac{x-0}{1}=\dfrac{y-0}{-2}=\dfrac{z-0}{1}$,或寫作 $\begin{cases} x=0+t \\ y=0-2t \\ z=0+t \end{cases}$,並找出在平面 $x+y+z=0$ 且不在 $x+2y+3z=0$

的 P 點,該點座標為 $(1, 0, -1)$,見圖 4,再把有兩面角的三角形挖出來,見圖 5。

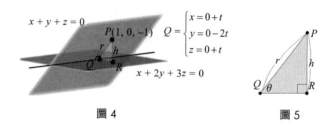

圖 4   圖 5

所以可知道要知道兩面角的 θ 為何,只要知道 h 與 r,再利用三角函數就能得到夾角大小。而 h 是 P 點 $(1, 0, -1)$ 到平面的 $x+2y+3z=0$ 的距離,

$$h=\overline{PR}=\frac{|ax_0+by_0+cz_0+d|}{\sqrt{a^2+b^2+c^2}}=\frac{|1\times1+2\times0+3\times(-1)+0|}{\sqrt{1^2+2^2+3^2}}=\frac{2}{\sqrt{14}}\text{。}$$

而 $r=\overline{PQ}$ 是 P 點 $(1, 0, -1)$ 到相交直線 $\begin{cases} x=0+t \\ y=0-2t \\ z=0+t \end{cases}$ 的最短距離,

所以 $\overline{PQ}^2=(1-t)^2+[0-(-2t)]^2+(-1-t)^2=6(t-0)^2+2$,當 $t=0$ 時,$\overline{PQ}^2$ 有最小值 2,所以 $r=\overline{PQ}=\sqrt{2}$。

最後利用正弦函數,$\sin(\theta)=\dfrac{h}{r}=\dfrac{\dfrac{2}{\sqrt{14}}}{\sqrt{2}}=\dfrac{2}{\sqrt{28}}=\dfrac{1}{\sqrt{7}}\approx0.37796\cdots$。

經查表後可知 $\theta\approx22.21°$。

這種計算兩面角大小的方法比較麻煩,但是相對來說每一步都很直覺,同時它需要兩相交平面的直線、空間中點到線的距離、空間中點到面的距離、三角函數觀念,四個觀念才能得到兩面角。

2-22 整合此章的數學式

A. 直線方程式與平面方程式

A1 二度空間的直線方程式

1. 一般式：$Ax + By + C = 0$
2. 國中常用直線方程式：$y = ax + b$，就是斜截式。
3. 斜截式：$y = mx + k$
4. 點斜式：$y - k = m(x - h)$
5. 兩點式：$\dfrac{y - y_0}{x - x_0} = \dfrac{y_1 - y_0}{x_1 - x_0}$
6. 截距式：$\dfrac{x}{a} + \dfrac{y}{b} = 1$
7. 參數式：$\begin{cases} x = x_0 + at \\ y = y_0 + bt \end{cases}$，$a = \Delta x = x_1 - x_0, b = \Delta y = y_1 - y_0$，$t$ 是任意數

   或以座標形式表示（$x_0 + at, y_0 + bt$）

A2 三度空間的平面方程式

1. 一般式：$Ax + By + Cz + D = 0$。
2. $z = ax + by + c$
3. 點向式：$A(x - x_0) + B(y - y_0) + C(z - z_0) = 0$。
4. 截距式：$\dfrac{x}{a} + \dfrac{y}{b} + \dfrac{z}{c} = 1$。

A3 空間中直線的表示方式

1. 參數式：$\begin{cases} x = x_0 + at \\ y = y_0 + bt \\ z = z_0 + ct \end{cases}$，$t$ 為任意數。

   或以座標形式表示（$x_0 + at, y_0 + bt, z_0 + ct$）

2. 對稱比例式：$\dfrac{x - x_0}{a} = \dfrac{y - y_0}{b} = \dfrac{z - z_0}{c}$
3. 兩面式：$\begin{cases} A_1 x + B_1 y + C_1 z + D_1 = 0 \\ A_2 x + B_2 y + C_2 z + D_2 = 0 \end{cases}$，且兩平面不能平行或是重合。

B. 距離

B1 二度空間

1. 點到點：$\bullet \to \bullet$，$\overline{AB} = \sqrt{\Delta x^2 + \Delta y^2} = \sqrt{(x_1 - x_0)^2 + (y_1 - y_0)^2}$
2. 點到線：$\bullet \to /$，$d(P, L) = \dfrac{|ax_0 + by_0 + c|}{\sqrt{a^2 + b^2}}$
3. 線到線：$/ \to /$，$d(L_1, L_2) = \dfrac{|c_1 - c_2|}{\sqrt{a^2 + b^2}}$

B2 三度空間

1. 點到點：$\bullet \to \bullet$，$\overline{AB} = \sqrt{(x_1 - x_0)^2 + (y_1 - y_0)^2 + (z_1 - z_0)^2}$

2. 點到線：$\bullet \to /$，參考 2-16 節的流程

3. 點到面：$\bullet \to \square$，$d(P, E) = \dfrac{|ax_0 + by_0 + cz_0 + d|}{\sqrt{a^2 + b^2 + c^2}}$

4. 線到線（平行）：$/ \to /$，參考 2-16 節的流程

5. 線到線（歪斜）：$/ \to \backslash$，參考 2-19 節的流程

6. 線到面：$/ \to \square$，$d(L, E) = \dfrac{|ax_0 + by_0 + cz_0 + d|}{\sqrt{a^2 + b^2 + c^2}}$

7. 面到面：$\square \to \square$，$d(E_1, E_2) = \dfrac{|d_1 - d_2|}{\sqrt{a^2 + b^2 + c^2}}$

C. 夾角問題

C1 二度空間

1. 兩直線夾角：

$$\begin{cases} L_1 : a_2 x - a_1 y = 0 \\ L_2 : b_2 x - b_1 y = 0 \end{cases}, \cos\theta = \frac{2a_1 b_1 + 2a_2 b_2}{2\sqrt{a_1^2 + a_2^2}\sqrt{b_1^2 + b_2^2}} = \frac{a_1 b_1 + a_2 b_2}{\sqrt{a_1^2 + a_2^2}\sqrt{b_1^2 + b_2^2}}$$

C2 三度空間

1. 兩直線夾角：見 2-11 節流程。
2. 兩平面夾角：見 2-20 節流程。
3. 兩平面交線方程式：見 2-21 節流程。

D. 角平分線問題

D1 二度空間，見 6-30 節流程。

$$\begin{cases} L_1 : a_1 x + b_1 y + c_1 = 0 \\ L_2 : a_2 x + b_2 y + c_2 = 0 \end{cases}, 角平分線為 \frac{a_1 x + b_1 y + c_1}{\sqrt{a^2 + b^2}} = \pm\frac{a_2 x + b_2 y + c_2}{\sqrt{a^2 + b^2}}$$

D2 三度空間，見 6-30 節流程。

E. 角平分面

$$\begin{cases} E_1 : a_1 x + b_1 y + c_1 z + d_1 = 0 \\ E_2 : a_2 x + b_2 y + c_2 z + d_2 = 0 \end{cases}, 角平分面為 \frac{a_1 x + b_1 y + c_1 z + d_1}{\sqrt{a^2 + b^2 + c^2}} = \pm\frac{a_2 x + b_2 y + c_2 z + d_2}{\sqrt{a^2 + b^2 + c^2}}$$

F. 分點公式

見 6-25 節流程 $C = \dfrac{nA + mB}{m + n}$。其特例為中點公式，$M = \dfrac{A + B}{2}$。

2-23 **參數式的起源：拋物線**

先認識拋物線的相關內容，拋物線顧名思義，拋出物體的行進路線。現在的書直接將其放在圓錐曲線內容，但希臘時期圓錐曲線 Parabola 並沒有與拋物線被聯想再一起，作者認為在希臘時期應該稱為**單曲線**。那拋物線的圖形是什麼？一段圓弧嗎？感覺又不像，又好像是橢圓的曲線，可是又不確定。那麼拋物線到底是怎樣的圖形？見圖 1。

亞里斯多德（Aristotle）對拋物線的看法：拋出的物體路線，見圖 2。

第一階段：認為是直線，45 度斜向上。

第二階段：認為是向上到了頂點，四分之一圓弧向下掉落。

第三階段：認為物體是受原本性質影響，開始垂直往下掉落。

並且**亞里斯多德認為**物體受原本性質影響。亞里斯多德認為石頭會往下掉，因為它從土裡面產生，是有重量的東西，所以丟出去會想回到地面，所以會掉落，而不是一路飛出去。並且認為重的掉落的比輕的快，重的回到地面時間較短。空氣或是火焰是輕飄飄的物質，喜歡往上飄。

但到伽利略的時代，伽利略對掉落看法改變，認為拋物線不是亞里斯多德所敘述的樣子。伽利略的猜測拋物線可拆成兩個部分，1. 水平的移動；2. 向下的加速移動，自由落體運動。並且提出一磅跟兩磅掉落時間一樣。最後經實驗證明伽利略是第一個準確提出物體運動規則的人。

伽利略的實驗：伽利略用物理方式來測量，做一個斜面儀器，上面不同的位置放鈴噹，球經過後鈴鐺發出聲音，記錄聲音的時間，有沒有因球的重量改變而不同。鈴鐺的位置經過調整後，任何重量的球滾動每一段距離，都是相距一秒。見圖 3。

實驗結果：重量不同的求沒有導致落地時間不同，但卻意外發現時間與距離的關係。距離與時間平方成正比。經過很多人的計算得到**高度公式模型**：$y = -4.9t^2$。也就是 $y = -gt^2/2$，g 為重力加速度。

伽利略認為拋物線是水平與垂直組成，垂直部分已確定移動方式：$y = -4.9t^2$；水平不確定會不會影響時間，所也做了水平的實驗。在同一高度測試四種情況的掉落時間，見圖 4。1. 無水平力量；2. 輕推；3. 略用力推；4. 用力推。發現用不用力，落地時間都一樣，所以水平運動，不影響掉落時間。水平的力量只影響水平距離，也就是水平移動距離為水平速度乘上時間：$x = vt$。

伽利略接下來觀察，丟向上的拋物線痕跡，拋物線路線並不是亞里斯多得所說是直線、畫 $\frac{1}{4}$ 圓弧、再直線掉落。而是一個很平滑的曲線路線沒有轉折角，圖案與一元二次方程式一樣，見圖 5。

伽利略認為物體的運動

1. 物體的移動需要水平速度、重力加速度，不需要其他的本性的影響。

2. 水平速度是固定的數字，水平距離就是水平速度乘上時間，$x = vt$。

3. 垂直方向受重力加速度影響，垂直距離與時間平方成正比，$y = -4.9t^2$。

拋物線的現代應用：

之前有名的憤怒鳥就是利用拋物線原理，來加以設計遊戲，以及多項球類運動，其實都有拋物線的影子在內，同時戰爭坦克車也要精準計算出拋物線的落點位置，才能打中敵人。

看完拋物線的相關內容後可以發現，不管是高度的的數學式 $y = -4.9t^2$，還是水平的數學式 $x = vt$，都與時間 t 有關係。而這就是參數式的雛形，所以在參數式的符號就使用 t，由此可知參數式的由來。

補充：將 $y = -4.9t^2$ 與 $x = vt$ 組合，可以得到 $y = -4.9(\frac{x}{v})^2$，也就是 $y = -\frac{4.9}{v^2} \times x^2$，將係數用符號 a 代替得到 $y = ax^2$，可以發現到一元二次方程式，而這就是為什麼一元二次方程式被稱為拋物線的原因，再一次發現數學可有效描述自然現象。

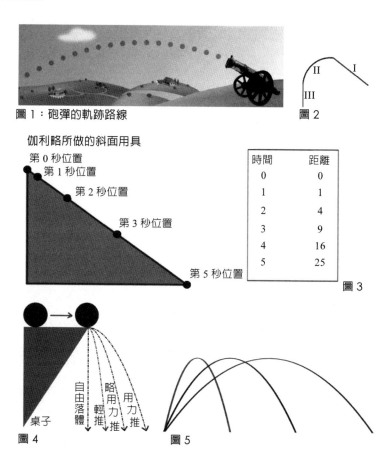

圖 1：砲彈的軌跡路線

圖 2

伽利略所做的斜面用具

第 0 秒位置
第 1 秒位置
第 2 秒位置
第 3 秒位置
第 5 秒位置

時間	距離
0	0
1	1
2	4
3	9
4	16
5	25

圖 3

桌子

自由落體 / 輕推 / 略用力推 / 用力推

圖 4

圖 5

幾何無王者之路

　　——歐幾里得（Euclid）

不懂幾何者，禁止入內

　　——柏拉圖（Platos）

第三章
行列式

3-1 解聯立方程式：兩變數

　　已知傳統方法可以解決大多數問題後，也可發現並不容易計算，數學家由推導公式的結果，發現規律創了一個新的表示方法與計算法：行列式。在此有貢獻的數學家為卡當、萊布尼茲、克拉瑪，然而因為時空背景的關係，資訊不發達，所以一直到 18 世紀才慢慢被數學家拿來研究。

　　解三平面的交點是解三元一次聯立方程式：$\begin{cases} a_1x + b_1y + c_1z = d_1 \\ a_2x + b_2y + c_2z = d_2 \\ a_3x + b_3y + c_3z = d_3 \end{cases}$，但用原本的方法不

好計算，瑞士數學家克拉瑪利用行列式創立克拉瑪公式，推導出每一個未知數的公式解解答，克拉瑪公式的推導繁瑣，在此不細說，但用例題演練來幫助理解。先從二元一次聯立方程式開始解說。

二元一次聯立方程式的克拉瑪公式

$\begin{cases} 5x + 2y = 9 \\ 3x + 4y = 11 \end{cases}$ 國中方法可解出答案 $\Rightarrow \begin{cases} x = 1 \\ y = 2 \end{cases}$

　　現在要找出一個公式解的解法

求 x：$\begin{cases} 5x + 2y = 9 \\ 3x + 4y = 11 \end{cases} \Rightarrow \begin{cases} \dfrac{5}{2}x + y = \dfrac{9}{2} \\ \dfrac{3}{4}x + y = \dfrac{11}{4} \end{cases} \Rightarrow$ 第一式減第二式 $\dfrac{5}{2}x - \dfrac{3}{4}x = \dfrac{9}{2} - \dfrac{11}{4}$

$$x = \frac{\dfrac{9}{2} - \dfrac{11}{4}}{\dfrac{5}{2} - \dfrac{3}{4}} \Rightarrow x = \frac{4 \times 9 - 2 \times 11}{4 \times 5 - 2 \times 3} \Rightarrow x = 1 \text{，} x \text{的數值，正確。}$$

求 y：$\begin{cases} 5x + 2y = 9 \\ 3x + 4y = 11 \end{cases} \Rightarrow \begin{cases} x + \dfrac{2}{5}y = \dfrac{9}{5} \\ x + \dfrac{4}{3}y = \dfrac{11}{3} \end{cases} \Rightarrow$ 第二式減第一式 $\dfrac{4}{3}y - \dfrac{2}{5}y = \dfrac{11}{3} - \dfrac{9}{5}$

$$y = \frac{\dfrac{11}{3} - \dfrac{9}{5}}{\dfrac{4}{3} - \dfrac{2}{5}} \Rightarrow y = \frac{5 \times 11 - 3 \times 9}{5 \times 4 - 3 \times 2} \Rightarrow y = 2 \text{，} y \text{的數值，正確。}$$

　　所以可以發現聯立方程式：$\begin{cases} a_1x + b_1y = c_1 \\ a_2x + b_2y = c_2 \end{cases}$ 的解，可以記為：$\begin{cases} x = \dfrac{c_1b_2 - c_2b_1}{a_1b_2 - a_2b_1} \\ y = \dfrac{a_1c_2 - a_2c_1}{a_1b_2 - a_2b_1} \end{cases}$

並且可以觀察出 x、y 的計算，最後的分母部分是一樣，

都是聯立方程式的係數左斜乘積減右斜乘積，見圖 1，克拉瑪稱爲Δ。

$$\begin{cases} 5x+2y=9 \\ 3x+4y=11 \end{cases}$$
　　　　　$\begin{vmatrix} 5 & 2 \\ 3 & 4 \end{vmatrix} \Rightarrow$ ⊠　　$5\times4-2\times3$　　圖1

x 的分子部分，是 x 的係數換常數，再做左斜乘積減右斜乘積，見圖 2，稱爲Δx

$$\begin{cases} 5x+2y=9 \\ 3x+4y=11 \end{cases}$$
　　　　　$\begin{vmatrix} 9 & 2 \\ 11 & 4 \end{vmatrix} \Rightarrow$ ⊠　　$9\times4-2\times11$　　圖2

y 的分子部分，是 y 的係數換常數，再做左斜乘積減右斜乘積，見圖 3，稱爲Δy

$$\begin{cases} 5x+2y=9 \\ 3x+4y=11 \end{cases}$$
　　　　　$\begin{vmatrix} 5 & 9 \\ 3 & 11 \end{vmatrix} \Rightarrow$ ⊠　　$9\times11-9\times3$　　圖3

未知數的解爲 $x=\dfrac{\Delta_x}{\Delta}$ 、 $y=\dfrac{\Delta_y}{\Delta}$。二元一次聯立方程式：$\begin{cases} a_1x+b_1y=c_1 \\ a_2x+b_2y=c_2 \end{cases}$ 的解，

可以記爲：$\Delta=\begin{vmatrix} a_1 & b_1 \\ a_2 & b_2 \end{vmatrix}$、$\Delta x=\begin{vmatrix} c_1 & b_1 \\ c_2 & b_2 \end{vmatrix}$、$\Delta y=\begin{vmatrix} a_1 & c_1 \\ a_2 & c_2 \end{vmatrix}$，得到

$$\begin{cases} x=\dfrac{\Delta x}{\Delta}=\dfrac{\begin{vmatrix} c_1 & b_1 \\ c_2 & b_2 \end{vmatrix}}{\begin{vmatrix} a_1 & b_1 \\ a_2 & b_2 \end{vmatrix}} \\[20pt] y=\dfrac{\Delta y}{\Delta}=\dfrac{\begin{vmatrix} a_1 & c_1 \\ a_2 & c_2 \end{vmatrix}}{\begin{vmatrix} a_1 & b_1 \\ a_2 & b_2 \end{vmatrix}} \end{cases}。$$

3-2 解聯立方程組：三變數

解三平面的交點是解三元一次聯立方程式：$\begin{cases} a_1x + b_1y + c_1z = d_1 \\ a_2x + b_2y + c_2z = d_2 \\ a_3x + b_3y + c_3z = d_3 \end{cases}$，但用原本的方法不

好計算，瑞士數學家克拉瑪利用行列式創立克拉瑪公式，推導出每一個未知數的公式解解答。在二階的問題得到靈感，二元一次聯立方程式：

$\begin{cases} a_1x + b_1y = c_1 \\ a_2x + b_2y = c_2 \end{cases}$ 的解，可以記為：令 $\Delta = \begin{vmatrix} a_1 & b_1 \\ a_2 & b_2 \end{vmatrix}$、$\Delta x = \begin{vmatrix} c_1 & b_1 \\ c_2 & b_2 \end{vmatrix}$、$\Delta y = \begin{vmatrix} a_1 & c_1 \\ a_2 & c_2 \end{vmatrix}$，則

$x = \dfrac{\Delta x}{\Delta} = \dfrac{\begin{vmatrix} c_1 & b_1 \\ c_2 & b_2 \end{vmatrix}}{\begin{vmatrix} a_1 & b_1 \\ a_2 & b_2 \end{vmatrix}}$、$y = \dfrac{\Delta y}{\Delta} = \dfrac{\begin{vmatrix} a_1 & c_1 \\ a_2 & c_2 \end{vmatrix}}{\begin{vmatrix} a_1 & b_1 \\ a_2 & b_2 \end{vmatrix}}$。同理也可以推廣到三元一次聯立方程式：

$\begin{cases} a_1x + b_1y + c_1z = d_1 \\ a_2x + b_2y + c_2z = d_2 \\ a_3x + b_3y + c_3z = d_3 \end{cases}$，可以記為：$\Delta = \begin{vmatrix} a_1 & b_1 & c_1 \\ a_2 & b_2 & c_2 \\ a_3 & b_3 & c_3 \end{vmatrix}$、$\Delta x = \begin{vmatrix} d_1 & b_1 & c_1 \\ d_2 & b_2 & c_2 \\ d_3 & b_3 & c_3 \end{vmatrix}$、$\Delta y = \begin{vmatrix} a_1 & d_1 & c_1 \\ a_2 & d_2 & c_2 \\ a_3 & d_3 & c_3 \end{vmatrix}$、

$\Delta z = \begin{vmatrix} a_1 & b_1 & d_1 \\ a_2 & b_2 & d_2 \\ a_3 & b_3 & d_3 \end{vmatrix}$，得到 $x = \dfrac{\Delta x}{\Delta}$、$y = \dfrac{\Delta y}{\Delta}$、$z = \dfrac{\Delta z}{\Delta}$。

　　三階行列式的計算規則與二階行列式相同，左上到右下的相乘再加總，減去，右上到左下的相乘再加總，參考圖 1。可以看到數字運算部分是題目的係數運算，而這運算就是三階行列式的計算。

　　在此作一次例題的推導大家便可以不再對此公式感到疑慮，或是有興趣的人可以仿造二階的方式作一次推導。

$\begin{cases} x + y + z = 1 \cdots(1) \\ 2x + 3y + 3z = 2 \cdots(2) \\ x + 2y - z = -2 \cdots(3) \end{cases}$

　　A. 國中的方法，代入消去法，將 (1)×3 − (2) 得到 $x = 1 \cdots(4)$，代入 (2)、(3) 得到

$\begin{cases} 2 + 3y + 3z = 2 \\ 1 + 2y - z = -2 \end{cases}$，再次解聯立，得到 $\begin{cases} y = -1 \\ z = 1 \end{cases}$，驗證 (1)(2)(3) 式，$\begin{cases} 1-1+1 = 1 \cdots(1) \\ 2-3+3 = 2 \cdots(2) \\ 1-2-1 = -2 \cdots(3) \end{cases}$

三式都成立，所以答案是 $x = 1$，$y = -1$，$z = 1$。

克拉瑪解法

$$\begin{cases} x+y+z=1\cdots(1) \\ 2x+3y+3z=2\cdots(2) \\ x+2y-z=-2\cdots(3) \end{cases}，可以記爲：$$

$$\Delta = \begin{vmatrix} a_1 & b_1 & c_1 \\ a_2 & b_2 & c_2 \\ a_3 & b_3 & c_3 \end{vmatrix} = \begin{vmatrix} 1 & 1 & 1 \\ 2 & 3 & 3 \\ 1 & 2 & -1 \end{vmatrix} = [1\times3\times(-1)+2\times2\times1+1\times1\times3]-$$

$$[1\times3\times1+3\times2\times1+(-1)\times1\times2]=[-3+4+3]-[3+6-2]=4-7=-3$$

$$\Delta x = \begin{vmatrix} d_1 & b_1 & c_1 \\ d_2 & b_2 & c_2 \\ d_3 & b_3 & c_3 \end{vmatrix} = \begin{vmatrix} 1 & 1 & 1 \\ 2 & 3 & 3 \\ -2 & 2 & -1 \end{vmatrix} = [1\times3\times(-1)+2\times2\times1+(-2)\times1\times3]-$$

$$[1\times3\times(-2)+3\times2\times1+(-1)\times1\times2]=[-3+4-6]-[-6+6-2]=-5-(-2)=-3$$

$$\Delta y = \begin{vmatrix} a_1 & d_1 & c_1 \\ a_2 & d_2 & c_2 \\ a_3 & d_3 & c_3 \end{vmatrix} = \begin{vmatrix} 1 & 1 & 1 \\ 2 & 2 & 3 \\ 1 & -2 & -1 \end{vmatrix} = [1\times2\times(-1)+2\times(-2)\times1+1\times1\times3]-$$

$$[1\times2\times1+3\times(-2)\times1+(-1)\times1\times2]=[-2-4+3]-[2-6-2]=-3-(-6)=3$$

$$\Delta z = \begin{vmatrix} a_1 & b_1 & d_1 \\ a_2 & b_2 & d_2 \\ a_3 & b_3 & d_3 \end{vmatrix} = \begin{vmatrix} 1 & 1 & 1 \\ 2 & 3 & 2 \\ 1 & 2 & -2 \end{vmatrix} = [1\times3\times(-2)+2\times2\times1+1\times1\times2]-$$

$$[1\times3\times1+2\times2\times1+(-2)\times1\times2]=[-6+4+2]-[3+4-4]=0-3=-3$$

得到 $x=\dfrac{\Delta x}{\Delta}=\dfrac{-3}{-3}=1$、$y=\dfrac{\Delta y}{\Delta}=\dfrac{3}{-3}=-1$、$z=\dfrac{\Delta z}{\Delta}=\dfrac{-3}{-3}=1$。

　　由此可見兩個方法的答案是一樣的，所以克拉瑪公式是可用的。但也發現克拉碼的方法並不好利用。

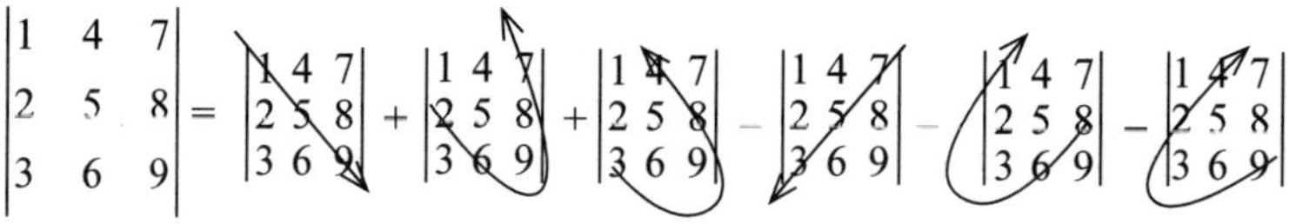

$$\begin{vmatrix} 1 & 4 & 7 \\ 2 & 5 & 8 \\ 3 & 6 & 9 \end{vmatrix} = \begin{vmatrix} 1 & 4 & 7 \\ 2 & 5 & 8 \\ 3 & 6 & 9 \end{vmatrix} + \begin{vmatrix} 1 & 4 & 7 \\ 2 & 5 & 8 \\ 3 & 6 & 9 \end{vmatrix} + \begin{vmatrix} 1 & 4 & 7 \\ 2 & 5 & 8 \\ 3 & 6 & 9 \end{vmatrix} - \begin{vmatrix} 1 & 4 & 7 \\ 2 & 5 & 8 \\ 3 & 6 & 9 \end{vmatrix} - \begin{vmatrix} 1 & 4 & 7 \\ 2 & 5 & 8 \\ 3 & 6 & 9 \end{vmatrix} - \begin{vmatrix} 1 & 4 & 7 \\ 2 & 5 & 8 \\ 3 & 6 & 9 \end{vmatrix}$$

$$= 1\times5\times9+2\times6\times7+3\times8\times4-7\times5\times3-8\times6\times1-9\times2\times4$$

圖1

3-3 行列式的運算 (1)：二階

　　行列式是將每一行、每一列的數字作計算的式子，左斜乘積總合減右斜乘積總合，也稱 delta (A)。行列式在歐洲被稱爲「determinant」這稱呼由高斯在他的《算術研究》中引入的。這詞有「決定」意思，因爲在高斯的使用中，行列式能夠決定二次曲線的性質。在同一本著作中，高斯還敘述了一種通過係數之間加減來求解多元一次方程組的方法，也就是現在的高斯消元法（高斯列運算），將在稍後介紹。

　　行列式的運算，見圖1，可以發現三階行列式相當麻煩，所以行列式基於原本的計算規則找到了化簡的方式，但**只需要熟記 2 個，下述的二階的 *2 與 *6，以及三階的 *2 與 *6，三階的將在下一則介紹，其他的知道即可。**

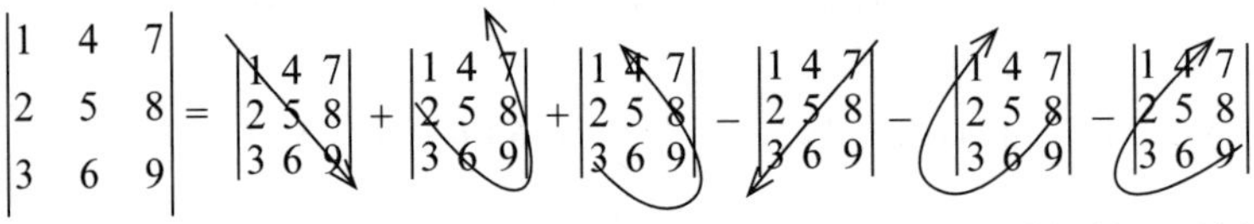

$$\begin{vmatrix} 1 & 4 & 7 \\ 2 & 5 & 8 \\ 3 & 6 & 9 \end{vmatrix} = \begin{vmatrix} 1 & 4 & 7 \\ 2 & 5 & 8 \\ 3 & 6 & 9 \end{vmatrix} + \begin{vmatrix} 1 & 4 & 7 \\ 2 & 5 & 8 \\ 3 & 6 & 9 \end{vmatrix} + \begin{vmatrix} 1 & 4 & 7 \\ 2 & 5 & 8 \\ 3 & 6 & 9 \end{vmatrix} - \begin{vmatrix} 1 & 4 & 7 \\ 2 & 5 & 8 \\ 3 & 6 & 9 \end{vmatrix} - \begin{vmatrix} 1 & 4 & 7 \\ 2 & 5 & 8 \\ 3 & 6 & 9 \end{vmatrix} - \begin{vmatrix} 1 & 4 & 7 \\ 2 & 5 & 8 \\ 3 & 6 & 9 \end{vmatrix}$$

$$= 1 \times 5 \times 9 + 2 \times 6 \times 7 + 3 \times 8 \times 4 - 7 \times 5 \times 3 - 8 \times 6 \times 1 - 9 \times 2 \times 4$$

圖1

二階

1. 在行列式中，某一行（列）元素全爲 0，則此行列式的值爲 0

$$\begin{vmatrix} 0 & 0 \\ a_{21} & a_{22} \end{vmatrix} = \begin{vmatrix} 0 & a_{12} \\ 0 & a_{22} \end{vmatrix} = 0$$

*2. 在行列式中，某一行（列）有公因子 k，則可以提出 k。

$$\begin{vmatrix} ka_{11} & a_{12} \\ ka_{21} & a_{22} \end{vmatrix} = \begin{vmatrix} ka_{11} & ka_{12} \\ a_{21} & a_{22} \end{vmatrix} = k \begin{vmatrix} a_{11} & a_{12} \\ a_{21} & a_{22} \end{vmatrix}$$

3. 在行列式中，某一行（列）的每個元素是兩數之和，則此行列式可拆分爲兩個相加的行列式。

$$\begin{vmatrix} a_{11} & a_{12} \\ a_{21}+b_{21} & a_{22}+b_{22} \end{vmatrix} = \begin{vmatrix} a_{11} & a_{12} \\ a_{21} & a_{22} \end{vmatrix} + \begin{vmatrix} a_{11} & a_{12} \\ b_{21} & b_{22} \end{vmatrix} \text{、} \begin{vmatrix} a_{11}+b_{11} & a_{12} \\ a_{21}+b_{21} & a_{22} \end{vmatrix} = \begin{vmatrix} a_{11} & a_{12} \\ a_{21} & a_{22} \end{vmatrix} + \begin{vmatrix} b_{11} & a_{12} \\ b_{21} & a_{22} \end{vmatrix}$$

4. 行列式中的兩行（列）互換，改變行列式正負符號。

$$\begin{vmatrix} a_{11} & a_{12} \\ a_{21} & a_{22} \end{vmatrix} = - \begin{vmatrix} a_{12} & a_{11} \\ a_{22} & a_{21} \end{vmatrix} \text{、} \begin{vmatrix} a_{11} & a_{12} \\ a_{21} & a_{22} \end{vmatrix} = - \begin{vmatrix} a_{21} & a_{22} \\ a_{11} & a_{12} \end{vmatrix}$$

5. 在行列式中，有兩行（列）對應成比例或相同，則此行列式的值為 0。

$$\begin{vmatrix} a_{11} & a_{12} \\ ka_{11} & ka_{12} \end{vmatrix} = 0 \text{、} \begin{vmatrix} a_{11} & ka_{11} \\ a_{21} & ka_{21} \end{vmatrix} = 0$$

*6. 將一行（列）的 k 倍加進另一行（列）裡，行列式的值不變。

$$\begin{vmatrix} a_{11} & a_{12} \\ a_{21} & a_{22} \end{vmatrix} = \begin{vmatrix} a_{11} & a_{12} \\ a_{21}+ka_{11} & a_{22}+ka_{12} \end{vmatrix} \text{、} \begin{vmatrix} a_{11} & a_{12} \\ a_{21} & a_{22} \end{vmatrix} = \begin{vmatrix} a_{11} & a_{12}+ka_{11} \\ a_{21} & a_{22}+ka_{21} \end{vmatrix}$$

7. 將行列式的行列互換，行列式的值不變，行列互換也稱作轉置。

$$\begin{vmatrix} a_{11} & a_{12} \\ a_{21} & a_{22} \end{vmatrix} = \begin{vmatrix} a_{11} & a_{21} \\ a_{12} & a_{22} \end{vmatrix}$$

結論：

行列式即便有化簡方式過程還是繁瑣，但相較傳統幾何與座標方法，已經是計算的一大突破。同時在此不作證明，因為只要將左式與右式展開即可發現等號成立。

註 1：行列式，哪邊是行？哪邊是列？
　　直行橫列，見圖 2

圖 2

註 2：行列式的延伸

為了幫助找出聯立方程式的解，希望最後可以推導出一個公式解，在一元一次式、二元一次聯立方程式與三元一次聯立方程式，都可以推導公式解，但在四元一次式就無法了，為此數學家想了好幾世紀，最後由高斯提出，超過四元是沒有公式解的，要用其他方法來解決該類問題。

3-4 行列式的運算 (2)：三階

1. 在行列式中，某一行（列）元素全爲 0，則此行列式的值爲 0。

$$\begin{vmatrix} 0 & 0 & 0 \\ a_{21} & a_{22} & a_{23} \\ a_{31} & a_{32} & a_{33} \end{vmatrix} = 0 \quad \begin{vmatrix} a_{11} & 0 & a_{13} \\ a_{21} & 0 & a_{23} \\ a_{31} & 0 & a_{33} \end{vmatrix} = 0$$

*2. 在行列式中，某一行（列）有公因子 k，則可以提出 k。

$$\begin{vmatrix} ka_{11} & ka_{12} & ka_{13} \\ a_{21} & a_{22} & a_{23} \\ a_{31} & a_{32} & a_{33} \end{vmatrix} = k\begin{vmatrix} a_{11} & a_{12} & a_{13} \\ a_{21} & a_{22} & a_{23} \\ a_{31} & a_{32} & a_{33} \end{vmatrix} \quad \begin{vmatrix} a_{11} & ka_{12} & a_{13} \\ a_{21} & ka_{22} & a_{23} \\ a_{31} & ka_{32} & a_{33} \end{vmatrix} = k\begin{vmatrix} a_{11} & a_{12} & a_{13} \\ a_{21} & a_{22} & a_{23} \\ a_{31} & a_{32} & a_{33} \end{vmatrix}$$

3. 在行列式中，某一行（列）的每個元素是兩數之和，則此行列式可拆分爲兩個相加的行列式。

$$\begin{vmatrix} a_{11} & a_{12} & a_{13} \\ a_{21}+b_{21} & a_{22}+b_{22} & a_{23}+b_{23} \\ a_{31} & a_{32} & a_{33} \end{vmatrix} = \begin{vmatrix} a_{11} & a_{12} & a_{13} \\ a_{21} & a_{22} & a_{23} \\ a_{31} & a_{32} & a_{33} \end{vmatrix} + \begin{vmatrix} a_{11} & a_{12} & a_{13} \\ b_{21} & b_{22} & b_{23} \\ a_{31} & a_{32} & a_{33} \end{vmatrix} \quad$$

$$\begin{vmatrix} a_{11}+b_{11} & a_{12} & a_{13} \\ a_{21}+b_{21} & a_{22} & a_{23} \\ a_{31}+b_{31} & a_{32} & a_{33} \end{vmatrix} = \begin{vmatrix} a_{11} & a_{12} & a_{13} \\ a_{21} & a_{22} & a_{23} \\ a_{31} & a_{32} & a_{33} \end{vmatrix} + \begin{vmatrix} b_{11} & a_{12} & a_{13} \\ b_{21} & a_{22} & a_{23} \\ b_{31} & a_{32} & a_{33} \end{vmatrix}$$

4. 行列式中的兩行（列）互換，改變行列式正負符號。

$$\begin{vmatrix} a_{11} & a_{12} & a_{13} \\ a_{21} & a_{22} & a_{23} \\ a_{31} & a_{32} & a_{33} \end{vmatrix} = -\begin{vmatrix} a_{21} & a_{22} & a_{23} \\ a_{11} & a_{12} & a_{13} \\ a_{31} & a_{32} & a_{33} \end{vmatrix} \quad \begin{vmatrix} a_{11} & a_{12} & a_{13} \\ a_{21} & a_{22} & a_{23} \\ a_{31} & a_{32} & a_{33} \end{vmatrix} = -\begin{vmatrix} a_{11} & a_{13} & a_{12} \\ a_{21} & a_{23} & a_{22} \\ a_{31} & a_{33} & a_{32} \end{vmatrix}$$

5. 在行列式中，有兩行（列）對應成比例或相同，則此行列式的值爲 0。

$$\begin{vmatrix} a_{11} & a_{12} & a_{13} \\ ka_{11} & ka_{12} & ka_{13} \\ a_{31} & a_{32} & a_{33} \end{vmatrix} = 0 \quad \begin{vmatrix} a_{11} & ka_{11} & a_{13} \\ a_{21} & ka_{21} & a_{23} \\ a_{31} & ka_{31} & a_{33} \end{vmatrix} = 0$$

*6. 將一行（列）的 k 倍加進另一行（列）裡，行列式的值不變。

$$\begin{vmatrix} a_{11} & a_{12} & a_{13} \\ a_{21} & a_{22} & a_{23} \\ a_{31} & a_{32} & a_{33} \end{vmatrix} = \begin{vmatrix} a_{11} & a_{12} & a_{13} \\ a_{21}+ka_{11} & a_{22}+ka_{12} & a_{23}+ka_{13} \\ a_{31} & a_{32} & a_{33} \end{vmatrix} \quad$$

$$\begin{vmatrix} a_{11} & a_{12} & a_{13} \\ a_{21} & a_{22} & a_{23} \\ a_{31} & a_{32} & a_{33} \end{vmatrix} = \begin{vmatrix} a_{11} & a_{12} & a_{13}+ka_{12} \\ a_{21} & a_{22} & a_{23}+ka_{22} \\ a_{31} & a_{32} & a_{33}+ka_{32} \end{vmatrix}$$

7. 將行列式的行列互換，行列式的值不變，行列互換也稱作轉置。

$$\begin{vmatrix} a_{11} & a_{12} & a_{13} \\ a_{21} & a_{22} & a_{23} \\ a_{31} & a_{32} & a_{33} \end{vmatrix} = \begin{vmatrix} a_{11} & a_{21} & a_{31} \\ a_{12} & a_{22} & a_{32} \\ a_{13} & a_{23} & a_{33} \end{vmatrix}$$

8. 降階，三階行列式可以降為三個二階相加。

$$\begin{vmatrix} a_{11} & a_{12} & a_{13} \\ a_{21} & a_{22} & a_{23} \\ a_{31} & a_{32} & a_{33} \end{vmatrix} = a_{11}\begin{vmatrix} a_{22} & a_{23} \\ a_{32} & a_{33} \end{vmatrix} - a_{21}\begin{vmatrix} a_{12} & a_{13} \\ a_{32} & a_{33} \end{vmatrix} + a_{31}\begin{vmatrix} a_{12} & a_{13} \\ a_{22} & a_{23} \end{vmatrix}$$

降階的圖表法，見圖 1

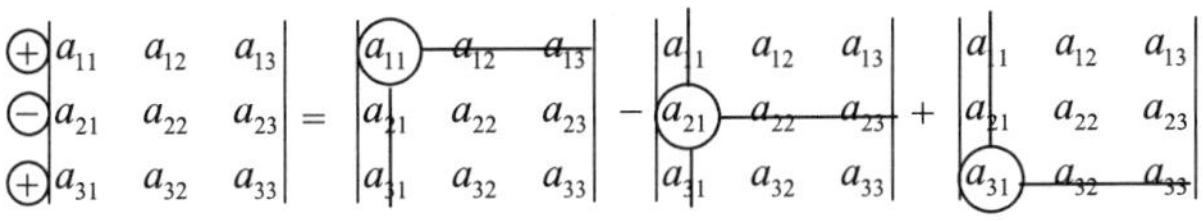

圖 1

結論：

由此可知，複雜的三階行列式經過簡化後可以更好的利用。同樣地如二階行列式，在此也不作證明，因為只要將左式與右式展開即可發現等號成立。

例題：利用 *2 與 *6 化簡的好處來做計算，已知不化簡的計算為圖 2。

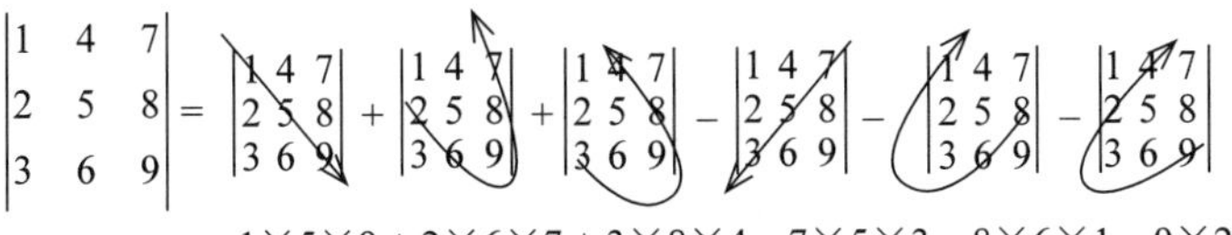

$$= 1\times5\times9+2\times6\times7+3\times8\times4-7\times5\times3-8\times6\times1-9\times2\times4$$

$$= (45+84+96)-(105+48+72) = 225-225 = 0$$

圖 2

化簡計算，可以發現變得很好計算，可發現有零，見圖 3

$$\begin{vmatrix} 1 & 4 & 7 \\ 2 & 5 & 8 \\ 3 & 6 & 9 \end{vmatrix} \begin{matrix} \times(-2) \\ \times(-3) \end{matrix} = \begin{vmatrix} 1 & 4 & 7 \\ 2+1\times(-2) & 5+4\times(-2) & 8+7\times(-2) \\ 3+1\times(-3) & 6+4\times(-3) & 9+7\times(-3) \end{vmatrix} = \begin{vmatrix} 1 & 4 & 7 \\ 0 & -3 & -6 \\ 0 & -6 & -12 \end{vmatrix} \begin{matrix} \text{提出 -3} \\ \text{提出 -6} \end{matrix}$$

$$= (-3)\times(-6)\times\begin{vmatrix} 1 & 4 & 7 \\ 0 & 1 & 1 \\ 0 & 2 & 2 \end{vmatrix} = (1\times1\times2+4\times1\times0+7\times0\times2) - (7\times1\times0+1\times2\times1+2\times4\times0)$$

$$= 2-2 = 0$$

圖 3

3-5 克拉碼行列式求平面方程式

傳統解析幾何可以計算平面方程式的係數，但並不好計算，數學家利用克拉瑪的行列式來幫助計算。空間方程式可記作：$Ax + By + Cz + D = 0$，可改寫：$z = ax + by + c$，這樣可以表示除了 z 的係數為 0 外的方程式。已知三點一平面，任取三點，代入 $z = ax + by + c$，可解出係數，求得平面方程式。

如：$(1, 1, 1)$、$(2, 3, 9)$、$(3, -1, -1)$，代入 $z = ax + by + c$ 可得 $\begin{cases} 1 = a + b + c \\ 9 = 2a + 3b + c \\ -1 = 3a - b + c \end{cases}$，

$$a = \frac{\Delta a}{\Delta} = \frac{\begin{vmatrix} 1 & 1 & 1 \\ 9 & 3 & 1 \\ -1 & -1 & 1 \end{vmatrix}}{\begin{vmatrix} 1 & 1 & 1 \\ 2 & 3 & 1 \\ 3 & -1 & 1 \end{vmatrix}} = 2 、 b = \frac{\Delta b}{\Delta} = \frac{\begin{vmatrix} 1 & 1 & 1 \\ 2 & 9 & 1 \\ 3 & -1 & 1 \end{vmatrix}}{\begin{vmatrix} 1 & 1 & 1 \\ 2 & 3 & 1 \\ 3 & -1 & 1 \end{vmatrix}} = 3 、 c = \frac{\Delta c}{\Delta} = \frac{\begin{vmatrix} 1 & 1 & 1 \\ 2 & 3 & 9 \\ 3 & -1 & -1 \end{vmatrix}}{\begin{vmatrix} 1 & 1 & 1 \\ 2 & 3 & 1 \\ 3 & -1 & 1 \end{vmatrix}} = -4 ，$$

可發現不需用解聯立，利用克拉瑪公式直接得到 $z = 2x + 3y - 4$，與 2-7 節的例題答案一樣，見圖 1，顯然克拉碼的方法是正確且可行。

結論：

行列式過程繁瑣，但相較傳統幾何與座標系方法，已經是計算的一大突破，但在向量的方法出現後，這方法這方法也被混合利用，**同時電腦的演算法就是利用行列式。**

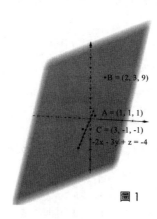

圖 1

補充內容：克拉碼生平

加百列‧克拉瑪（Gabriel Cramer，1704～1752），瑞士數學家，見圖2。克拉碼在日內瓦讀書，在日內瓦加爾文學院任教，曾任幾何學教授，哲學教授。並與英國、荷蘭、法國等地方的數學家，有著長期通信，為數學史上留下大量有價值的文獻。首先定義了正則、非正則、超越曲線和無理曲線等概念，第一次正式引入座標系的縱軸概念，然後討論曲線變換，並依據曲線方程的階數將曲線進行分類。為了確定經過5個點的一般二次曲線的係數，應用了著名的「克拉碼法則」，即由線性方程組的係數確定方程組解的表達式。

圖2

同時克拉碼曾研究過魔鬼曲線：$y^2(y^2 - a^2) = x^2(x^2 - b^2)$ 當 $a = 0.8$，$b = 1$ 時，可得到該圖，見圖3。

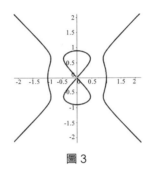

圖3

魔鬼曲線的名稱是因為中間的雙紐線，此形狀像是扯鈴的英文為 diabolo，而義大利文的 diabolo 即為魔鬼，故被稱作魔鬼曲線。接著來看a在不同數值的變化，見圖4。

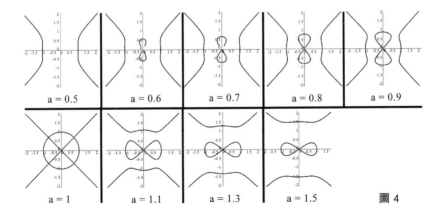

| a = 0.5 | a = 0.6 | a = 0.7 | a = 0.8 | a = 0.9 |

| a = 1 | a = 1.1 | a = 1.3 | a = 1.5 |

圖4

3-6 二階行列式與面積關係

已知三角形的面積為：$\dfrac{1}{2}\overline{OA}\times\overline{OB}\times\sin\theta$，見圖 1，所以 $\dfrac{1}{2}\overline{OA}\times\overline{OB}\times\sin\theta$

$$=\frac{1}{2}\overline{OA}\times\overline{OB}\times\sqrt{1-\cos^2\theta}=\frac{1}{2}\overline{OA}\times\overline{OB}\times\sqrt{1-\left(\frac{\overline{OA}^2+\overline{OB}^2-\overline{AB}^2}{2\overline{OA}\times\overline{OB}}\right)^2}$$

$$=\frac{1}{2}\times\sqrt{\overline{OA}^2\times\overline{OB}^2-\left(\frac{\overline{OA}^2+\overline{OB}^2-\overline{AB}^2}{2}\right)^2}$$

而 $\overline{OA}=\sqrt{a_1{}^2+a_2{}^2}$ 、 $\overline{OB}=\sqrt{b_1{}^2+b_2{}^2}$ 、 $\overline{AB}=\sqrt{(a_1-b_1)^2+(a_2-b_2)^2}$

代入得到

$$=\frac{1}{2}\times\sqrt{(a_1{}^2+a_2{}^2)\times(b_1{}^2+b_2{}^2)-\left(\frac{(a_1{}^2+a_2{}^2)+(b_1{}^2+b_2{}^2)-((a_1-b_1)^2+(a_2-b_2)^2)}{2}\right)^2}$$

$$=\frac{1}{2}\times\sqrt{(a_1{}^2+a_2{}^2)\times(b_1{}^2+b_2{}^2)-\left(\frac{a_1{}^2+a_2{}^2+b_1{}^2+b_2{}^2-(a_1{}^2-2a_1b_1+b_1{}^2+a_2{}^2-2a_2b_2+b_2{}^2)}{2}\right)^2}$$

$$=\frac{1}{2}\times\sqrt{(a_1{}^2+a_2{}^2)\times(b_1{}^2+b_2{}^2)-\left(\frac{a_1{}^2+a_2{}^2+b_1{}^2+b_2{}^2-a_1{}^2+2a_1b_1-b_1{}^2-a_2{}^2+2a_2b_2-b_2{}^2}{2}\right)^2}$$

$$=\frac{1}{2}\times\sqrt{(a_1{}^2+a_2{}^2)\times(b_1{}^2+b_2{}^2)-\left(a_1b_1+a_2b_2\right)^2}$$

$$=\frac{1}{2}\times\sqrt{a_1{}^2b_1{}^2+a_1{}^2b_2{}^2+a_2{}^2b_1{}^2+a_2{}^2b_2{}^2-\left(a_1{}^2b_1{}^2+2a_1b_1a_2b_2+2a_2{}^2b_2{}^2\right)}$$

$$=\frac{1}{2}\times\sqrt{a_1{}^2b_1{}^2+a_1{}^2b_2{}^2+a_2{}^2b_1{}^2+a_2{}^2b_2{}^2-a_1{}^2b_1{}^2-2a_1b_1a_2b_2-2a_2{}^2b_2{}^2}$$

$$=\frac{1}{2}\times\sqrt{a_1{}^2b_2{}^2+a_2{}^2b_1{}^2-2a_1b_1a_2b_2}$$

$$=\frac{1}{2}\times\sqrt{(a_1b_2-a_2b_1)^2}=\frac{1}{2}\times\mid a_1b_2-a_2b_1\mid=\frac{1}{2}\times\left|\begin{vmatrix}a_1 & a_2\\b_1 & b_2\end{vmatrix}\right|$$

所以可知二階行列式可以計算面積。

結論：

　　行列式過程繁瑣，但相較傳統幾何與座標系方法，**計算面積利用二階行列式**，已經是計算的一大突破，但在向量的方法出現後，這方法也被混合利用。

補充說明

可看到平面原點與另外 2 點構成三角形面積是 $\frac{1}{2} \times |a_1 b_2 - a_2 b_1| = \frac{1}{2} \times \begin{vmatrix} a_1 & a_2 \\ b_1 & b_2 \end{vmatrix}$，其幾何

意義如圖 2，由長方形扣除 3 個三角形。

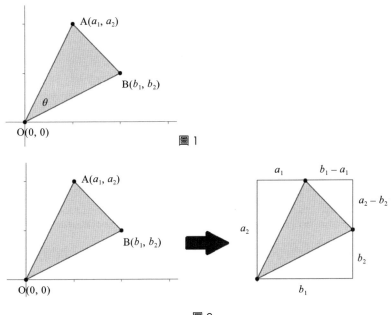

圖 1

圖 2

3-7 三階行列式與體積關係

　　空間原點與另外 3 點構成三角錐體積，見圖 1、2，我們也可以利用行列式來加以簡化。

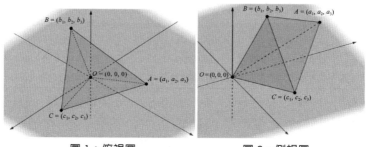

圖 1：俯視圖　　　　　圖 2：側視圖

　　利用空間中三點 $A = (a_1, a_2\ a_3)$、$B = (b_1, b_2\ b_3)$、$C = (c_1, c_2\ c_3)$，**可知邊長**

$\overline{AB} = \sqrt{(a_1 - b_1)^2 + (a_2 - b_2)^2 + (a_3 - b_3)^2}$、$\overline{AC} = \sqrt{(a_1 - c_1)^2 + (a_2 - c_2)^2 + (a_3 - c_3)^2}$、

$\overline{BC} = \sqrt{(b_1 - c_1)^2 + (b_2 - c_2)^2 + (b_3 - c_3)^2}$、**由邊長可得三角錐底面積。再用三點求出平**

面方程式 $ax + by + cz + d = 0$，**並利用點到平面的距離** $h = d(P, L) = \dfrac{|ax_0 + by_0 + cz_0 + d|}{\sqrt{a^2 + b^2 + c^2}}$

求出三角錐高，有底面積與高再乘上 $\dfrac{1}{6}$，**可得三角錐體積。這邊計算繁瑣就不書**

寫，拉格朗日已經計算出結論，並發現剛好與行列式 $\Delta = \dfrac{1}{6} \times \begin{vmatrix} a_1 & a_2 & a_3 \\ b_1 & b_2 & b_3 \\ c_1 & c_2 & c_3 \end{vmatrix}$ **吻合，**

所以可知三階行列式就是可以計算體積。

結論：

　　行列式過程繁瑣，但相較傳統幾何與座標系方法，**計算體積利用三階行列式已經**是計算的一大突破，但在向量的方法出現後，這方法也被混合利用。

補充說明：克拉碼的符號巧合

　　克拉瑪公式是為了解二元一次聯立方程式：$\begin{cases} a_1 x + b_1 y = c_1 \\ a_2 x + b_2 y = c_2 \end{cases}$，

可以記爲：$\Delta = \begin{vmatrix} a_1 & b_1 \\ a_2 & b_2 \end{vmatrix}$、$\Delta x = \begin{vmatrix} c_1 & b_1 \\ c_2 & b_2 \end{vmatrix}$、$\Delta y = \begin{vmatrix} a_1 & c_1 \\ a_2 & c_2 \end{vmatrix}$，得到 $x = \dfrac{\Delta x}{\Delta}$、$y = \dfrac{\Delta y}{\Delta}$。

以及解三平面的交點是解三元一次聯立方程式：$\begin{cases} a_1 x + b_1 y + c_1 z = d_1 \\ a_2 x + b_2 y + c_2 z = d_2 \\ a_3 x + b_3 y + c_3 z = d_3 \end{cases}$

可以記爲：$\Delta = \begin{vmatrix} a_1 & b_1 & c_1 \\ a_2 & b_2 & c_2 \\ a_3 & b_3 & c_3 \end{vmatrix}$、$\Delta x = \begin{vmatrix} d_1 & b_1 & c_1 \\ d_2 & b_2 & c_2 \\ d_3 & b_3 & c_3 \end{vmatrix}$、$\Delta y = \begin{vmatrix} a_1 & d_1 & c_1 \\ a_2 & d_2 & c_2 \\ a_3 & d_3 & c_3 \end{vmatrix}$、$\Delta z = \begin{vmatrix} a_1 & b_1 & d_1 \\ a_2 & b_2 & d_2 \\ a_3 & b_3 & d_3 \end{vmatrix}$，

得到 $x = \dfrac{\Delta x}{\Delta}$、$y = \dfrac{\Delta y}{\Delta}$、$z = \dfrac{\Delta z}{\Delta}$。

這邊有幾個有趣的地方：

1. 已經知道行列式的意義是三角型面積或三角錐體積，或許這就是符號用三角形的關係。

2. $x = \dfrac{\Delta x}{\Delta}$ 移項後，得到 $\Delta \times x = \Delta x$，看起來是相當合理的式子。

3. 已知 $\begin{cases} a_1 x + b_1 y = c_1 \\ a_2 x + b_2 y = c_2 \end{cases}$，$x = \dfrac{\Delta x}{\Delta}$、$y = \dfrac{\Delta y}{\Delta}$，且二階行列式的意義是三角型面積，面積相除會得到座標值，在這邊的幾何意義是什麼？耐人尋味的數字巧合。

4. 已知 $\begin{cases} a_1 x + b_1 y + c_1 z = d_1 \\ a_2 x + b_2 y + c_2 z = d_2 \\ a_3 x + b_3 y + c_3 z = d_3 \end{cases}$，$x = \dfrac{\Delta x}{\Delta}$、$y = \dfrac{\Delta y}{\Delta}$、$z = \dfrac{\Delta z}{\Delta}$，且三階行列式的意義是三角錐體積，體積相除會得到座標值，在這邊的幾何意義是什麼？耐人尋味的數字巧合。

3-8 變形的二階行列式（測量員公式）求多邊形面積 (1)

已知三角形面積是 $\dfrac{1}{2} \times |\, a_1 b_2 - a_2 b_1 \,| = \dfrac{1}{2} \times \left| \begin{matrix} a_1 & a_2 \\ b_1 & b_2 \end{matrix} \right| = \dfrac{1}{2} \times \left| \begin{matrix} a_1 & b_1 \\ a_2 & b_2 \end{matrix} \right|$，其幾何意義如圖 1。

但圖案不一定是都有一點會在原點上，所以可以將其平移到其他位置，其面積仍然相同，見圖 2。

令 $\begin{cases} a_1 = x_1 - x_3 \\ a_2 = y_1 - y_3 \\ b_1 = x_2 - x_3 \\ b_2 = y_2 - y_3 \end{cases}$，

則三角形面積可改寫為

$$\frac{1}{2} \times \left| \begin{matrix} a_1 & b_1 \\ a_2 & b_2 \end{matrix} \right| = \frac{1}{2} \times \left| \begin{matrix} x_1 - x_3 & x_2 - x_3 \\ y_1 - y_3 & y_2 - y_3 \end{matrix} \right|,$$

再利用行列式化簡公式

$$\left| \begin{matrix} a_{11} + b_{11} & a_{12} \\ a_{21} + b_{21} & a_{22} \end{matrix} \right| = \left| \begin{matrix} a_{11} & a_{12} \\ a_{21} & a_{22} \end{matrix} \right| + \left| \begin{matrix} b_{11} & a_{12} \\ b_{21} & a_{22} \end{matrix} \right|,$$

可得到 $\left| \begin{matrix} x_1 - x_3 & x_2 - x_3 \\ y_1 - y_3 & y_2 - y_3 \end{matrix} \right|$

$$= \left| \begin{matrix} x_1 & x_2 - x_3 \\ y_1 & y_2 - y_3 \end{matrix} \right| + \left| \begin{matrix} -x_3 & x_2 - x_3 \\ -y_3 & y_2 - y_3 \end{matrix} \right| = \left| \begin{matrix} x_1 & x_2 \\ y_1 & y_2 \end{matrix} \right| + \left| \begin{matrix} x_1 & -x_3 \\ y_1 & -y_3 \end{matrix} \right| + \left| \begin{matrix} -x_3 & x_2 \\ -y_3 & y_2 \end{matrix} \right| + \left| \begin{matrix} -x_3 & -x_3 \\ -y_3 & -y_3 \end{matrix} \right|$$

$$= \left| \begin{matrix} x_1 & x_2 \\ y_1 & y_2 \end{matrix} \right| + \left| \begin{matrix} x_3 & x_1 \\ y_3 & y_1 \end{matrix} \right| + \left| \begin{matrix} x_2 & x_3 \\ y_2 & y_3 \end{matrix} \right| + 0 = \left| \begin{matrix} x_1 & x_2 \\ y_1 & y_2 \end{matrix} \right| + \left| \begin{matrix} x_2 & x_3 \\ y_2 & y_3 \end{matrix} \right| + \left| \begin{matrix} x_3 & x_1 \\ y_3 & y_1 \end{matrix} \right|,$$

此時得到

$$\frac{1}{2} \times \left| \begin{matrix} x_1 - x_3 & x_2 - x_3 \\ y_1 - y_3 & y_2 - y_3 \end{matrix} \right| = \frac{1}{2} \times \left| \left| \begin{matrix} x_1 & x_2 \\ y_1 & y_2 \end{matrix} \right| + \left| \begin{matrix} x_2 & x_3 \\ y_2 & y_3 \end{matrix} \right| + \left| \begin{matrix} x_3 & x_1 \\ y_3 & y_1 \end{matrix} \right| \right|,$$

並且為了方便書寫，有人將其表示為，$\dfrac{1}{2} \times \left| \begin{matrix} x_1 & x_2 & x_3 & x_1 \\ y_1 & y_2 & y_3 & y_1 \end{matrix} \right|$，連續的行列式。其順序為順時針的點位置，見圖 3。不過在計算時也可以用逆時針順序，也就是

$\dfrac{1}{2} \times \left| \begin{matrix} x_1 & x_3 & x_2 & x_1 \\ y_1 & y_3 & y_2 & y_1 \end{matrix} \right|$，因為最後會取絕對值。

A(a_1, a_2)
B(b_1, b_2)
θ
O(0, 0)

圖 1

a_1
A(a_1, a_2)
a_2
B(b_1, b_2)
b_2
θ
O
b_1
(x_1, y_1)
(x_2, y_2)
(x_3, y_3)

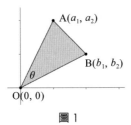

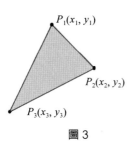

圖 2

P_1(x_1, y_1)
P_2(x_2, y_2)
P_3(x_3, y_3)

圖 3

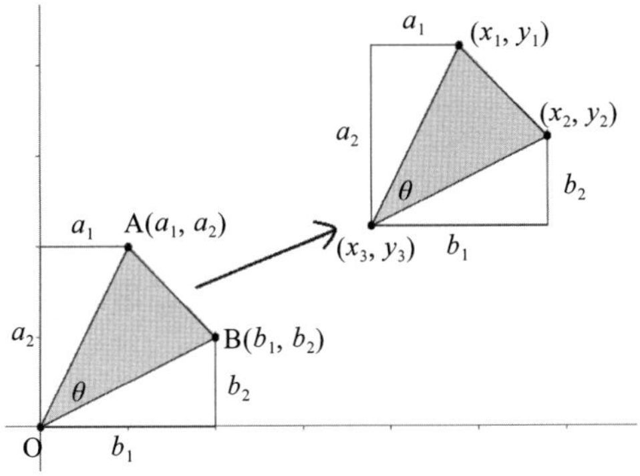

3-9 變形的二階行列式（測量員公式）求多邊形面積 (2)

測量員公式求面積時，很特別的是順時針取點作行列式與逆時針取點作行列式，順時針會得到負值，逆時針會得到正值，見圖1的兩個例題，$(1,1)$、$(2,3)$、$(3,2)$ 與 $(5,1)$、$(4,3)$、$(8,2)$。

$$\begin{vmatrix} 1 & 2 & 3 & 1 \\ 1 & 3 & 2 & 1 \end{vmatrix} = 3+4+3-2-9-2 = -3，$$

$$\begin{vmatrix} 5 & 4 & 8 & 5 \\ 1 & 3 & 2 & 1 \end{vmatrix} = 15+8+8-4-24-10 = -7，$$

可發現順時針計算行列式都是負數，逆時針計算都是正值。原因是，參考 3-8 節圖 1 $b_1 > a_1$ 且 $a_2 > b_2$，使得 $a_2 b_1 > a_1 b_2$，故 $0 > a_1 b_2 - a_2 b_1$，所以順時針才為負數，逆時針為正數，同樣的在不同的三角形時也是類似的證法。**這在物理上也被稱作右手定則，握拳且大拇指朝向自己時，四指是逆時針彎曲。**

同時，更可以將其推廣到五邊形，見圖2。可發現五邊形是由 3 個三角形組成，故五邊形面積可以寫作 $\Delta P_1 P_2 P_3 + \Delta P_1 P_3 P_4 + \Delta P_1 P_4 P_5$，所以可以記作

$$\frac{1}{2} \times \left| \begin{vmatrix} x_1 & x_2 \\ y_1 & y_2 \end{vmatrix} + \begin{vmatrix} x_2 & x_3 \\ y_2 & y_3 \end{vmatrix} + \begin{vmatrix} x_3 & x_1 \\ y_3 & y_1 \end{vmatrix} \right| + \frac{1}{2} \times \left| \begin{vmatrix} x_1 & x_3 \\ y_1 & y_3 \end{vmatrix} + \begin{vmatrix} x_3 & x_4 \\ y_3 & y_4 \end{vmatrix} + \begin{vmatrix} x_4 & x_1 \\ y_4 & y_1 \end{vmatrix} \right|$$

$$+ \frac{1}{2} \times \left| \begin{vmatrix} x_1 & x_5 \\ y_1 & y_5 \end{vmatrix} + \begin{vmatrix} x_5 & x_4 \\ y_5 & y_4 \end{vmatrix} + \begin{vmatrix} x_4 & x_1 \\ y_4 & y_1 \end{vmatrix} \right|，$$ 因順時針取點，所以去絕對值時要加負號。

$$= -\frac{1}{2} \times \left(\begin{vmatrix} x_1 & x_2 \\ y_1 & y_2 \end{vmatrix} + \begin{vmatrix} x_2 & x_3 \\ y_2 & y_3 \end{vmatrix} + \underbrace{\begin{vmatrix} x_3 & x_1 \\ y_3 & y_1 \end{vmatrix} + \begin{vmatrix} x_1 & x_3 \\ y_1 & y_3 \end{vmatrix}}_{0} + \begin{vmatrix} x_3 & x_4 \\ y_3 & y_4 \end{vmatrix} + \underbrace{\begin{vmatrix} x_4 & x_1 \\ y_4 & y_1 \end{vmatrix} + \begin{vmatrix} x_1 & x_4 \\ y_1 & y_4 \end{vmatrix}}_{0} + \begin{vmatrix} x_4 & x_5 \\ y_4 & y_5 \end{vmatrix} + \begin{vmatrix} x_5 & x_1 \\ y_5 & y_1 \end{vmatrix} \right)$$

$$= -\frac{1}{2} \times \left(\begin{vmatrix} x_1 & x_2 \\ y_1 & y_2 \end{vmatrix} + \begin{vmatrix} x_2 & x_3 \\ y_2 & y_3 \end{vmatrix} + \begin{vmatrix} x_3 & x_4 \\ y_3 & y_4 \end{vmatrix} + \begin{vmatrix} x_4 & x_5 \\ y_4 & y_5 \end{vmatrix} + \begin{vmatrix} x_5 & x_1 \\ y_5 & y_1 \end{vmatrix} \right) = -\frac{1}{2} \times \begin{vmatrix} x_1 & x_2 & x_3 & x_4 & x_5 & x_1 \\ y_1 & y_2 & y_3 & y_4 & y_5 & y_1 \end{vmatrix}$$

為了解決順時針與逆時取點的麻煩性，所以都加上絕對值，就能解決此問題，五邊形面積為 $\dfrac{1}{2} \times \left| \begin{matrix} x_1 & x_2 & x_3 & x_4 & x_5 & x_1 \\ y_1 & y_2 & y_3 & y_4 & y_5 & y_1 \end{matrix} \right|$，同理，$n$ 多邊形也是一樣的方法，切成多個三角形，計算面積與化簡，n **多邊形面積為** $\dfrac{1}{2} \times \left| \begin{matrix} x_1 & x_2 & \ldots & x_n & x_1 \\ y_1 & y_2 & \ldots & y_n & y_1 \end{matrix} \right|$。

這種**變形的二階行列式**可以方便的計算多邊形面積，也被稱為測量員（surveyor）公式，同時也因為如同用一條鞋帶圍起來的區塊，依照順序來排列計算，又被人稱為鞋帶（shoelace formula）公式，此式在 1795 年由高斯確認。

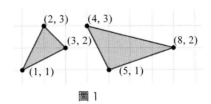

圖 1

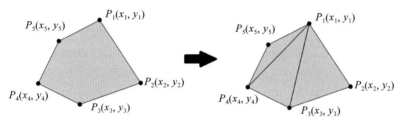

圖 2

寧可少些，但要好些。

——高斯（Gauss）

　數學中的一些美麗定理具有這樣的特性：它們極易從事實中歸納出來，但證明
卻隱藏的極深。

——高斯（Gauss）

第四章
高斯列運算

4-1 加減消去法與列運算 (1)：兩變數

在國中已經學過二元一次聯立方程式，到了高中需要去解更多未知數的情形，而如果用原本方法不容易求解，同時書寫上未知數不斷出現。但用行列式又相當麻煩，因此高斯發展出列運算的觀念，可省去寫未知數 x、y、z，並且保持計算的清晰。早期電腦程式計算方程式時，也是用此觀念，否則電腦不會排順序計算。接著觀察「**解二元一次聯立方程式**」的例題來了解列運算的概念。

例題 . $\begin{cases} x + 2y = 4 \\ 3x - 8y = -2 \end{cases}$

加減消去法

$$\begin{cases} x + 2y = 4 \\ 3x - 8y = -2 \end{cases} \rightarrow \begin{cases} 3x + 6y = 12 \\ 3x - 8y = -2 \end{cases}$$

$$\begin{array}{r} 3x + 6y = 12 \\ -)\ \ 3x - 8y = -2 \\ \hline 14y = 14 \\ y = 1 \end{array}$$

$y = 1$ 代入 $x + 2y = 4$，得到 $x + 2 = 4$，所以 $x = 2$。可以寫作 $\begin{cases} x = 2 \\ y = 1 \end{cases}$。

列運算

$\begin{cases} x + 2y = 4 \\ 3x - 8y = -2 \end{cases}$ 將係數分離出來

$\Rightarrow \begin{bmatrix} 1 & 2 & \bigm| & 4 \\ 3 & -8 & \bigm| & -2 \end{bmatrix}$ 此為增廣矩陣，中間有一條分隔線是等號

$= \begin{bmatrix} 1 & 2 & \bigm| & 4 \\ 0 & -14 & \bigm| & -14 \end{bmatrix}$ 第一式×(-3) 加到第二式

$= \begin{bmatrix} 1 & 2 & \bigm| & 4 \\ 0 & 1 & \bigm| & 1 \end{bmatrix}$ 第二式化簡

$= \begin{bmatrix} 1 & 0 & \bigm| & 2 \\ 0 & 1 & \bigm| & 1 \end{bmatrix}$ 第二式×(-2) 加到第一式

將 $\begin{bmatrix} 1 & 0 & \bigm| & 2 \\ 0 & 1 & \bigm| & 1 \end{bmatrix}$ 還原為聯立方程式 $\Rightarrow \begin{cases} 1x + 0y = 2 \\ 0x + 1y = 1 \end{cases} \Rightarrow \begin{cases} x = 2 \\ y = 1 \end{cases}$

得到答案是 $\begin{cases} x = 2 \\ y = 1 \end{cases}$

補充說明 1：聯立方程式在座標平面的關係是對應到平面上直線，$\begin{cases} x + 2y = 4 \\ 3x - 8y = -2 \end{cases}$ 的圖案為圖 1。

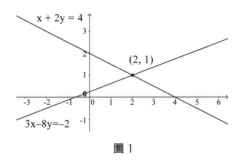

圖 1

補充說明 2：部分學生會對聯立方程式，如：$\begin{cases} x + 2y = 4 \\ 3x - 8y = -2 \end{cases}$，感到疑問，為什麼有時候說直線 $x + 2y = 4$ 的點，有無限多個，而座標 (x, y) 是動點，也就是有多組答案；但是為什麼解完聯立 $\begin{cases} x + 2y = 4 \\ 3x - 8y = -2 \end{cases}$ 後，答案會變成 $\begin{cases} x = 2 \\ y = 1 \end{cases}$，

一個固定的值，就是一個座標，或可說是由動點變成一個固定點。

原因 1：解聯立就是要找兩條直線的各自動點，何時會在同一個座標，所以答案才會變成一個固定的值。

原因 2：在學習未知數時，都是由一個固定數自去假設，如：3 個蘋果 +4 個水梨是 90 元，寫作 $3x + 4y = 90$，此時的 x、y 是固定數字；但是到了直線方程式時，$3x + 4y = 90$ 的 x、y 變成無限多組。這是符號的抽象化不清楚，在不同的情況可以是同一個形式，並加以計算，但其意義不同。

結論：

高斯列運算是一個不同於克拉碼的二階行列式運算求解的方法，在兩變數時，可能還看不出它的優點，但是在三個變數時他的流程會令人覺得乾淨俐落，比起行列式容易眼花撩亂，高斯列運算是可以方便處理聯立方程式的工具。

4-2 加減消去法與列運算 (2)：三變數

　　已經在上一節知道「**解二元一次聯立方程式**」的列運算的概念，接著認識三個變數的列運算。

例題：$\begin{cases} x+ \ y+ \ z=6 \\ x+2y+3z=14 \\ x+3y+2z=13 \end{cases}$　應該怎麼解 x、y、z？

利用國中的加減消去法，任意取兩組來降低未知數，消去 x

第一步

$$\begin{array}{r} x+2y+3z=14 \\ -)\,x+ \ y+ \ z=6 \\ \hline y+2z=8 \end{array}$$

第二步

$$\begin{array}{r} x+3y+2z=13 \\ -)\,x+ \ y+ \ z=6 \\ \hline 2y+z=7 \end{array}$$

得到兩個新的式子，$\begin{cases} x+y+z=6 \\ y+2z=8\cdots(1) \\ 2y+z=7\cdots(2) \end{cases}$

利用(1)與(2)

可以解二元一次的聯立 $\begin{cases} y+2z=8 \\ 2y+z=7 \end{cases} \Rightarrow \begin{cases} 2y+4z=16 \\ 2y+z=7 \end{cases} \Rightarrow \begin{array}{r} 2y+4z=16 \\ -)\ 2y+ \ z=7 \\ \hline 3z=9 \\ z=3 \end{array}$

將 $z=3$　　　代入 $2y+z=7$　　，得到 $y=2$，
將 $y=2$、$z=3$　代入 $x+ \ y+ \ z=6$，得到 $x=1$，

最後得到 $\Rightarrow \begin{cases} x=1 \\ y=2 \\ z=3 \end{cases}$

但可發現順序上相當混亂。

利用高斯列運算來加以計算

$\begin{cases} x+ \ y+ \ z=6 \\ x+2y+3z=14 \\ x+3y+2z=13 \end{cases}$　應該怎麼解 x、y、z？

$\Rightarrow \begin{bmatrix} 1\,1\,1 & 6 \\ 1\,2\,3 & 14 \\ 1\,3\,2 & 13 \end{bmatrix}$　分出係數，高斯稱此為增廣矩陣，中間有一條分隔線是等號。

$$= \begin{bmatrix} 1 & 1 & 1 & | & 6 \\ 0 & 1 & 2 & | & 8 \\ 0 & 2 & 1 & | & 7 \end{bmatrix} \quad \begin{array}{l} \text{第二式減第一式} \\ \text{第三式減第一式} \end{array}$$

$$= \begin{bmatrix} 1 & 1 & 1 & | & 6 \\ 0 & 2 & 4 & | & 16 \\ 0 & 2 & 1 & | & 7 \end{bmatrix} \quad \text{為了消去}y\text{，第二式乘2}$$

$$= \begin{bmatrix} 1 & 1 & 1 & | & 6 \\ 0 & 2 & 4 & | & 16 \\ 0 & 0 & -3 & | & -9 \end{bmatrix} \quad \text{第三式減第二式}$$

此時可以看到左下方都是 0，稱爲下三角爲 0，接著再讓右上爲 0 就得到未知數的答案。

$$= \begin{bmatrix} 1 & 1 & 1 & | & 6 \\ 0 & 1 & 2 & | & 8 \\ 0 & 0 & 1 & | & 3 \end{bmatrix} \quad \begin{array}{l} \text{第二式除 2} \\ \text{第三式除 (} -3 \text{)} \end{array}$$

$$= \begin{bmatrix} 1 & 1 & 1 & | & 6 \\ 0 & 1 & 0 & | & 2 \\ 0 & 0 & 1 & | & 3 \end{bmatrix} \quad \text{第二式減去2倍的第三式}$$

$$= \begin{bmatrix} 1 & 0 & 0 & | & 1 \\ 0 & 1 & 0 & | & 2 \\ 0 & 0 & 1 & | & 3 \end{bmatrix} \quad \text{第一式減第二式再減第三式}$$

將 $\begin{bmatrix} 1 & 0 & 0 & | & 1 \\ 0 & 1 & 0 & | & 2 \\ 0 & 0 & 1 & | & 3 \end{bmatrix}$ 還原爲聯立方程式 $\Rightarrow \begin{cases} 1x+0y+0z=1 \\ 0x+1y+0z=2 \\ 0+0y+1z=3 \end{cases} \Rightarrow \begin{cases} x=1 \\ y=2 \\ z=3 \end{cases}$

得到答案是 $\begin{cases} x=1 \\ y=2 \\ z=3 \end{cases}$

而這就是三元聯立方成組的高斯列運算，方法與流程。

高斯列運算的觀念：

每次都是 一橫排與另一橫排來運算 稱爲 列運算（列：直行橫列）。最後經由運算會得到未知數的解，在本題雖然看起來比較長，但少去寫未知數的麻煩，同時作習慣後數字的簡單運算可以快速計算。如果對這方法有感到疑問的話，可以將每一列還原爲聯立方程式，對照國中的方法，就可以知道列運算方法，是簡化加減消去法而來。

4-3 高斯列運算求平面方程式

三元聯立方程組是三個平面的相交情況，見例題 $\begin{cases} x+\ y+\ z=6 \\ x+2y+3z=14 \\ x+3y+2z=13 \end{cases} \rightarrow \begin{cases} x=1 \\ y=2 \\ z=3 \end{cases}$ ，見圖1。

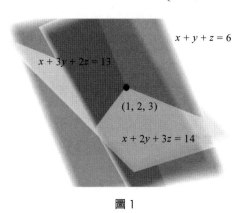

圖 1

要求三平面的解可以利用高斯的列運算，或克拉瑪的行列式運算。

結論：

高斯列運算如果用代數符號來推導，高斯列運算與克拉瑪公式的結論會是相同的。所以可以發現對於解方程組，即便是過了 100 年，同一個問題可以有不同的解法，但都會得到同一個答案。

高斯討論的形式在現在被稱為增廣矩陣，去除掉常數部分就變成討論行列式的每一個元素，也就是把行列式看做一個整體來討論。如果去討論聯立方程組的係數部分，此部分稱作矩陣，在稍後會再詳細介紹。

傳統幾何與座標系、與行列式及列運算不是數學式醜，就是過程繁瑣。同時在數學的進步，由傳統幾何與座標系的方法到行列式，再到列運算。**所以可以發現不需要向量就可以處理數學的問題，只是過程繁瑣。**

接下來的數學產生兩條路卻又彼此交流的單元，向量與矩陣。向量是物理先提出其概念，而矩陣則是與行列式非常接近的概念。但三者的關係卻是密不可分，在計算上常常互相應用。簡單來說，行列式是求出一個數值，討論整體就是矩陣，行列式的每一個元素就是矩陣的元素。而向量的每一個元素是行列式的橫行元素，也可說是矩陣每一個元素的橫行元素。其中向量與矩陣將在接下來討論。

向量對於數學與物理的感覺有點像是，踢足球的遊戲，玩了兩世紀。物理創了一個球（向量），而後數學家拿去踢（簡化數學過程），並再更上一層樓：線性代

數、泛涵理論、希爾伯特空間，之後物理學家又利用這些數學理論來處理問題，再度把向量這球拿回去玩。

高斯生平

高斯（見圖 2）在小時候就展現相當高的數學能力，高斯的老師布特納（Buttner）認為遇到了數學神童，自掏腰包買了一本高等算術，讓高斯與助教巴陀（Martin Bartels）一起學習，經由巴陀又認識了卡洛琳學院的勤模曼（Zimmermann）教授，再經由勤模曼教授的引薦，晉見費迪南（Duke Ferdinand）公爵。費迪南公爵對高斯相當的喜愛，決定經濟援助他念書受高等教育。而高斯不負期望地，在數學上有許多偉大貢獻。

圖 2

· 在 1795 年發現二次剩餘定理。
· 兩千年來，原本在圓內只能用直尺、圓規畫出正三、四、五、十五邊形，沒人發現正十一、十三、十四、十七邊形如何作圖。但在高斯不到 18 歲的年紀，發現了在圓內正十七邊形如何作圖，並在 19 歲前發表期刊。
· 在 1799 年，高斯發表了論文：任何一元代數方程都有根，數學上稱「代數基本定理」。每一個單變數的多項式，都可分解成一次式或二次式。
· 1855 年 2 月 23 日高斯過世，1877 年布雷默爾奉漢諾威王之命為高斯做一個紀念獎章。上面刻著：「漢諾威王喬治 V. 獻給數學王子高斯」，之後高斯就以「數學王子」著稱。

高斯對於事情，重質不重量。
「寧可少些，但要完美」
「Few, but ripe」－英文
「Pauca sed matura」－拉丁文

—— 高斯

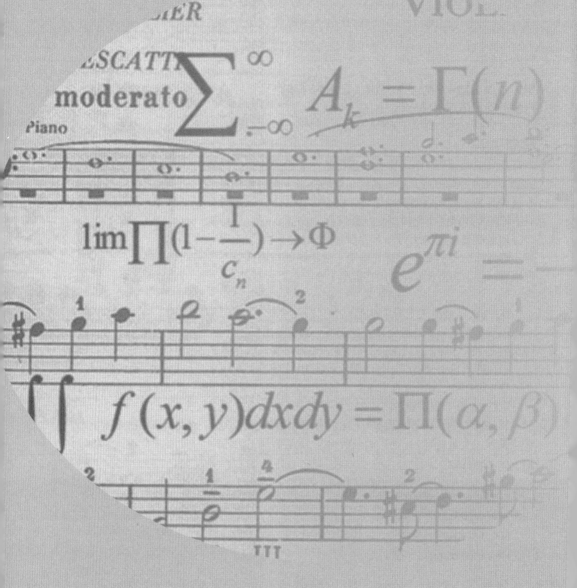

數學主要的目標是公眾的利益和自然現象的解釋。

　　　　　　　　　　　　　　　　　　——傅立葉（Joseph Fourier）

　　數學是除了語言與音樂之外，人類心靈自由創造力的主要表達方式之一，而且數學是經由理論的建構成為了解宇宙萬物的媒介。數學必須保持為知識、技能與文化的主要構成要素，而知識與技能是得傳授給下一代，文化則是得傳承給下一代的。

　　　　　　　　　　　　　　　　——赫爾曼・外爾（Hermann Weyl）

第五章
向量在物理的意義

5-1 向量在物理的意義

　　物理學使用向量描述自然界的現象，可更方便地描述與計算。同時，數學家在推導的過程中，發現「功」的概念很像「餘弦定理」、「力矩」很像「行列式」，於是數學家以向量作爲基礎發展出更完整的向量理論：與物理互相呼應並將「功」與「力矩」連貫起來，發展成「向量分析」這門應用數學。事實上，物理學在 18 世紀就開始有向的概念，早在伽利略認爲物體拋出可以分爲水平部分與垂直部分，就是向量的雛形。在物理學，向量是具有方向的量值，如：速度、摩擦力、重力、功等。

　　就歷史發展而言，向量的概念一直到 18 世紀數學家漢彌爾頓才做了向量的前身（四元數）。同時物理要處理三度空間中的力學問題，創造了「功（W）」與「力矩（τ，念作ㄊㄠ）」的概念。但原本的解析幾何方法侷限性比較大，難以利用，爲了可以更準確的描述、與更方便的計算，物理學家創造了向量的描述方式。

功：

　　功的概念是物理學家爲了討論自然界三度空間中，物體受到力量被移動的情形。物理學家直覺地認爲此刻會產生一個能量的關係式，也就是能量與力量及距離有關。並且因爲拉動具有方向性，所以不可避免有關於此能量的討論，一定與方向性有關。物理學家認爲此時計算式爲：**能量 = 力量 × 位移**，但爲了要加上方向性，所以創造了向量的概念以方便計算，其數學式爲：功 = $\overrightarrow{\text{力量}} \cdot \overrightarrow{\text{位移}}$，其中兩向量的運算「‧」是內積。

　　對於不熟悉物理的學生直接討論三度空間的**功**的概念有其困難度，所以會不斷的簡化，由三度空間的斜坡，簡化成二度空間的斜坡，再簡化成在二度空間的水平移動而力量是歪的，最後簡化爲二度空間的平地移動而力量與移動方向同方向，見圖 1。如此的方式來研究其數學式關係。再行推廣到三度，以及用向量改寫並創造**內積**符號，其內容將在下面小節說明。

力矩：

　　力矩的概念是物理學家爲了討論自然界三度空間中，物體受到力量被轉動的情形。物理學家直覺的認爲此刻會產生一個能量的關係式，也就是能量與力量及距離有關。並且因爲轉動具有方向性，所以不可避免有關於此能量的討論，一定與方向性有關。物理學家認爲此時計算式爲：「**能量 = 力量 × 半徑長**」，但爲了要加上方向性，所以創造了向量的概念來方便計算其數學式爲：$\overrightarrow{\text{力矩}} = \overrightarrow{\text{力量}} \times \overrightarrow{\text{半徑長}}$，其中兩向量的運算「×」是外積，**並且半徑長用向量描述。**

　　在此可以發現力矩是以向量的形態表示：$\overrightarrow{\text{力矩}}$，因爲在物理學家的想法是，轉動會造成一個向上或是向下的力，可以參考以下的圖 2、3、4、5。力矩是順時針向下，逆時針向上。螺絲的案例是順時針下壓鎖緊，逆時針向上放鬆，所以在忘記螺絲怎麼拆時，只要用右手比個讚，就可以發現逆時針向上，而電風扇比較特別，他不會動，但他逆時針是送風，但一般人不知道的是順時針是抽風。這邊可以玩風車玩具（圖 5）就可以知道，所以基於這樣的情況，有開發出吸氣排氣兩用電風扇，此情況被稱爲右

手定則。

　　課本的外積與力矩的描述會讓人看不懂，因為用木棍在某一平面的轉動，會產生一個上或下的力矩向量，見圖6，何謂力矩的方向？因為木棍轉動看不出來一個上下的力，不存在方向性。不可以用因為力矩必須有其方向性，所以就直接有方向，這是倒果為因。所以必須用轉動真的會有上下的情況來描述力矩才可以，而不是用抽象概念的公式來描述，以公式結果來說明，因為力矩公式有方向，所以就說有方向，錯誤的圖案，會破壞學習，**必須用螺絲才能說明清楚力矩的概念。**

　　因為直接討論三度空間的**力矩**的向量性質有其困難度，所以由原本的想法來作延伸。由純量開始討論，再推廣到向量的情況，如此的方式來研究其數學式關係，最後創造**外積**符號，其內容將在下面小節說明。

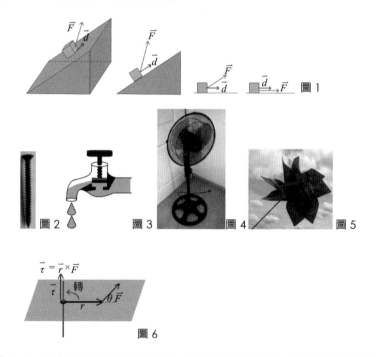

$$\vec{\tau} = \vec{r} \times \vec{F}$$

圖6

補充說明1：礦泉水也是類似螺絲的概念，逆時針向上轉開，並且適合使用右手開，因為右手的順勢出去就是逆時針，所以符合人體工學。同時世界上的右撇子約有90～95%，所以說很多東西都是偏好右手的，也就是適用右手定則。

補充說明2：開紅酒軟木塞的開瓶器也是利用右手定則。

補充說明3：生活上這麼多右手定則的事情，為什麼時鐘方向不作成逆時針，也就是往左下排順序繞圈。在此作者猜測是為了配合數字書寫習慣由左向右，所以時鐘的走向是往右下排順序繞圈。

5-2 功與內積

　　物理學上，作用力使物體朝向力的方向移動，稱為功。功與內積是什麼關係？物理學家處理自然界的三度空間問題，必須先假設某個情況，直覺的認知可能是什麼情況，猜測與歸納出可能的計算方式，最後驗證各個情況合理，並定義遇到相關問題就是如此的計算，並再找出一個合理的數學符號來驗證。數學家與物理學家不同，數學家的想法，是一步步推導延伸，由淺入深讓人了解。接著認識如何利用基本意義與數學式，理解功與內積的關係，也就是從**二度空間的純量運算推廣到三度空間的向量運算**。

　　1.**功（能量）**：$W = Fd$，$W = $ 力量 × 位移

　　平面上拉動物體，**在作用力與移動同方向時**，物理學家發現，此時對物體作用的功是 $W = Fd$，見圖 1，F 是拉動的力量（純量），d 是物體的位移（純量）。

　　2.**功（能量）**：$W = Fd\cos\theta$，$W = $ 力量 × 位移 $\times \cos\theta$

　　平面上因為拉動物體時，**作用力與移動不會完全同方向**，如果是力量有分散時，應該要將力量換算為與移動方向平行的平行分量，故此時對物體作用的功是 $W = Fd\cos\theta$，見圖 2，F 是拉動的力量（純量），d 是物體的位移（純量），θ 為作用力與移動方向的夾角。

　　3.**功（能量）**：$W = $ 力量 × 位移、$W = |\vec{F}||\vec{d}|\cos\theta$，$W = \overline{\text{力量}}$ 與 $\overline{\text{位移}}$ 的內積。

　　因為物理有其需要方向性的描述，以及在二度空間還能簡單處理力的量值與距離的長度，但到了三度空間，有三個維度，並且移動不會是簡單的水平的情況，如果仍是使用純量的計算時，將難以計算與描述物理，故創造了一個新的符號：向量，來處理物理問題，見圖 3。

　　利用向量計算功的運算稱為內積，向量計算功可以縮短時間，功：$W = |\vec{F}||\vec{d}|\cos\theta$，$|\vec{F}|$ 是拉動的力量（向量加絕對值變純量），$|\vec{d}|$ 是物體的位移（向量加絕對值變純量），θ 為作用力與移動方向的夾角。此數學式使計算更有效率，物理學家已經推導出，

　　二度空間：當 $\vec{F} = (a_1, a_2)$、$\vec{d} = (b_1, b_2)$，則 $W = |\vec{F}||\vec{d}|\cos\theta = a_1 b_1 + a_2 b_2$。

　　三度空間：當 $\vec{F} = (a_1, a_2, a_3)$、$\vec{d} = (b_1, b_2, b_3)$，則 $W = |\vec{F}||\vec{d}|\cos\theta = a_1 b_1 + a_2 b_2 + a_3 b_3$。

　　物理的功，$\boxed{\text{向量符號記作 } W = \vec{F} \cdot \vec{d}}$，見圖 4，讀作：作用力向量與位移向量的內積。其運算符號念作內積，英文 inner product，或 dot，**並且可以發現使用向量可以不再理會兩向量夾角的角度問題，僅討論向量值**。所以物理需要向量才能有效描述及計算自然界的問題，而後數學家發現這套符號，也將其利用進而改善數學在解析幾何的教學。

　　物理內積由來：

　　已知 $\vec{F} = (a_1, a_2)$、$\vec{d} = (b_1, b_2)$，$W = |\vec{F}||\vec{d}|\cos\theta$

$$W = |\vec{F}||\vec{d}|\cos\theta$$

$$= \sqrt{a_1{}^2 + a_2{}^2} \times \sqrt{b_1{}^2 + b_2{}^2} \times \frac{\sqrt{a_1{}^2 + a_2{}^2}^2 + \sqrt{b_1{}^2 + b_2{}^2}^2 - \sqrt{(a_1 - b_1)^2 + (a_2 - b_2)^2}^2}{2\sqrt{a_1{}^2 + a_2{}^2} \times \sqrt{b_1{}^2 + b_2{}^2}}$$

$$= \frac{(a_1{}^2 + a_2{}^2) + (b_1{}^2 + b_2{}^2) - [(a_1 - b_1)^2 + (a_2 - b_2)^2]}{2} = \frac{2a_1b_1 + 2a_2b_2}{2} = a_1b_1 + a_2b_2$$

用向量符號表示再作一次

$$W = |\vec{F}||\vec{d}|\cos\theta = |\vec{F}| \times |\vec{d}| \times \frac{|\vec{F}|^2 + |\vec{d}|^2 - |\vec{F} - \vec{d}|^2}{2|\vec{F}||\vec{d}|}$$

$$= \frac{|\vec{F}|^2 + |\vec{d}|^2 - |\vec{F}|^2 + 2\vec{F}\cdot\vec{d} - |\vec{d}|^2}{2} = \frac{2\vec{F}\cdot\vec{d}}{2} = \vec{F}\cdot\vec{d}$$

所以 $W = |\vec{F}||\vec{d}|\cos\theta = a_1b_1 + a_2b_2 = \vec{F}\cdot\vec{d}$，稱為內積。

補充說明：作者認為內積的命名，與內部夾角及乘法有關，故稱為內積。

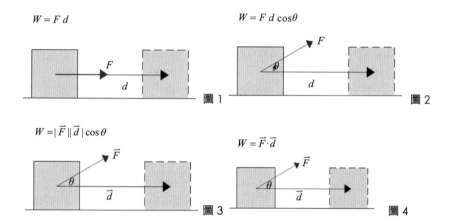

5-3 力矩與外積

　　物理學上，作用力使物體繞著軸轉動的趨向，稱為力矩（torque）。力矩與外積是什麼關係？接著認識如何由淺入深的，利用基本意義與數學式，理解力矩與外積的關係，也就是從**純量運算推廣到向量運算**。

　　1.力矩（轉動時的能量）：$\tau = r \cdot F$，$\tau =$ 旋轉的半徑長・力量，「・」是乘號。

　　轉動物體，在作用力與轉動的半徑垂直時，物理學家發現，此時對物體作用的力矩是 $\tau = rF$，見圖 1，F 是作用力（純量），r 是物體的半徑（純量），並在描述時，要說明是順時鐘或是逆時鐘轉動。

　　2.力矩（轉動時的能量）：$\tau = r \cdot F \cdot \sin\theta$，$\tau =$ 旋轉的半徑長・力量

　　因為對物體施力時，作用力與轉動的半徑不會完全垂直，如果是力量有分散時，應該要將力量換算為垂直分量，也就是與轉動的半徑垂直的方向，故此時對物體作用的功是 $\tau = r \cdot F \cdot \sin\theta$，見圖 2，$F$ 轉動的力量值、r 旋轉的半徑長，θ 為作用力與轉動的半徑的夾角。並在描述時，要說明是順時鐘或是逆時鐘轉動。

　　3.力矩（轉動時的能量）：$\tau = |\vec{r}||\vec{F}|\sin\theta$，$\tau =$ 旋轉的半徑長・力量

　　因為物理有其需要方向性的描述，以及在二度空間還能簡單處理力的量值與距離的長度，但到了三度空間，有三個維度，並且轉動可能是傾斜的情況，如果仍是使用純量的計算時，將難以計算與描述物理，故創造了一個新的符號：向量，來處理物理問題，見圖 3。

　　利用向量計算力矩的運算稱為外積，向量計算力矩可以縮短時間，力矩：$\tau = |\vec{r}||\vec{F}|\sin\theta$，$|\vec{F}|$ 轉動的力量值（向量加絕對值變純量）、$|\vec{r}|$ 旋轉的半徑長（向量加絕對值變純量），θ 為作用力與轉動的半徑的夾角。此數學式使計算更有效率，物理學家已經推導出，在三度空間：當 $\vec{F} = (a_1, a_2, a_3)$、$\vec{r} = (b_1, b_2, b_3)$，則力矩的量值：

$$\tau = |\vec{r}||\vec{F}|\sin\theta = \sqrt{(a_2 b_3 - a_3 b_2)^2 + (a_3 b_1 - a_1 b_3)^2 + (a_1 b_2 - a_2 b_1)^2}。$$

　　而物理的力矩會計算出一個方向性，也就是力矩是一個向量，該力矩的 向量符號記作：$\vec{\tau} = \vec{r} \times \vec{F} = (a_2 b_3 - a_3 b_2, a_3 b_1 - a_1 b_3, a_1 b_2 - a_2 b_1)$，見圖 4，讀作：作用力向量與轉動向量的外積，其運算符號念作外積，英文 Cross Product。

　　要計算力矩的量值時，會將 $\vec{\tau}$ 取絕對值，就能得到力矩的量值。同時用向量描述時，因會符合右手定則的關係，就可以不用說明是順時鐘或是逆時鐘轉動。因為向量用右手定則就已經說明順時針或是逆時針轉動。**並且可以發現使用向量可以不再理會兩向量夾角的角度問題，僅討論向量值。**所以物理需要向量才能有效描述及計算自然界的問題，而後數學家發現這套符號，也將其利用進而改善數學在解析幾何的教學。

補充說明 1：可以看到旋轉的半徑長在向量的改寫下，從 r 變成 $|\vec{r}|$。這裡也是部分學

生在學習遇到的問題。為什麼旋轉半徑是 $\vec{r}$？長度明明是純量，是因為在化簡的數學式中，長度用向量加絕對值表示，並在外積符號後又換成向量，如果不說明清楚會變成死背。如果只是用「**力矩是向量，需要兩向量來外積**」的說法，這樣是先說需要結果是向量，所以要長度必須變成向量，這種說法令人困惑。

物理外積由來

已知當 $\vec{F} = (a_1, a_2, a_3)$、$\vec{r} = (b_1, b_2, b_3)$、$\tau = |\vec{r}| |\vec{F}| \sin\theta$，

$$\tau = |\vec{r}| |\vec{F}| \sin\theta = |\vec{r}| \times |\vec{F}| \times \sqrt{1 - \cos^2\theta} = \sqrt{|\vec{r}|^2 \times |\vec{F}|^2 - |\vec{r}|^2 \times |\vec{F}|^2 (\frac{|\vec{r}|^2 + |\vec{F}|^2 - |\vec{r} - \vec{F}|^2}{2 |\vec{r}| \times |\vec{F}|})^2}$$

$$= \sqrt{|\vec{r}|^2 \times |\vec{F}|^2 - (\frac{|\vec{r}|^2 + |\vec{F}|^2 - |\vec{r}|^2 + 2\vec{r} \cdot \vec{F} - |\vec{F}|^2}{2})^2} = \sqrt{|\vec{r}|^2 \times |\vec{F}|^2 - (\frac{2\vec{r} \cdot \vec{F}}{2})^2} = \sqrt{|\vec{r}|^2 \times |\vec{F}|^2 - (\vec{r} \cdot \vec{F})^2}$$

$$= \sqrt{(a_1^2 + a_2^2 + a_3^2)(b_1^2 + b_2^2 + b_3^2) - (a_1 b_1 + a_2 b_2 + a_3 b_3)^2} = \sqrt{(a_2 b_3 - a_3 b_2)^2 + (a_3 b_1 - a_1 b_3)^2 + (a_1 b_2 - a_2 b_1)^2}$$

而此量值，看起來是某一個**向量長度**。如果把它當作是向量，該向量是 $(a_2 b_3 - a_3 b_2, a_3 b_1 - a_1 b_3, a_1 b_2 - a_2 b_1)$，而該向量的特別的地方是與 $\vec{F} = (a_1, a_2, a_3)$、$\vec{r} = (b_1, b_2, b_3)$ 兩向量內積都為 0，也就是該向量與 $\vec{F}$、$\vec{r}$ 垂直。此向量與力矩（τ）有關，向量符號就定為 $\vec{\tau}$，向量規則定為 $\vec{\tau} = \vec{r} \times \vec{F}$。所以力矩便具有方向性，也就是可以判斷轉動是順時針或逆時針，其方向性符合右手定則。

故**力矩（$\vec{\tau}$）具有兩個意義，具有方向性，就是可觀察順時針或逆時針；討論能量量值時，其計算為力矩向量的長度（$|\vec{\tau}|$）。**

補充說明 2：作者認為外積的命名，向量 $\vec{\tau}$ 在 $\vec{F}$、$\vec{r}$ 兩向量平面外部，並與乘法有關，故稱為外積。

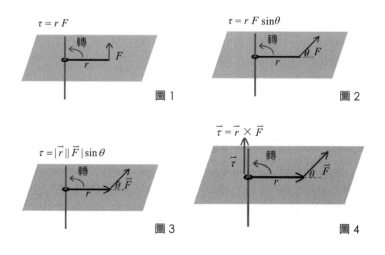

$\tau = r F$

圖 1

$\tau = r F \sin\theta$

圖 2

$\tau = |\vec{r}| |\vec{F}| \sin\theta$

圖 3

$\vec{\tau} = \vec{r} \times \vec{F}$

圖 4

5-4 向量的定義

　　向量像是走路一樣，在地圖中向上 5 公尺後，再向右 12 公尺，可以算出終點位置離出發點是 13 公尺。但**在出發點的哪個方向**？見圖 1 。因為角度的描述並不好計算與說明，所以用類似座標的形式來加以描述。直接以右 12 上 5 來描述，寫作（12,5），如同座標寫法（先左右、再上下）；若是反方向則用負號，左 3 下 4，寫作（−3, −4）。變相來說**向量可取代角度有更精準的描述**，不可避免的向量令人有座標的感覺，但其真正意義是移動量而非座標。同時在 3 度空間中較無法用角度來精準描述，使用向量將可以完整的令人理解。

　　重要的是，向量是基於出發點的相對變化量，而非平面座標的絕對位置，可看到 $\overline{AB}$ 與 $\overline{CD}$ 的變化量都是 Δx 與 Δy 相等，也就是（$\Delta x, \Delta y$）= (3, 2)，但在平面座標上的（3, 2）僅是一個固定點，兩者不可混淆，見圖 2 。並且向量 $\overrightarrow{AB} = (a_1, a_2)$ 的長度為 $|\overrightarrow{AB}| = \sqrt{a_1{}^2 + a_2{}^2}$，有了向量的描述方式，可以更好描述物理。

　　生活上可看到的簡單例子：拔河、蹺蹺板、疊疊樂、挑扁擔、蓋橋、蓋房子需要力量平衡，否則就會偏向某一方，計算碰撞的力量變化，這也是向量的加法。

例題 1：蹺蹺板左邊放 10kg 的球，蹺蹺板向下，就是蹺蹺板右邊受到 10kg 向上，見圖 3 。如果要讓蹺蹺板平衡，根據生活經驗，就是讓右邊也放上 10kg 的球，使其上下力量平衡，見圖 4 。可以看到左邊是向上 10 公斤、向下 10 公斤，相加等於 0，右邊是向上 10 公斤、向下 10 公斤，相加等於 0；沒有哪一邊力量比較大，所以看到是平衡的狀態。

例題 2：而疊疊樂、蓋建築物與轉球、轉書，要維持重心在中間，就是通過重心的線要符合兩邊向量相加為 0，不然導致物體往某一邊傾斜。圖 5 為一根棍子頂住一張紙板，各方向合力為 0，不會傾斜。圖 6 為一根棍子頂住一張紙板，右方力量比左方大時，往右方傾斜。

例題 3：生活上最常見的莫過於撞球或是車子經過碰撞之後，產生的變化，一台車子直行速度為時速 40km，受右方時速 30km 的一樣車子撞擊，會有什麼變化？由圖 7 可知向上開的車子，受到向左的力量影響，直行變成偏左，而在生活上觀察到的方向變化，呈現直角三角形，而不是沒規律的往左上；速度也被加強，是用畢氏定理計算速度，而不是直接相加變成 30 + 40 = 70。從這邊也說明了，數學就隱藏在生活中不起眼的地方。而這個東西可以用在哪裡？當發生車禍時，可以根據碰撞的位置來推測，當時的速度與方向、角度，來加以判斷責任歸屬。

結論：

　　在生活上向量可以應用在何處，如：飛機的航線管理，不可能眞的在空中去量角度，也不能等很靠近，再來提醒說要避開，這是不切實際的，基地台只能知道當前飛機飛行的方向與速度（向量），當有兩台飛機的向量時就可以算出角度，有了角度才可以去做更多的調整，來避免飛機的事故發生。

　　向量的利用遠遠不只是在數學、物理，在現代向量的概念，延伸爲矩陣後，被大量用在現在的動畫上。後面矩陣章節會有更完整的介紹向量、矩陣與現代動畫的關係。

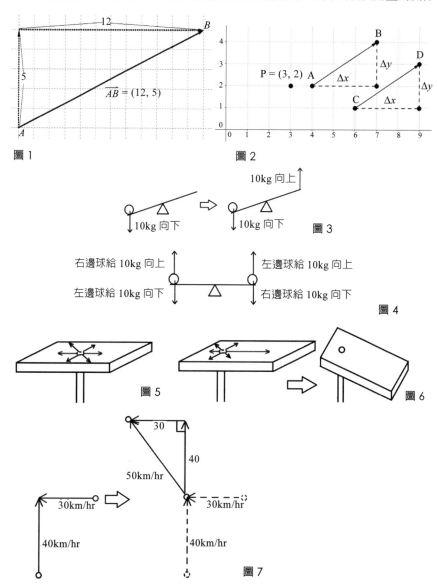

5-5 向量的基礎計算 (1)

1.兩點間的向量：A 到 B 點的向量，記作 $\overrightarrow{AB}$。

A 點座標爲 (1, 1)、B 點爲 (5, 4)，則 $\overrightarrow{AB}$ 的向量爲何？參考圖 1。可以看到從 A 點出發，再 B 點結束，而其中的向量是向右 4 向上 3，

向量的 x 數值稱向量的 x 分量：是 B 點的 x 座標值減去 A 點的 x 座標值。

向量的 y 數值稱向量的 y 分量：是 B 點的 y 座標值減去 A 點的 y 座標值。可以記作：向量是變化量，變化量 = B 點座標值 − A 點座標值。並且向量是可以平移的，只要變化量的各分量相同。參考圖 2。

2.零向量

如果向量的各數值都爲 0 的話，稱爲零向量。記作：$\vec{0}$。起終點若是相同，記作：$\overrightarrow{AA}$ 、$\overrightarrow{BB}$，也就是零向量。

3.兩向量相加

情況一：箭頭接箭尾

代表移動兩次，直接將變化量加起來，參考圖 3。情況一：$\overrightarrow{AB}+\overrightarrow{BC}=\overrightarrow{AC}$

可藉由點的連續移動得知，A 點到 B 點再到 C 點，就是 A 點到 C 點，而變化量就是 A 點到 C 點的向量。

情況二：箭尾接箭尾

$\overrightarrow{AB}+\overrightarrow{AC}$，**見圖 4**，當兩向量相加，不是連續三點時，因爲是計算變化量，所以可以觀察出變化量相加，就是向量直接加起來，並且再次可知向量可以平移。

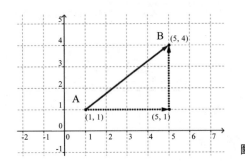

圖 1

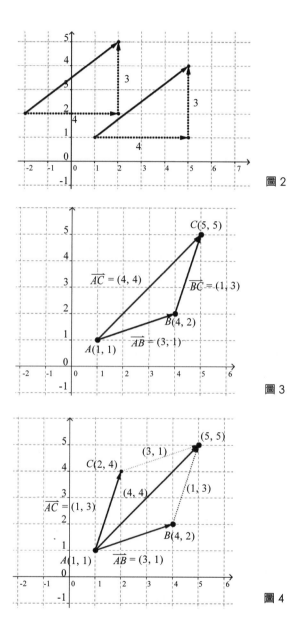

圖 2

圖 3

圖 4

5-6 **向量的基礎計算** (2)

4.兩向量相減

　　將變化量相減 $\overrightarrow{AB}-\overrightarrow{AC}$ 是怎樣的情況，假設 $\overrightarrow{AB}=(1,3)$、$\overrightarrow{AC}=(4,1)$，見圖 1，則 $\overrightarrow{AB}-\overrightarrow{AC}=(1,3)-(4,1)=(-3,2)$，向量 $(-3,2)$ 在圖案的哪裡，見圖 2，所以 $\overrightarrow{AB}-\overrightarrow{AC}=\overrightarrow{CB}$。

　　或是利用向量加法討論，已知 $\overrightarrow{AC}+\overrightarrow{CB}=\overrightarrow{AB}$，將 $\overrightarrow{AC}$ 移項後，可發現右式爲 $\overrightarrow{CB}=\overrightarrow{AB}-\overrightarrow{AC}$。

　　或用符號概念討論，$\overrightarrow{AB}$ 是起點在 A 點、終點在 B 點，向量爲 (x_B-x_A,y_B-y_A)；$\overrightarrow{AC}$ 是起點在 A 點、終點在 C 點，向量爲 (x_C-x_A,y_C-y_A)，而 $\overrightarrow{AB}-\overrightarrow{AC}=(B\text{點}-A\text{點})-(C\text{點}-A\text{點})=B\text{點}-A\text{點}-C\text{點}+A\text{點}=B\text{點}-C\text{點}$，而 $B\text{點}-C\text{點}$ 是 $\overrightarrow{CB}$，所以 $\overrightarrow{AB}-\overrightarrow{AC}=\overrightarrow{CB}$。**所以在起點相同的兩向量相減，可以視作，第一個向量終點，爲答案終點，第二個向量終點，爲答案起點，見圖 3。**

註 1：有些時候爲了方便記憶，有的人會記作，向量相減反過來，$\overrightarrow{AB}$ 的 B 減去 $\overrightarrow{AC}$ 的 C，反過來得到 $\overrightarrow{CB}$，但這是死背而不具理解意義。

註 2：有些時候爲了方便記憶，有的人會記成，向量的加減都在平行四邊形內，其字母由下往上，由左向右，向量的箭頭都往右，而加法不會弄錯，所以另一條就是相減，見圖 4，但這是死背圖案，而不具理解意義。

5.反方向的向量

　　向量 $\overrightarrow{AB}$ 的反方向，A 點到 B 點的向量 $\overrightarrow{AB}$，變成 B 點到 A 點的向量 $\overrightarrow{BA}$，觀察圖 5，可以發現反方向向量的數值與原向量數值，都差一個負號。所以向量 $\overrightarrow{AB}$ 的反方向向量是 $\overrightarrow{BA}=-1\times\overrightarrow{AB}=-\overrightarrow{AB}$。

註 3：向量的減法也可以利用反方向向量來說明

$\overrightarrow{AB}-\overrightarrow{AC}$

$=\overrightarrow{AB}+\overrightarrow{CA}$　　因爲 $\overrightarrow{CA}=-\overrightarrow{AC}$

$=\overrightarrow{CA}+\overrightarrow{AB}$　　向量加法，交換後其值不變

$=\overrightarrow{CB}$

6.向量的放大縮小

　　向量 $\overrightarrow{AB}$ 放大 t 倍，見圖 6，可發現向量彼此平行，而分量數值縮小或放大。

$\overrightarrow{AB} = (4,2)$ 變成為原本 $\frac{1}{2}$ 倍，$\frac{1}{2} \times \overrightarrow{AB} = \frac{1}{2} \times (4,2) = (\frac{1}{2} \times 4, \frac{1}{2} \times 2) = (2,1) = \overrightarrow{CD}$，

所以 $\overrightarrow{CD} = \frac{1}{2} \overrightarrow{AB}$。而將 $\overrightarrow{AB} = (4,2)$ 變成原本 $\frac{3}{2}$ 倍，$\frac{3}{2} \times \overrightarrow{AB} = \frac{3}{2} \times (4,2) = (\frac{3}{2} \times 4, \frac{3}{2} \times 2)$

$= (6,3) = \overrightarrow{EF}$，所以 $\overrightarrow{EF} = \frac{3}{2} \overrightarrow{AB}$。故 A 點到 B 點的向量**放大 t 倍**，記作：$t\overrightarrow{AB}$。

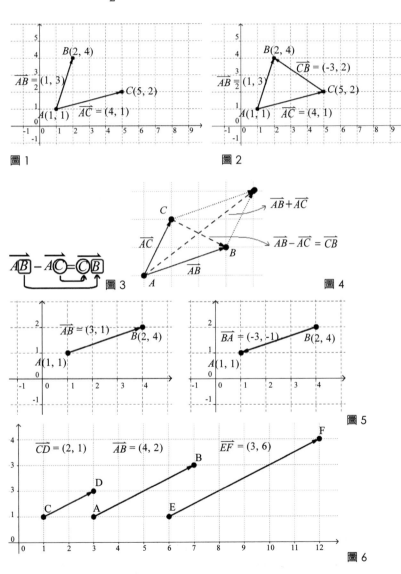

5-7 向量的基礎計算 (3)

本節的內容，是讀者常有疑問的運算式

1. 兩向量 $\vec{a} = (a_1, a_2)$、$\vec{b} = (b_1, b_2)$ 相加後的長度為何？見圖 1。

$$|\vec{a} + \vec{b}| = |(a_1, a_2) + (b_1, b_2)| = |(a_1 + b_1, a_2 + b_2)| = \sqrt{(a_1 + b_1)^2 + (a_2 + b_2)^2}$$

所以 $|\vec{a} + \vec{b}|^2 = (a_1 + b_1)^2 + (a_2 + b_2)^2 = a_1^2 + 2a_1 b_1 + b_1^2 + a_2^2 + 2a_2 b_2 + b_2^2$

$= a_1^2 + a_2^2 + 2a_1 b_1 + 2a_2 b_2 + b_1^2 + b_2^2 = (a_1^2 + a_2^2) + 2(a_1 b_1 + a_2 b_2) + (b_1^2 + b_2^2)$

$= |\vec{a}|^2 + 2\vec{a} \cdot \vec{b} + |\vec{b}|^2$

故 $|\vec{a} + \vec{b}|^2 = |\vec{a}|^2 + 2\vec{a} \cdot \vec{b} + |\vec{b}|^2$，

不要將兩向量相加後計算為 $|\vec{a}| + |\vec{b}| = \sqrt{a_1^2 + a_2^2} + \sqrt{b_1^2 + b_2^2}$。

2. 可以發現 $|\vec{a}|^2 = |(a_1, a_2)|^2 = a_1^2 + a_2^2 = \vec{a} \cdot \vec{a}$，也就是 $|\vec{a}|^2 = \vec{a} \cdot \vec{a}$。

但要注意向量沒有指數律，所以不可以記成 $|\vec{a}|^2 = \vec{a} \cdot \vec{a} = \vec{a}^2$。

3. 同學的疑問是 $|\vec{a} + \vec{b}|^2$ 可否直接平方？答案是可以的。

$|\vec{a} + \vec{b}|^2 = \vec{a} \cdot \vec{a} + 2\vec{a} \cdot \vec{b} + \vec{b} \cdot \vec{b}$，但因 $\vec{a} \cdot \vec{a} = |\vec{a}|^2$，故寫成 $|\vec{a} + \vec{b}|^2 = |\vec{a}|^2 + 2\vec{a} \cdot \vec{b} + |\vec{b}|^2$。

4. 部分人將 $|\vec{a} + \vec{b}|^2 = |\vec{a}|^2 + 2\vec{a} \cdot \vec{b} + |\vec{b}|^2$ 與 $(|\vec{a}| + |\vec{b}|)^2 = |\vec{a}|^2 + 2|\vec{a}| \times |\vec{b}| + |\vec{b}|^2$ 搞混，

而記作 $|\vec{a} + \vec{b}|^2 = |\vec{a}|^2 + 2|\vec{a}| \times |\vec{b}| + |\vec{b}|^2$，這是錯誤的。

因為如果 $|\vec{a} + \vec{b}|^2 = |\vec{a}|^2 + 2|\vec{a}| \times |\vec{b}| + |\vec{b}|^2$ 成立，

則 $|\vec{a} + \vec{b}|^2 = (a_1^2 + a_2^2) + 2\sqrt{a_1^2 + a_2^2}\sqrt{b_1^2 + b_2^2} + (b_1^2 + b_2^2)$，

這完全與原本推導的結果 $|\vec{a} + \vec{b}|^2 = (a_1^2 + a_2^2) + 2(a_1 b_1 + a_2 b_2) + (b_1^2 + b_2^2)$ 不同，

所以 $|\vec{a} + \vec{b}|^2 \neq |\vec{a}|^2 + 2|\vec{a}| \times |\vec{b}| + |\vec{b}|^2$。

5. $(|\vec{a}| + |\vec{b}|)^2 = |\vec{a}|^2 + 2|\vec{a}| \times |\vec{b}| + |\vec{b}|^2$？

這是兩長度的平方，也就是兩純量的平方討論，

就是利用代數的分配率，$(x + y)^2 = x^2 + 2xy + y^2$，

讓 $x = |\vec{a}|$、$y = |\vec{b}|$ 代入後，得到 $(|\vec{a}| + |\vec{b}|)^2 = |\vec{a}|^2 + 2|\vec{a}| \times |\vec{b}| + |\vec{b}|^2$。

6. 以上是加法部分，減法同理，見圖 2，可以得到下述運算式：

(1) $|\vec{a}-\vec{b}|^2=|\vec{a}|^2-2\vec{a}\cdot\vec{b}+|\vec{b}|^2$。

(2) $(|\vec{a}|-|\vec{b}|)^2=|\vec{a}|^2-2|\vec{a}|\times|\vec{b}|+|\vec{b}|^2$。

漢彌爾頓生平

威廉·漢彌爾頓（William Rowan Hamilton，1805～1865），圖 3，愛爾蘭數學家、物理學家及天文學家。漢彌爾頓最大的成就或許在於重新表述了牛頓力學，創立被稱為漢彌爾頓力學的力學描述方式。其成果讓量子力學向下發展。漢彌爾頓還對光學和代數的發展提供了重要的貢獻。同時漢彌爾頓因為發現四元數而聞名，在 1843 年創立出的數學概念，四元數的概念給向量相當大的啟發。

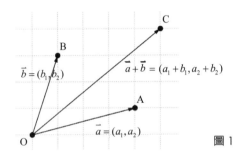

圖 1

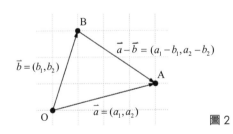

圖 2

圖 3

5-8 正射影與正射影長

在物理上，功的部分，需要力（$\vec{F}$）在移動方向（$\vec{d}$）上的平行分量，其符號為 $\overrightarrow{F_{//}}$，也就是 $\overrightarrow{F_{//}} \, // \, \vec{d}$，見圖 1。力矩的部分，需要力（$\vec{F}$）在半徑向量（$\vec{r}$）上的垂直分量，其符號為 $\overrightarrow{F_{\perp}}$，也就是 $\overrightarrow{F_{\perp}} \perp \vec{r}$，見圖 2。而力的平行分量與垂直分量的關係為 $\vec{F} = \overrightarrow{F_{\perp}} + \overrightarrow{F_{//}}$。力（$\vec{F}$）的平行分量：$\overrightarrow{F_{//}} = \dfrac{\vec{F} \cdot \vec{d}}{|\vec{F}|^2} \times \vec{F}$，垂直分量：$\overrightarrow{F_{\perp}} = \vec{F} - \overrightarrow{F_{//}}$。**而力（$\vec{F}$）在移動方向（$\vec{d}$）上的平行分量 $\overrightarrow{F_{//}}$，在數學的意義就是正射影。**

正射影的命名由來：正射影是一個不好的數學名詞，正是垂直的意思，射影就是投影的意思；同時正射影的意涵是一個向量，但是只講正射影太多含糊不清的內容。如果稱作「正投影向量」比較容易讓人顧名思義。

為何強調正？因為投影的生活感觀是會變化的。影子是會隨光源位置改變長度，見圖 3，以及如果光源非同一方向（太陽光），而是發散的光（燈泡光），是會讓影子隨光源距離變大變小，見圖 4。所以必須找一個**唯一性的光源**，也只有垂直是唯一性，因此討論其投影部分。垂直在中文常用正來代替，故稱正射影。在數學上的意義，$\overrightarrow{AC}$ 在 $\overrightarrow{AB}$ 的正射影，就是光源垂直 $\overrightarrow{AB}$，$\overrightarrow{AC}$ 會產生一個投影在 $\overrightarrow{AB}$ 上，而正射影就是討論其向量，見圖 5。但為了讓物理名稱「力（$\vec{F}$）在移動方向（$\vec{d}$）上的平行分量 $\overrightarrow{F_{//}}$」，有個數學名詞，進而稱為正射影。**作者認為直接用物理名稱，「$\overrightarrow{AB}$ 在 $\overrightarrow{AC}$ 的平行分量」比「$\overrightarrow{AB}$ 在 $\overrightarrow{AC}$ 上的正射影」容易懂。**

正射影的推導：$\overrightarrow{AC}$ 在 $\overrightarrow{AB}$ 的正射影，其向量是 $\overrightarrow{AD}$，見圖 6。而 $|\overrightarrow{AD}| = |\overrightarrow{AC}| \cos\theta$ …(1)，由內積可知 $\overrightarrow{AB} \cdot \overrightarrow{AC} = |\overrightarrow{AB}| \times |\overrightarrow{AC}| \times \cos\theta$，所以 $\cos\theta = \dfrac{\overrightarrow{AB} \cdot \overrightarrow{AC}}{|\overrightarrow{AB}| \times |\overrightarrow{AC}|}$ …(2)，

而 $\overrightarrow{AD}$ 是 $\overrightarrow{AB}$ 縮放關係，所以長度存在一個比例：$\dfrac{|\overrightarrow{AD}|}{|\overrightarrow{AB}|}$，而向量關係則是

$\overrightarrow{AD} = \dfrac{|\overrightarrow{AD}|}{|\overrightarrow{AB}|} \times \overrightarrow{AB}$ …(3)，將 (1) 代入 (3)，得到 $\overrightarrow{AD} = \dfrac{|\overrightarrow{AC}| \cos\theta}{|\overrightarrow{AB}|} \times \overrightarrow{AB}$ …(4)，將 (2) 代入

(4)，得到 $\overrightarrow{AD} = \dfrac{|\overrightarrow{AC}|}{|\overrightarrow{AB}|} \times \dfrac{\overrightarrow{AB} \cdot \overrightarrow{AC}}{|\overrightarrow{AB}| \times |\overrightarrow{AC}|} \times \overrightarrow{AB} = \dfrac{\overrightarrow{AB} \cdot \overrightarrow{AC}}{|\overrightarrow{AB}|^2} \times \overrightarrow{AB}$，故正射影的推導結果：

$\overrightarrow{AD} = \dfrac{\overrightarrow{AB} \cdot \overrightarrow{AC}}{|\overrightarrow{AB}|^2} \times \overrightarrow{AB}$。

正射影長：$\overrightarrow{AC}$ 在 $\overrightarrow{AB}$ 的正射影長，也就是，$\overrightarrow{AD} = \dfrac{\overrightarrow{AB} \cdot \overrightarrow{AC}}{|\overrightarrow{AB}|^2} \times \overrightarrow{AB} = \dfrac{\overrightarrow{AB} \cdot \overrightarrow{AC}}{|\overrightarrow{AB}|^2} \times \overrightarrow{AB}$

$= \dfrac{|\overrightarrow{AB} \cdot \overrightarrow{AC}|}{|\overrightarrow{AB}|}$，所以 $\overrightarrow{AC}$ 在 $\overrightarrow{AB}$ 的正射影長：$|\overrightarrow{AD}| = \dfrac{|\overrightarrow{AB} \cdot \overrightarrow{AC}|}{|\overrightarrow{AB}|}$。

補充說明 1：「正」這個字在數學上的亂用，正三角形、正多邊形，無法從「正」這個字理解出等邊的概念。

補充說明 2：幾何學就是研究圖形的學問，在中文上以作者感觀也是亂命名，如果原本已經有圖形的名詞沒必要創新名詞來使用。幾何一詞源於「幾何原本」，由徐光啓和利瑪竇翻譯。「幾何」的原文是「geometria」（英文 geometry），由維基百科的內容可知，「徐光啓和利瑪竇在翻譯時，取 geo 的音為幾何」，而在此之前圖形的學問稱為形學。將圖形學稱為幾何學，相當令人困惑。

補充說明 3：英文的長寬是錯誤翻譯，英文：長 length 是正面長度，而非長度。
寬 width 是側面長度，而非寬度。

作者小故事：作者之一於小學念書時，長方形是由橫放來介紹長與寬，老師提到水平（橫）部分是長，鉛直（直）部分是寬；但如果直放，仍然堅持水平（橫）部分是長，鉛直（直）部分的部分是寬。於是作者詢問為何不是長度較大是長，長度較小是寬？此時被以不認真上課予以警告。作者更問如果斜放，難道就不存在長與寬嗎？此時老師就更生氣了。在此要了解到必須**要去主動思考，而非一昧的吸收**，因為有可能指導你的人的認知也有錯誤。

補充說明 4：向量有其藝術，稱為投影幾何，這將在後面小節介紹。

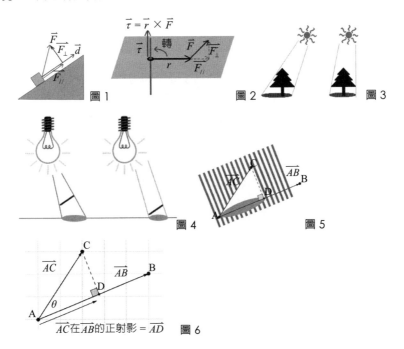

圖 1　圖 2　圖 3　圖 4

$\overrightarrow{AC}$在$\overrightarrow{AB}$的正射影 = $\overrightarrow{AD}$　圖 5　圖 6

補充說明 5：數學在正射影上僅介紹了，公式與例題，這是相當不夠的，應該還是要介紹起源與由來。

5-9 向量與藝術：投影幾何

有關於向量的應用，可以把它當作是類似相似形的應用，而相似形，不僅僅是在天文上，還有在藝術創作上。要如何把看到的東西，完美的呈現在畫作上，就是要利用到相似形的概念，在早期的畫家大多都是數學家，所以才能經物體景象完美而寫實的呈現在畫作上，如：法蘭切斯卡（Piero Della Francesca）、杜勒（Durer）、佩魯吉諾（Perugino）。而畫家將此種方法稱做透視原理，也就是投影幾何。

接著觀察圖1～5就可以知道數學與繪畫息息相關。並且臺灣的臺南的藍晒圖也是有利用到景深的投影幾何原理來構築線條。有時在路邊看到很立體的地板藝術畫，見圖5。或是在網路上看到不可思議的視覺幻覺：參考此連結 https://www.youtube.com/watch?feature=player_ embedded&v=cUBMQrMS1Pc。其實這些都是相似形的應用。觀察地板藝術完整的實體繪畫過程 http://www.ttvs.cy.edu.tw/kcc/95str/str.htm。立體原因可觀察圖6理解立體的原理。街頭立體畫只有在特定角度與距離，才能看到立體形狀，而其他位置都會看到不一樣的比例變型。此藝術又稱錯覺藝術。現在也有用此藝術介紹汽車產品的廣告。換句話說，將遠方畫到紙上，是相似形縮小。取截面到紙上，畫立體圖則是相似形放大，地板是截面。

並且可以觀察法蘭切斯卡（1415～1492）的畫作「鞭撻」，見圖7，顯示使用投影技法表現空間感，他寫下數學與透視法的文章，精準的線條透視法是其作品的主要特色。作品背景刻畫十分細緻，光線清晰，眞實的空間距離感，構圖勻稱，對當時的繪畫有革命性的影響。

圖1：杜勒（1471～1528）的木刻：描述透視示意圖

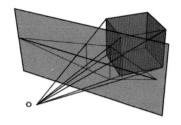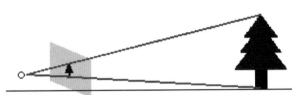

圖 2、3：幾何示意圖

圖 4：佩魯吉諾（Perugino）的畫作充分運用透視原理，強化空間景深及層次感

圖 5：以秦俑坑為背景的大型立體地畫，出處：香港歷史博物館。

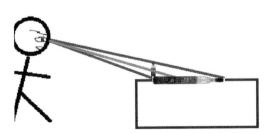

圖 6：立體畫的幾何原理示意圖　　　圖 7：法蘭切斯卡（1415～1492）
　　　　　　　　　　　　　　　　　　　　的畫作「鞭撻」

5-10 向量數學式總結

向量公式整理（數學的向量規則與物理一樣）

1.兩點間的向量：A 到 B 點的向量，記作 $\overrightarrow{AB}$，見圖 1。

2.零向量：$\overrightarrow{AA} = \vec{0}$

3.兩向量相加 1（箭尾接箭頭）：$\overrightarrow{AB} + \overrightarrow{BC} = \overrightarrow{AC}$，見圖 2。

4.兩向量相加 2（箭尾接箭尾）：$\overrightarrow{AB} + \overrightarrow{AC} = \overrightarrow{AD}$，見圖 3。

5.兩向量相減：$\overrightarrow{CB} = \overrightarrow{AB} - \overrightarrow{AC}$，見圖 3。

7.反方向的向量 $\overrightarrow{AB} = -\overrightarrow{BA}$，見圖 4。

8.向量的放大縮小：A 點到 B 點的向量**放大** t **倍**，記作 $t\overrightarrow{AB}$，見圖 5。

9. $\overrightarrow{AC}$ 在 $\overrightarrow{AB}$ 的正射影向量：$\overrightarrow{AD} = \dfrac{\overrightarrow{AB} \cdot \overrightarrow{AC}}{|\overrightarrow{AB}|^2} \times \overrightarrow{AB}$，見圖 6。

10. $\overrightarrow{AC}$ 在 $\overrightarrow{AB}$ 的正射影長：$|\overrightarrow{AD}| = \left| \dfrac{\overrightarrow{AB} \cdot \overrightarrow{AC}}{|\overrightarrow{AB}|^2} \times \overrightarrow{AB} \right| = \dfrac{|\overrightarrow{AB} \cdot \overrightarrow{AC}|}{|\overrightarrow{AB}|}$

11. 內積：當 $\vec{F} = (a_1, a_2)$、$\vec{d} = (b_1, b_2)$，功為 $W = |\vec{F}||\vec{d}|\cos\theta = a_1 b_1 + a_2 b_2 = \vec{F} \cdot \vec{d}$，見圖 7。

12. 外積：當 $\vec{F} = (a_1, a_2, a_3)$、$\vec{r} = (b_1, b_2, b_3)$，

則 $\vec{\tau} = \vec{r} \times \vec{F} = (a_2 b_3 - a_3 b_2, a_3 b_1 - a_1 b_3, a_1 b_2 - a_2 b_1)$，見圖 8。

13. $|\vec{a} \pm \vec{b}|^2 = |\vec{a}|^2 \pm 2\vec{a} \cdot \vec{b} + |\vec{b}|^2$。

14. $(|\vec{a}| \pm |\vec{b}|)^2 = |\vec{a}|^2 \pm 2|\vec{a}| \times |\vec{b}| + |\vec{b}|^2$。

15. $|\vec{a}|^2 = \vec{a} \cdot \vec{a}$，注意 dot 不是乘法，向量沒有指數律，不存在 $\vec{a} \cdot \vec{a} = \vec{a}^2$。

16. $\vec{F}$ 在 $\vec{d}$ 上的平行分量與垂直分量，平行分量就是正射影向量：$\overrightarrow{F_{//}} = \dfrac{\vec{F} \cdot \vec{d}}{|\vec{F}|^2} \times \vec{F}$，垂直分量：$\overrightarrow{F_{\perp}} = \vec{F} - \overrightarrow{F_{//}}$，見圖 9。

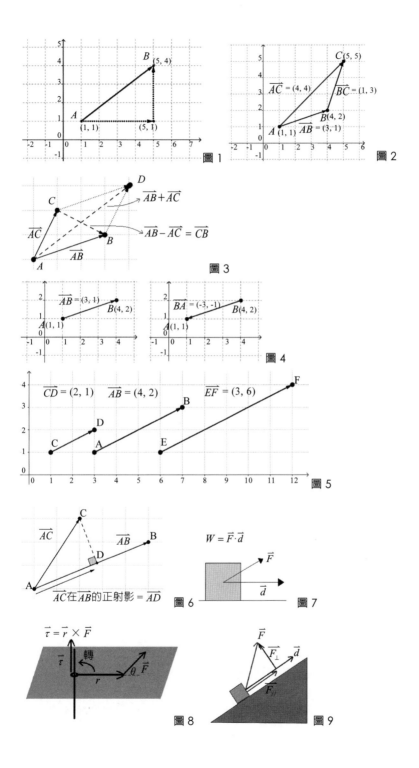

圖 1

圖 2

圖 3

圖 4

圖 5

圖 6

圖 7

圖 8

圖 9

一個沒有幾分詩人氣質的數學家永遠成不了一個完全的數學家。

——維爾斯特拉斯（Weierstrass）

一個國家只有數學蓬勃的發展，才能展現它國力的強大。數學的發展和至善和國家繁榮昌盛密切相關。

——拿破崙（Napoleone Buonaparte）

$$r = e^{0.17\theta}$$

第六章
向量改變數學的教法

6-1 數學的夾角與內積

　　物理的研究方式，是從客觀數據**歸納**公式，因此針對不同情況用數學語言來描述現象，如：向量的基本性質，功的意義、力矩的意義。但數學除了公理、定義基本性質外，其他的是**演繹推導**的結果。而數學在解析幾何上，因爲物理賦予新的概念：向量，所以數學用向量改變了解析幾何的教學。接著來看向量（內積、外積）的數學意義。而物理與數學兩者的差異性如下：**物理的功（運算定爲內積）對應到數學是餘弦定理。物理的力矩（運算定爲外積）對應到數學是平面方程式係數。**

　　已知傳統幾何與座標系計算夾角的數學式爲：$\cos\theta = \dfrac{a_1 b_1 + a_2 b_2}{\sqrt{a_1^2 + a_2^2}\sqrt{b_1^2 + b_2^2}}$，見圖 1。

但推導過程繁瑣，結論也不好記憶。到三度空間兩交線的角度，推導 $\cos\theta$ 過程更繁

瑣，結論 $\cos\theta = \dfrac{a_1 b_1 + a_2 b_2 + a_3 b_3}{\sqrt{a_1^2 + a_2^2 + a_3^2}\sqrt{b_1^2 + b_2^2 + b_3^2}}$ 也不好記憶。此時如果利用向量，再來

討論一次夾角，見圖 2。向量也有長度，而長度的記號同樣是用絕對值，由圖可知向

量長度爲 $|\overrightarrow{OA}| = \sqrt{a_1^2 + a_2^2}$、$|\overrightarrow{OB}| = \sqrt{b_1^2 + b_2^2}$、$|\overrightarrow{AB}| = \sqrt{(b_1 - a_1)^2 + (b_2 - a_2)^2}$，再次用餘

弦定理 $\cos\theta = \dfrac{|\overrightarrow{OA}|^2 + |\overrightarrow{OB}|^2 + |\overrightarrow{AB}|^2}{2 \times |\overrightarrow{OA}| \times |\overrightarrow{OB}|}$，

代入長度 $\cos\theta = \dfrac{(a_1^2 + a_2^2) + (b_1^2 + b_2^2) - ((b_1 - a_1)^2 + (b_2 - a_2)^2)}{2\sqrt{a_1^2 + a_2^2}\sqrt{b_1^2 + b_2^2}}$

$\cos\theta = \dfrac{a_1^2 + a_2^2 + b_1^2 + b_2^2 - (a_1^2 - 2a_1 b_1 + b_1^2 + a_2^2 - 2a_2 b_2 + b_2^2)}{2\sqrt{a_1^2 + a_2^2}\sqrt{b_1^2 + b_2^2}}$

$\cos\theta = \dfrac{2a_1 b_1 + 2a_2 b_2}{2\sqrt{a_1^2 + a_2^2}\sqrt{b_1^2 + b_2^2}} = \dfrac{a_1 b_1 + a_2 b_2}{|\overrightarrow{OA}||\overrightarrow{OB}|}$ 分子得到相同的結論，要如何再化簡？

　　由過程可知 $a_1 b_1 + a_2 b_2$ 是 $|\overrightarrow{AB}|^2 = (b_1 - a_1)^2 + (b_2 - a_2)^2$ 產生，故由 $|\overrightarrow{AB}|^2$ 加以討論，

已知，$|\overrightarrow{AB}|^2 = (a_1 - b_1)^2 + (a_2 - b_2)^2$、$|\overrightarrow{OA}|^2 = a_1^2 + a_2^2$、$|\overrightarrow{OB}|^2 = b_1^2 + b_2^2$，

所以 $|\overrightarrow{AB}|^2 = (a_1 - b_1)^2 + (a_2 - b_2)^2 = a_1^2 - 2a_1 b_1 + b_1^2 + a_2^2 - 2a_2 b_2 + b_2^2$

$= (a_1^2 + b_1^2) + (a_2^2 + b_2^2) - 2(a_1 b_1 + a_2 b_2) = |\overrightarrow{OA}|^2 + |\overrightarrow{OB}|^2 - 2(a_1 b_1 + a_2 b_2)$

且 $|\overrightarrow{AB}| = |\overrightarrow{OB} - \overrightarrow{OA}|$，可改寫爲 $|\overrightarrow{OB} - \overrightarrow{OA}|^2 = |\overrightarrow{OA}|^2 + |\overrightarrow{OB}|^2 - 2(a_1 b_1 + a_2 b_2)\cdots(1)$，

　　這樣看起來有點像絕對值的平方，$|x - y|^2 = |x|^2 + |y|^2 - 2xy$，而向量也滿足乘法的性質，$|\overrightarrow{OB} - \overrightarrow{OA}|^2 = |\overrightarrow{OA}|^2 + |\overrightarrow{OB}|^2 - 2 \times \overrightarrow{OA} \cdot \overrightarrow{OB}\cdots(2)$，所以比較兩式之後，得到

$\overrightarrow{OA} \cdot \overrightarrow{OB} = a_1b_1 + a_2b_2$，而這也是為什麼定義 $\overrightarrow{OA} \cdot \overrightarrow{OB} = a_1b_1 + a_2b_2$ 的理由。如果直接用功的概念：$\vec{F} = (a_1, a_2)$、$\vec{d} = (b_1, b_2)$，$W = |\vec{F}||\vec{d}|\cos\theta = a_1b_1 + a_2b_2 = \vec{F} \cdot \vec{d}$ 看不出原因。有了內積的符號，可以讓 $\cos\theta = \dfrac{2a_1b_1 + 2a_2b_2}{2\sqrt{a_1^2 + a_2^2}\sqrt{b_1^2 + b_2^2}} = \dfrac{a_1b_1 + a_2b_2}{|\overrightarrow{OA}||\overrightarrow{OB}|}$，可改寫

$\cos\theta = \dfrac{2a_1b_1 + 2a_2b_2}{2\sqrt{a_1^2 + a_2^2}\sqrt{b_1^2 + b_2^2}} = \dfrac{\overrightarrow{OA} \cdot \overrightarrow{OB}}{|\overrightarrow{OA}||\overrightarrow{OB}|}$，移項後 $\overrightarrow{OA} \cdot \overrightarrow{OB} = |\overrightarrow{OA}||\overrightarrow{OB}|\cos\theta$，**完整數學式為**

$\overrightarrow{OA} \cdot \overrightarrow{OB} = |\overrightarrow{OA}||\overrightarrow{OB}|\cos\theta = a_1b_1 + a_2b_2$，$\overrightarrow{OA} \cdot \overrightarrow{OB}$ **在數學上也稱做內積，起源於兩向量內部夾角與乘積的概念**，內積在數學的意義是判斷角度，$\overrightarrow{OA} \cdot \overrightarrow{OB} = |\overrightarrow{OA}||\overrightarrow{OB}|\cos\theta$，如果是兩向量夾角為 90 度時，也可說兩向量垂直，內積為 0。

　　內積的符號問題：已知內積的運算與由來及用途，$\overrightarrow{OA} \cdot \overrightarrow{OB}$ 在數學上稱做內積，但向量畢竟不是一個純量，不能直接相乘，所以不念作乘，$\overrightarrow{OA} \cdot \overrightarrow{OB}$ 的「$\cdot$」念作 dot。這其實容易帶來問題，因為會讓學生與乘號搞混，應用「$\odot$」特指是向量內積的符號。同時，我們會說計算兩向量的內積，這是不好的用語，會讓人搞不清楚是動詞還是名詞，應該說**計算兩向量的內積後的純量**。

結論：數學上內積的意義與作用，可以輕鬆的判斷夾角，向量的運算可以使計算幾何不必用到角度；同時也支撐起物理的數學式，使其不再是一個歸納的數學式，再次看到數學與自然世界的吻合，並且說明數學是可以清楚的描述物理的語言。

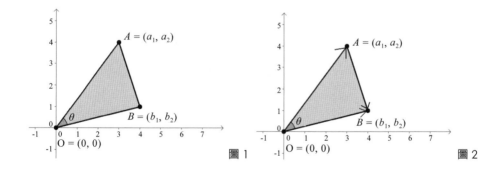

圖1　圖2

6-2 向量與平面上的直線方程式關係

在先前用傳統幾何與座標系的方式要導出公式相當麻煩，有了向量後可以大大縮短計算過程，接著來看用向量推導解析幾何得結果。

用向量計算平面的直線方程式

已知向量 $\vec{A} = (a_1, a_2)$、$\vec{B} = (b_1, b_2)$ 的內積是 $\vec{A} \cdot \vec{B} = |\vec{A}||\vec{B}|\cos\theta = a_1 b_1 + a_2 b_2$，如果兩向量垂直，內積為 0。現在直線上有一點 $P(x_0, y_0)$ 與一動點 $Q(x, y)$，使得方向向量為 $\overrightarrow{PQ} = (x - x_0, y - y_0)$、還有一個向量是法向量 $\vec{n} = (a, b)$ 與方向向量垂直，參考圖 1。

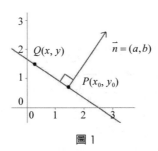

圖 1

方向向量 $\overrightarrow{PQ}$ 與法向量 $\vec{n}$ 垂直，內積為 0。數學式記作

$$(x - x_0, y - y_0) \cdot (a, b) = 0$$
$$a(x - x_0) + b(y - y_0) = 0$$
$$ax + by - ax_0 - by_0 = 0$$

令 $c = -ax_0 - by_0$，得到 $ax + by + c = 0$，而這就是平面座標的直線方程式，參考圖 2。並且可發現法向量 $\vec{n} = (a, b)$ 的值，就是直線方程式 x、y 的係數。

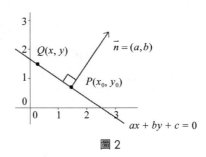

圖 2

接著進一步討論，方向向量 $\overrightarrow{PQ}$ 與法向量 $\vec{n}$，已知兩者垂直，所以 $\vec{n} = (a, b)$ 與 $\overrightarrow{PQ}$ 的內積為 0，**所以 $\overrightarrow{PQ}$ 可以設為 $(b, -a)$，使得內積為 0。**而不用再用原本的假設 $\overrightarrow{PQ}$

$= (x - x_0, y - y_0)$。並且要注意 $\overrightarrow{PQ}$ 的原本意義是直線方程式 $ax + by + c = 0$ 的方向向量，可以發現剛好 x、y 項的係數反過來加上負號。

參數式與向量的關係

見圖 3，$3x - 2y + 3 = 0$，可以發現線上取兩點，就可以發現他的向量關係，並可以發現直線方程式的方向向量 $(2, 3)$ 的分量，就是參數式 $\begin{cases} x = -1 + \Delta x \cdot t = -1 + 2t \\ y = 0 + \Delta y \cdot t = 0 + 3t \end{cases}$ 的分量 $\Delta x = 2$、$\Delta y = 3$。**所以可以認知到直線方程式的方向向量與參數式關係。**

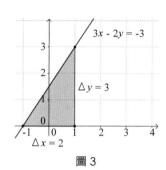

圖 3

同理 $2x + 5y + 3 = 0$，方向向量為 $(5, -2)$，參數式 $\begin{cases} x = -1.5 + \Delta x \cdot t = -1 + 5t \\ y = 0 + \Delta y \cdot t = 0 - 2t \end{cases}$，見圖 4。

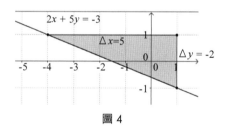

圖 4

註：直線方程式的方向向量有時也會記作：$\vec{u}$ 或 $\vec{v}$。

結論：

可以由向量的原理去導出直線方程式，而此觀念的延伸到平面方程式。直線方程式 $ax + by + c = 0$ 的方向向量是 $\vec{u} = (b, -a) = (-b, a)$，法向量是 $\vec{n} = (a, b)$。

6-3 數學的平面方程式係數與外積 (1)：解析幾何方法

　　已知三點一平面，會滿足平面方程式 $ax + by + cz = d$，代入點求係數就可以得到方程式。為了方便起見，通常會想要找到公式解。接著來看如何得到公式解？設三點為 $P_1(x_1, y_1, z_1)$、$P_2(x_2, y_2, z_2)$、$P_3(x_3, y_3, z_3)$ 在平面方程式 $ax + by + cz = d$。

　　將點代入平面方程式可得，$\begin{cases} ax_1 + by_1 + cz_1 = d \\ ax_2 + by_2 + cz_2 = d \\ ax_3 + by_3 + cz_3 = d \end{cases}$，因為是要求係數 a、b、c、d，所以作成列運算形式

$$\Rightarrow \begin{bmatrix} x_1 & y_1 & z_1 & d \\ x_2 & y_2 & z_2 & d \\ x_3 & y_3 & z_3 & d \end{bmatrix} = \begin{bmatrix} x_1 & y_1 & z_1 & d \\ x_2 - x_1 & y_2 - y_1 & z_2 - z_1 & 0 \\ x_3 - x_1 & y_3 - y_1 & z_3 - z_1 & 0 \end{bmatrix}$$

令：$\begin{matrix} u_1 = x_2 - x_1, & u_2 = y_2 - y_1, & u_3 = z_2 - z_1 \\ v_1 = x_3 - x_1, & v_2 = y_3 - y_1, & v_3 = z_3 - z_1 \end{matrix}$，得到 $\begin{bmatrix} u_1 & u_2 & u_3 & 0 \\ v_1 & v_2 & v_3 & 0 \end{bmatrix}$。

為了消去 b 項，調整數字得到 $\begin{bmatrix} u_1 v_2 & u_2 v_2 & u_3 v_2 & 0 \\ u_2 v_1 & u_2 v_2 & u_2 v_3 & 0 \end{bmatrix}$，相減得到

$\begin{bmatrix} u_1 v_2 & u_2 v_2 & u_3 v_2 & 0 \\ u_2 v_1 - u_1 v_2 & 0 & u_2 v_3 - u_3 v_2 & 0 \end{bmatrix}$，就是 $(u_2 v_1 - u_1 v_2)a + (u_2 v_3 - u_3 v_2)c = 0$，

移項 $(u_2 v_3 - u_3 v_2)c = (u_1 v_2 - u_2 v_1)a$，比例關係為 $a : c = (u_2 v_3 - u_3 v_2) : (u_1 v_2 - u_2 v_1)$。

為了消去 c 項，調整數字得到 $\begin{bmatrix} u_1 v_3 & u_2 v_3 & u_3 v_3 & 0 \\ u_3 v_1 & u_3 v_2 & u_3 v_3 & 0 \end{bmatrix}$，相減得到

$\begin{bmatrix} u_1 v_3 & u_2 v_3 & u_3 v_3 & 0 \\ u_3 v_1 - u_1 v_3 & u_3 v_2 - u_2 v_3 & 0 & 0 \end{bmatrix}$，就是 $(u_3 v_1 - u_1 v_3)a + (u_3 v_2 - u_2 v_3)b = 0$，

移項 $(u_3 v_1 - u_1 v_3)a = (u_2 v_3 - u_3 v_2)b$，比例關係為 $a : b = (u_2 v_3 - u_3 v_2) : (u_3 v_1 - u_1 v_3)$。

而三者連比是，

$$\begin{array}{ccccc} a & : & b & : & c \\ (u_2 v_3 - u_3 v_2) & : & (u_3 v_1 - u_1 v_3) & & \\ (u_2 v_3 - u_3 v_2) & & & : & (u_1 v_2 - u_2 v_1) \\ \hline (u_2 v_3 - u_3 v_2) & : & (u_3 v_1 - u_1 v_3) & : & (u_1 v_2 - u_2 v_1) \end{array}$$

$$\qquad\qquad\quad a \qquad\quad : \qquad\quad b \qquad\quad : \qquad\quad c$$

如果用行列式來改寫，$= (u_2 v_3 - u_3 v_2) \quad : \quad (u_3 v_1 - u_1 v_3) \quad : \quad (u_1 v_2 - u_2 v_1)$

$$= \quad \begin{vmatrix} u_2 & u_3 \\ v_2 & v_3 \end{vmatrix} \quad : \quad \begin{vmatrix} u_3 & u_1 \\ v_3 & v_1 \end{vmatrix} \quad : \quad \begin{vmatrix} u_1 & u_2 \\ v_1 & v_2 \end{vmatrix}$$

再將其還原成點的形式，$\begin{array}{lll} u_1 = x_2 - x_1, & u_2 = y_2 - y_1, & u_3 = z_2 - z_1 \\ v_1 = x_3 - x_1, & v_2 = y_3 - y_1, & v_3 = z_3 - z_1 \end{array}$

得到 $a:b:c = \begin{vmatrix} y_2 - y_1 & z_2 - z_1 \\ y_3 - y_1 & z_3 - z_1 \end{vmatrix} : \begin{vmatrix} z_2 - z_1 & x_2 - x_1 \\ z_3 - z_1 & x_3 - x_1 \end{vmatrix} : \begin{vmatrix} x_2 - x_1 & y_2 - y_1 \\ x_3 - x_1 & y_3 - y_1 \end{vmatrix}$

有係數後，就可還原平面方程式三個係數，代入方程式後可以得到 d，見圖1。

例題：求過三點 $(1, 1, 1)$、$(2, 3, 4)$、$(5, 4, 3)$ 的平面。

利用上面的方法可知

$u_1 = x_2 - x_1 = 2 - 1 = 1, \quad u_2 = y_2 - y_1 = 3 - 1 = 2, \quad u_3 = z_2 - z_1 = 4 - 1 = 3$

$v_1 = x_3 - x_1 = 5 - 1 = 4, \quad v_2 = y_3 - y_1 = 4 - 1 = 3, \quad v_3 = z_3 - z_1 = 3 - 1 = 2$

而 $a:b:c = \begin{vmatrix} u_2 & u_3 \\ v_2 & v_3 \end{vmatrix} : \begin{vmatrix} u_3 & u_1 \\ v_3 & v_1 \end{vmatrix} : \begin{vmatrix} u_1 & u_2 \\ v_1 & v_2 \end{vmatrix} = \begin{vmatrix} 2 & 3 \\ 3 & 2 \end{vmatrix} : \begin{vmatrix} 3 & 1 \\ 2 & 4 \end{vmatrix} : \begin{vmatrix} 1 & 2 \\ 4 & 3 \end{vmatrix} = -5:10:-5 = 1:-2:1$

所以平面方程式 $ax + by + cz = d$ 代入數字後，可知 $x - 2y + z = d$，

再將 $(1, 1, 1)$ 代入 $x - 2y + z = d$，可得到 $1 - 2 + 1 = d$，所以 $d = 0$，

平面方程式為 $x - 2y + z = 0$，見圖2。

驗證其他兩點，$(2, 3, 4)$ 代入 $x - 2y + z = 0$，可得到左式 $2 - 2 \times 3 + 4 = 0$，等號成立。

驗證其他兩點，$(5, 4, 3)$ 代入 $x - 2y + z = 0$，可得到左式 $5 - 2 \times 4 + 3 = 0$，等號成立。

故此方法可行又快速。

而以向量觀點來看 (u_1, u_2, u_3) 就是 $\overrightarrow{P_1 P_2}$、(v_1, v_2, v_3) 就是 $\overrightarrow{P_1 P_3}$，

而 $a:b:c = (u_2 v_3 - u_3 v_2):(u_3 v_1 - u_1 v_3):(u_1 v_2 - u_2 v_1)$，

可視作向量 $(a, b, c) = (u_2 v_3 - u_3 v_2, u_3 v_1 - u_1 v_3, u_1 v_2 - u_2 v_1)$ 就是物理的兩向量外積結果，所以數學可以只借用物理的外積符號 $\overrightarrow{P_1 P_2} \times \overrightarrow{P_1 P_3}$ 來改寫描述方式，而不必用力矩。並

且物理也可以用行列式的表示方法，$a:b:c = \begin{vmatrix} u_2 & u_3 \\ v_2 & v_3 \end{vmatrix} : \begin{vmatrix} u_3 & u_1 \\ v_3 & v_1 \end{vmatrix} : \begin{vmatrix} u_1 & u_2 \\ v_1 & v_2 \end{vmatrix}$。

補充說明：此時可以發現，兩向量 $\overrightarrow{P_1 P_2}$、$\overrightarrow{P_1 P_3}$ 與 (a, b, c) 有沒有垂直，並不知曉。

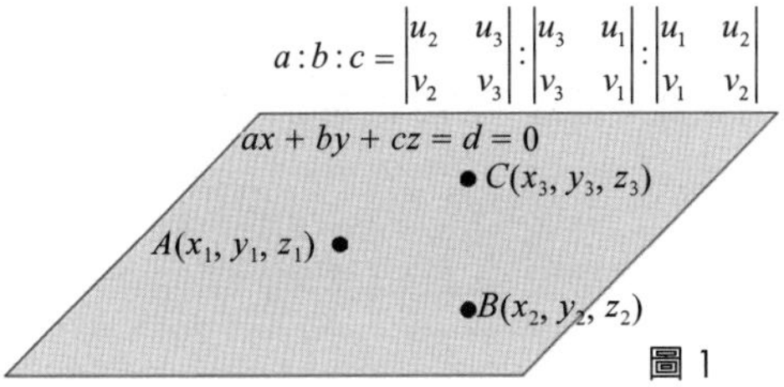

$$a:b:c = \begin{vmatrix} u_2 & u_3 \\ v_2 & v_3 \end{vmatrix} : \begin{vmatrix} u_3 & u_1 \\ v_3 & v_1 \end{vmatrix} : \begin{vmatrix} u_1 & u_2 \\ v_1 & v_2 \end{vmatrix}$$

$ax + by + cz = d = 0$

$\bullet\, C(x_3, y_3, z_3)$

$A(x_1, y_1, z_1) \bullet$

$\bullet B(x_2, y_2, z_2)$

圖1

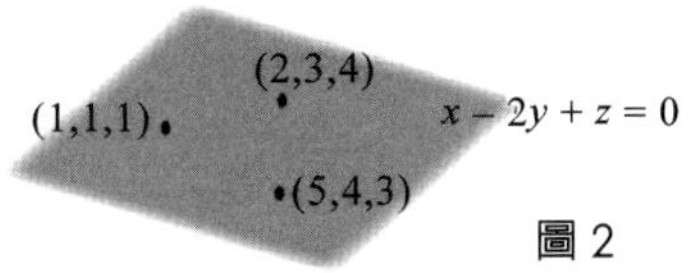

$(2,3,4)$

$(1,1,1) \bullet$ $\qquad x - 2y + z = 0$

$\bullet (5,4,3)$

圖2

6-4 數學的平面方程式係數與外積 (2)：法向量與力矩

　　在 6-2 節已知，數學上如何求得平面方程式 $ax + by + cz + d = 0$ 的係數，並且也知道計算的結果與物理的力矩外積相同，故數學又再一次的與物理有關係。同時從物理知道 $\vec{\tau} \perp \vec{r}$、$\vec{\tau} \perp \vec{F}$，因為物理學家直覺如此。而用內積去驗算時，發現真的垂直，請參考 5-3 節。所以物理由 $\vec{r}$ 與 $\vec{F}$ 外積得到的 $\vec{\tau}$ 是跟 $\vec{r}$ 與 $\vec{F}$ 各自垂直，那麼數學上三點作出的兩向量，也可以得到一個與兩向量的垂直向量，此向量稱為公垂向量，又因為與平面有關、又與垂直有關，故也稱平面法向量 $\vec{n}$。而向量有可平移特性，所以數學上會移成箭尾接箭尾（$\overrightarrow{AB}$、$\overrightarrow{AC}$ 箭尾接一起），見圖 1。但用力矩來描述平面法向量是不易理解的，還不如直接用公垂向量來描述平面法向量。

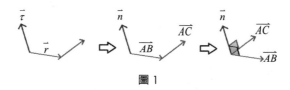

圖 1

　　所以計算數學的平面方程式係數，可以利用外積，快速得到係數，而不必用解析幾何的繁瑣流程，或是一個不大容易背的公式，參考 6-3 節。在物理上，力矩是由 $\vec{r}$ 與 $\vec{F}$ 外積後得到，其計算式為 $\vec{\tau} = \vec{r} \times \vec{F}$，同理當 $\overrightarrow{AB}$ 與 $\overrightarrow{AC}$ 作外積也會得到一個平面法向量 $\vec{n}$，其計算式為 $\vec{n} = \overrightarrow{AB} \times \overrightarrow{AC}$，$\vec{n}$ 垂直平面，$\vec{n}$ 向量的數值就是平面方程式係數，見圖 2。

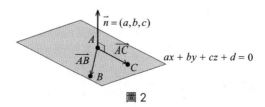

圖 2

　　已知空間的平面方程式可以設計一個法向量後，可以利用法向量與內積，這種物理的方法來算出平面方程式。平面上有一點 $P\,(x_0, y_0, z_0)$ 與一動點 $Q\,(x, y, z)$ 的方向向量為 $\overrightarrow{PQ} = (x - x_0, y - y_0, z - z_0)$，必定有與此平面垂直的法向量 $\vec{n} = (a, b, c)$，見圖 3。

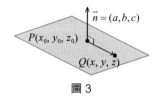

圖 3

方向向量與平面法向量垂直，內積爲 0。數學式記作：

$$(x-x_0, y-y_0, z-z_0) \cdot (a,b,c) = 0$$

$$a(x-x_0) + b(y-y_0) + c(z-z_0) = 0$$

$$ax + by + cz - ax_0 - by_0 - cz_0 = 0$$

令 $d = -ax_0 - by_0 - cz_0$，得到 $ax + by + cz + d = 0$，見圖 4，就是常見的**平面方程式**。

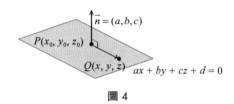

圖 4

空間座標系的平面方程式是 $ax + by + cz + d = 0$，由傳統解析方法理解比較直覺，但推導方法相當繁瑣，如果直接用公式卻又太過於死背。而向量的理解，需要內積概念較不直覺，但推導平面方程式過程簡單。**目前教法都是用外積的方式來求平面方程式係數，但又會讓學生誤會是否一定要會物理才能學數學。**

外積的符號問題：已知外積的運算與由來及用途，$\overrightarrow{OA} \times \overrightarrow{OB}$ 在數學上稱做外積，但向量畢竟不是一個純量，不能直接相乘，所以不念作乘，$\overrightarrow{OA} \times \overrightarrow{OB}$ 的「×」念作 cross。這其實容易帶來問題，因爲會讓學生與乘號搞混，應用「⊗」特指是向量內積的符號。同時，我們會說計算兩向量的外積，這是不好的用語，會讓人搞不清楚是動詞還是名詞，**應該說計算兩向量外積後的公垂向量，或是計算兩向量外積後的法向量。**

常見的錯誤

將 cross 當成乘號。

1. $(\overrightarrow{OA} \times \overrightarrow{OB}) \times \overrightarrow{OC} = \overrightarrow{OA} \times (\overrightarrow{OB} \times \overrightarrow{OC})$，這是錯誤的。當作有結合律，向量沒乘法。

2. $\overrightarrow{OA} \times \overrightarrow{OB} = \overrightarrow{OB} \times \overrightarrow{OA}$，這是錯誤的。當作有交換律，向量沒乘法。實際上是 $\overrightarrow{OA} \times \overrightarrow{OB} = -\overrightarrow{OB} \times \overrightarrow{OA}$。

結論：數學上外積的意義與作用，可以輕鬆的得到平面方程式的係數。同時也支撐起物理的數學式，使其不再是一個歸納的數學式。再次看到數學與自然世界的吻合，並且說明數學是可以清楚描述物理的語言。

6-5 數學的平面方程式係數與外積 (3)：法向量怎麼求

　　由 6-2 節可知求平面方程式，可以用解析幾何的方式，給三點解聯立得到答案，但是流程繁瑣，如果死背係數公式（$\begin{vmatrix} u_2 & u_3 \\ v_2 & v_3 \end{vmatrix}, \begin{vmatrix} u_3 & u_1 \\ v_3 & v_1 \end{vmatrix}, \begin{vmatrix} u_1 & u_2 \\ v_1 & v_2 \end{vmatrix}$）又不好。由 6-3 節可知求平面方程式，可以用物理的方法，找到平面法向量 $\vec{n} = (a,b,c)$，再利用內積就可以得到平面方程式 $ax + by + cz + d = 0$。

　　平面法向量 $\vec{n}$，到底應該怎麼求？如果是死背物理的力矩定義與外積公式 $(u_2v_3 - u_3v_2, u_3v_1 - u_1v_3, u_1v_2 - u_2v_1)$ 求來平面法向量，參考 5-3 節，那為何不背數學平面方程式係數的公式就好。以下介紹兩種方式來求平面法向量，也就是平面方程式的係數。

兩次內積解聯立，就得平面法向量，不必懂力矩概念，不用外積公式

　　如果認可內積的意義後，不管是用物理或是用數學的方式接受，可以用內積的方式來求平面法向量，也就是利用兩次內積解聯立可得外積。見以下推導：由三點 A（x_1, y_1, z_1）、B（x_2, y_2, z_2）、C（x_3, y_3, z_3），得兩向量 $\overrightarrow{AB} = (x_2 - x_1, y_2 - y_1, z_2 - z_1) = (u_1, u_2, u_3)$、$\overrightarrow{AC} = (x_3 - x_1, y_3 - y_1, z_3 - z_1) = (v_1, v_2, v_3)$，因為已知必定存在一個平面法向量 $\vec{n} = (a,b,c)$，兩向量與平面法向量垂直 $\vec{n} \perp \overrightarrow{AB}$、$\vec{n} \perp \overrightarrow{AC}$，見圖 1，

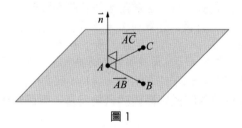

圖 1

　　所以可得到兩個內積為 0，$\begin{cases} (u_1, u_2, u_3) \cdot (a,b,c) = 0 \\ (v_1, v_2, v_3) \cdot (a,b,c) = 0 \end{cases}$，再解聯立 $\begin{cases} u_1a + u_2b + u_3c = 0 \\ v_1a + v_2b + v_3c = 0 \end{cases}$，解聯立方式與解析幾何方式相同，在此不贅述，見 6-3 節，其結果為 $(a, b, c) = (u_2v_3 - u_3v_2, u_3v_1 - u_1v_3, u_1v_2 - u_2v_1) = (\begin{vmatrix} u_2 & u_3 \\ v_2 & v_3 \end{vmatrix}, \begin{vmatrix} u_3 & u_1 \\ v_3 & v_1 \end{vmatrix}, \begin{vmatrix} u_1 & u_2 \\ v_1 & v_2 \end{vmatrix})$。

　　兩次內積解聯立，就得平面法向量。

接受力矩概念，用外積公式

　　如果認可物理的外積後，利用力矩的向量垂直另外兩向量的特性，$\vec{\tau} \perp \vec{r}$、$\vec{\tau} \perp \vec{F}$，見 5-3 節，來計算平面法向量 $\vec{n} = (a,b,c)$，平面法向量會垂直平面，所以平面上的向量都垂直平面法向量。故平面法向量與平面上任兩向量的關係，等同於，力矩與力、力矩與半徑的關係。**也就是** $\vec{\tau} = \vec{r} \times \vec{F}$ **等價** $\vec{n} = \overrightarrow{AB} \times \overrightarrow{AC}$。**因此直接套外積的公式，可得到平面法向量** $\vec{n} = (a,b,c)$。

$$\vec{n} = (a,b,c) = (u_2v_3 - u_3v_2, u_3v_1 - u_1v_3, u_1v_2 - u_2v_1) = \left(\begin{vmatrix} u_2 & u_3 \\ v_2 & v_3 \end{vmatrix}, \begin{vmatrix} u_3 & u_1 \\ v_3 & v_1 \end{vmatrix}, \begin{vmatrix} u_1 & u_2 \\ v_1 & v_2 \end{vmatrix} \right)$$

補充 1：有學生問爲什麼兩向量的外積後的力矩向量，必定是一個公垂向量？一般來說計算的結果具有唯一性，而這個唯一性就是垂直，而驗算計算後也的確是垂直。

補充 2：有的教科書，會把平面法向量用流程表示，或用公式

　　$(u_2v_3 - u_3v_2, u_3v_1 - u_1v_3, u_1v_2 - u_2v_1)$ 表示，或是用行列式 $\left(\begin{vmatrix} u_2 & u_3 \\ v_2 & v_3 \end{vmatrix}, \begin{vmatrix} u_3 & u_1 \\ v_3 & v_1 \end{vmatrix}, \begin{vmatrix} u_1 & u_2 \\ v_1 & v_2 \end{vmatrix} \right)$

　　表示，或是用個變形的行列式，見圖 2，來求平面法向量（作者認爲是外積的鞋帶公式），而變形的行列式是怎麼來的呢？

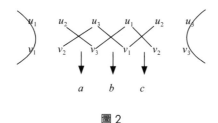

圖 2

　　基本是由 $\left(\begin{vmatrix} u_2 & u_3 \\ v_2 & v_3 \end{vmatrix}, \begin{vmatrix} u_3 & u_1 \\ v_3 & v_1 \end{vmatrix}, \begin{vmatrix} u_1 & u_2 \\ v_1 & v_2 \end{vmatrix} \right)$ 偷懶簡略而來，但仍需要解釋清楚，不然多背一個詭異的公式。

6-6 利用向量求平面上點到線的距離

在先前用傳統幾何與座標系的方式要導出公式相當麻煩，有了向量後可以大大縮短計算過程。

1. 參數式與法向量推導：平面上點到線的距離公式

求點到線的距離，是 P 點到 $ax + by + c = 0$ 的垂線長度，見圖 1。

P 點到 $ax + by + c = 0$ 的垂線，其向量是直線方程式 $ax + by + c = 0$ 的法向量，也就是 $\vec{n} = (a, b)$

所以可在垂足 Q 設參數式：$Q = \begin{cases} x = x_0 + at \\ y = y_0 + bt \end{cases}$，見圖 2

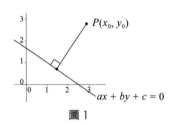

圖1

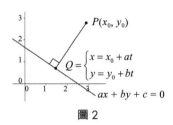

圖2

Q 點在 $L：ax + by + c = 0$ 上，所以 Q 點座標值代入方程式等號成立。

$a(x_0 + at) + b(y_0 + bt) + c = 0$

$a^2 t + b^2 t = -ax_0 - by_0 - c$

$t = \dfrac{-ax_0 - by_0 - c}{a^2 + b^2}$

點到線的距離，是 $\overline{PQ}$

$$\overline{PQ} = \sqrt{(x_0 - (x_0 + at))^2 + (y_0 - (y_0 + bt))^2}$$

$$= \sqrt{(at)^2 + (bt)^2}$$

$$= \sqrt{(a^2 + b^2)t^2}$$

$$= \sqrt{a^2 + b^2} \times |t|$$

代入 $t = \dfrac{-ax_0 - by_0 - c}{a^2 + b^2}$，**得到** $\sqrt{a^2 + b^2} \times |\dfrac{-ax_0 - by_0 - c}{a^2 + b^2}| = \dfrac{|ax_0 + by_0 + c|}{\sqrt{a^2 + b^2}}$

所以平面上點到線的距離：$\overline{PQ} = d(P, L) = \dfrac{|ax_0 + by_0 + c|}{\sqrt{a^2 + b^2}}$。

2. 利用正射影長證明，平面上點到線的距離

求點到線的距離，是 P 點到 $ax + by + c = 0$ 的垂線長度，見圖 3，P 點到 $ax + by + c = 0$ 的垂線，其向量是直線方程式 $ax + by + c = 0$ 的法向量，也就是 $\vec{n} = (a, b, c)$。

而直線上可存在一點 $Q = (\dfrac{-c}{a}, 0)$，見圖 4。

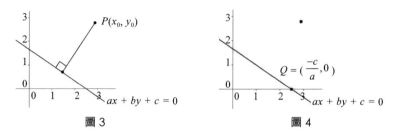

圖 3　　　　　　　　圖 4

而要求的點到線的距離，就是 $\overrightarrow{PQ}$ 在 $\vec{n}$ 上的正射影長，見圖 5

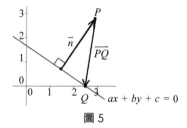

圖 5

而 $\overrightarrow{PQ} = (\dfrac{-c}{a} - x_0, -y_0)$、$\vec{n} = (a, b, c)$，$\overrightarrow{PQ}$ 在 $\vec{n}$ 上的正射影長是 $\left| \dfrac{\overrightarrow{PQ} \cdot \vec{n}}{|\vec{n}|} \right|$，化簡得到

$$\left| \frac{\overrightarrow{PQ} \cdot \vec{n}}{|\vec{n}|} \right| = \frac{\left| (\dfrac{-c}{a} - x_0, -y_0) \cdot (a, b) \right|}{\sqrt{a^2 + b^2}} = \frac{|-c - ax_0 - by_0|}{\sqrt{a^2 + b^2}} = \frac{|ax_0 + by_0 + c|}{\sqrt{a^2 + b^2}}$$

所以平面上點到線的距離，$d(P, L) = \dfrac{|ax_0 + by_0 + c|}{\sqrt{a^2 + b^2}}$。

由傳統方法理解比較直覺，但推理方法相當繁瑣。而向量的理解，需要內積概念較不直覺，但推理過程簡單。

6-7 利用向量求空間中點到平面的距離

1. 用參數式與法向量推導：空間中點到面的距離公式

P 點到 $ax + by + cz + d = 0$ 的垂線，方向向量是 $ax + by + cz + d = 0$ 的法向量，法向量的數值是方程式的係數 (a, b, c)，見圖 1。

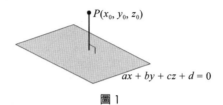

圖 1

所以可在垂足 Q 設參數式：$Q = \begin{cases} x = x_0 + at \\ y = y_0 + bt \\ z = z_0 + ct \end{cases}$，見圖 2。

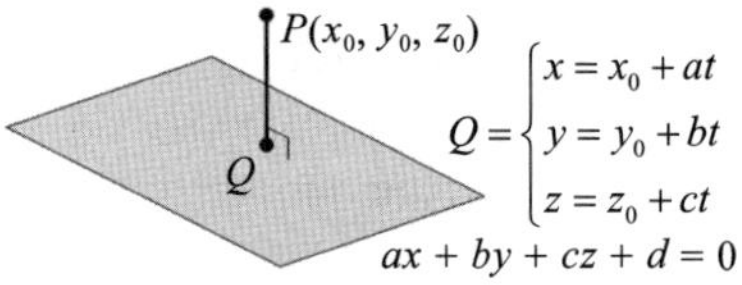

圖 2

Q 點在 $E : ax + by + cz + d = 0$ 上，所以 Q 點座標值代入方程式等號成立。

$a(x_0 + at) + b(y_0 + bt) + c(z_0 + ct) + d = 0$

$a^2 t + b^2 t + c^2 t = -ax_0 - by_0 - cz_0 - d$

$t = \dfrac{-ax_0 - by_0 - cz_0 - d}{a^2 + b^2 + c^2}$

點到線的距離，是 $\overline{PQ}$

$$\overline{PQ} = \sqrt{(x_0 - (x_0 + at))^2 + (y_0 - (y_0 + bt))^2 + (z_0 - (z_0 + ct))^2}$$

$$= \sqrt{(at)^2 + (bt)^2 + (ct)^2}$$

$$= \sqrt{(a^2 + b^2 + c^2)t^2}$$

$$= \sqrt{a^2 + b^2 + c^2} \times |t|$$

代入 $t = \dfrac{-ax_0 - by_0 - cz_0 - d}{a^2 + b^2 + c^2}$，

得到 $\sqrt{a^2+b^2+c^2} \times |\dfrac{-ax_0-by_0-cz_0-d}{a^2+b^2+c^2}| = \dfrac{|ax_0+by_0+cz_0+d|}{\sqrt{a^2+b^2+c^2}}$ ，

所以平面上點到線的距離：$\overline{PQ} = d(P,E) = \dfrac{|ax_0+by_0+cz_0+d|}{\sqrt{a^2+b^2+c^2}}$ 。

2. 用正射影長推導：空間中點到面的距離公式

同理仿照上一小節用正射影長，求空間中點到面的距離公式。

P 點到 $ax+by+cz+d=0$ 的垂線，方向向量是 $ax+by+cz+d=0$ 的法向量，
法向量的數值是方程式的係數 (a, b, c)，見圖 3。

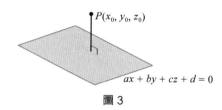

圖 3

$ax+by+cz+d=0$ 的平面，必存在一點 $Q = (\dfrac{-d}{a},0,0)$，而要求的點到面的距離，
就是 $\overrightarrow{PQ}$ 在 $\vec{n}$ 上的正射影長，見圖 4。

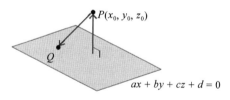

圖 4

而 $\overrightarrow{PQ} = (\dfrac{-c}{a}-x_0,-y_0,-z_0)$、$\vec{n} = (a,b,c)$，$\overrightarrow{PQ}$ 在 $\vec{n}$ 上的正射影長是 $\left|\dfrac{\overrightarrow{PQ}\cdot\vec{n}}{|\vec{n}|}\right|$，化簡得到

$$\left|\dfrac{\overrightarrow{PQ}\cdot\vec{n}}{|\vec{n}|}\right| = \dfrac{\left|(\dfrac{-c}{a}-x_0,-y_0,-z_0)\cdot(a,b,c)\right|}{\sqrt{a^2+b^2+c^2}} = \dfrac{|-c-ax_0-by_0-cz_0|}{\sqrt{a^2+b^2}} = \dfrac{|ax_0+by_0+cz_0+d|}{\sqrt{a^2+b^2}}$$

所以平面上點到線的距離，$d(P,E) = \dfrac{|ax_0+by_0+cz_0+d|}{\sqrt{a^2+b^2}}$ 。

由傳統方法理解比較直覺，但推理方法相當繁瑣。而向量的理解，需要內積概念較
不直覺，但推理過程簡單。

6-8 利用向量表示傾斜程度（斜率）

由前面內容可知向量可化簡過程，觀察更多的向量應用。

1.向量也代表平面斜率

向量代表的是各分量的變化量（$\Delta x, \Delta y$），而斜率是變化量相除：$m = \dfrac{\Delta y}{\Delta x}$，見圖 1。

也可以由向量來看出斜率，但向量可以更完整描述傾斜變化，不會有少掉鉛錘線的情形，鉛錘線向量 (0, 1)、鉛錘線斜率不存在。

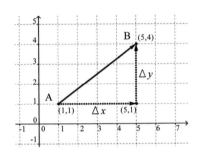

圖1

2. 向量幫助計算出空間的斜率

以往空間對角線的斜率需要準確的算出數值。參考圖 2，斜率為 $m = \dfrac{c}{\sqrt{a^2 + b^2}}$

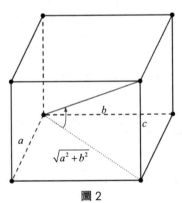

圖2

但使用向量可直接的描述為 (a, b, c)，在此指的是線與 xy 平面的傾斜程度，參考圖 3。

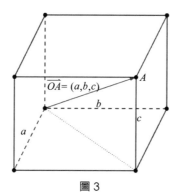

圖 3

同樣的如果不是討論線與 xy 平面，也可以描述線與任意平面的傾斜程度。

線的向量為 $\vec{v}$，任意平面 $ax + by + cz + d = 0$ 的法向量為 $\vec{n}$，討論傾斜程度就是討論線與平面的夾角 θ，參考圖 4。

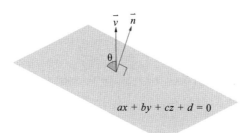

$ax + by + cz + d = 0$

圖 4

所以 $\vec{n} \cdot \vec{v} = |\vec{n}||\vec{v}|\cos(90° - \theta)$，則 $\vec{n} \cdot \vec{v} = |\vec{n}||\vec{v}|\sin\theta \Rightarrow \sin\theta = \dfrac{\vec{n} \cdot \vec{v}}{|\vec{n}||\vec{v}|}$

已知 $\cos\theta = \sqrt{1 - \sin^2\theta}$，**而斜率一般是以** $\tan\theta$ **來討論，**

所以 $m = \tan\theta = \dfrac{\sin\theta}{\cos\theta} = \dfrac{\sin\theta}{\sqrt{1 - \sin^2\theta}} = \sqrt{\dfrac{\sin^2\theta}{1 - \sin^2\theta}} = \sqrt{\dfrac{1}{\dfrac{1}{\sin^2\theta} - 1}}$

代入 $\sin\theta = \dfrac{\vec{n} \cdot \vec{v}}{|\vec{n}||\vec{v}|}$，**得到** $m = \sqrt{\dfrac{1}{\dfrac{|\vec{n}|^2|\vec{v}|^2}{(\vec{n} \cdot \vec{v})^2} - 1}} = \sqrt{\dfrac{(\vec{n} \cdot \vec{v})^2}{|\vec{n}|^2|\vec{v}|^2 - (\vec{n} \cdot \vec{v})^2}}$

結論：描述線與任意平面的傾斜程度，線的向量為 $\vec{v}$，任意平面的法向量為 $\vec{n}$，

$$m = \sqrt{\dfrac{1}{\dfrac{|\vec{n}|^2|\vec{v}|^2}{(\vec{n} \cdot \vec{v})^2} - 1}} = \sqrt{\dfrac{(\vec{n} \cdot \vec{v})^2}{|\vec{n}|^2|\vec{v}|^2 - (\vec{n} \cdot \vec{v})^2}}$$

6-9 向量與柯西不等式 (1)：如何證明

柯西不等式證明

令 $y = f(x) = (a_1x + b_1)^2 + (a_2x + b_2)^2$ 是一個恆大於 0 的數學式，而 a_1, a_2, b_1, b_2 為實數，則 $y = f(x) = (a_1x + b_1)^2 + (a_2x + b_2)^2 \geq 0$，

展開得到 $y = f(x) = (a_1^2 + a_2^2)x^2 + 2(a_1b_1 + a_2b_2)x + (b_1^2 + b_2^2) \geq 0$，

因為 $y \geq 0$，其二次曲線的圖案，曲線將在 x 軸上、或接觸一點，見圖 1，

故判別式 $D = B^2 - 4AC \leq 0$。

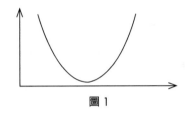

圖 1

所以 $(a_1^2 + a_2^2)x^2 + 2(a_1b_1 + a_2b_2)x + (b_1^2 + b_2^2) \geq 0$，

則 $D = B^2 - 4AC \leq 0$，就是 $[2(a_1b_1 + a_2b_2)]^2 - 4(a_1^2 + a_2^2)(b_1^2 + b_2^2) \leq 0$，

化簡後得到 $(a_1b_1 + a_2b_2)^2 \leq (a_1^2 + a_2^2)(b_1^2 + b_2^2)$，而這就是柯西不等式。

同理可以推廣到 n 維

令 $y = f(x) = (a_1x + b_1)^2 + (a_2x + b_2)^2 + ... + (a_nx + b_n)^2$ 是一個恆大於 0 的數學式，

則 $y = f(x) = (a_1x + b_1)^2 + (a_2x + b_2)^2 + ... + (a_nx + b_n)^2 \geq 0$，展開得到

$$y = f(x) = (a_1^2 + a_2^2 + ... + a_n^2)x^2 + 2(a_1b_1 + a_2b_2 + ... + a_nb_n)x + (b_1^2 + b_2^2 + ... + b_n^2) \geq 0$$

因為 $y \geq 0$，其二次曲線的圖案，曲線將在 x 軸上、或接觸一點，見圖 1，

故判別式 $D = B^2 - 4AC \leq 0$。

所以 $(a_1^2 + a_2^2 + ... + a_n^2)x^2 + 2(a_1b_1 + a_2b_2 + ... + a_nb_n)x + (b_1^2 + b_2^2 + ... + b_n^2) \geq 0$，

則 $D = B^2 - 4AC \leq 0$，就是，

$$[2(a_1b_1 + a_2b_2 + ... + a_nb_n)]^2 - 4(a_1^2 + a_2^2 + ... + a_n^2)(b_1^2 + b_2^2 + ... + b_n^2) \leq 0$$

化簡後得到 $(a_1b_1 + a_2b_2 + ... + a_nb_n)^2 \leq (a_1^2 + a_2^2 + ... + a_n^2)(b_1^2 + b_2^2 + ... + b_n^2)$。

而這就是柯西不等式的推廣。

向量方法證明

已知 $\vec{a}=(a_1,a_2)$、$\vec{b}=(b_1,b_2)$ 的內積的數學式,為 $\vec{a}\cdot\vec{b}=a_1b_1+a_2b_2=|\vec{a}||\vec{b}|\cos\theta$,

移項可得 $\dfrac{a_1b_1+a_2b_2}{|\vec{a}||\vec{b}|}=\cos\theta$,同時三角函數餘弦的範圍是 $-1\le\cos\theta\le 1$,

所以 $\dfrac{a_1b_1+a_2b_2}{|\vec{a}||\vec{b}|}=\cos\theta\le 1$,故 $\dfrac{a_1b_1+a_2b_2}{|\vec{a}||\vec{b}|}\le 1$,再移項 $a_1b_1+a_2b_2\le|\vec{a}||\vec{b}|$,

將向量長度以純量表示,得到 $a_1b_1+a_2b_2\le\sqrt{a_1{}^2+a_2{}^2}\sqrt{b_1{}^2+b_2{}^2}$,

兩邊平方,得到 $(a_1b_1+a_2b_2)^2\le(a_1{}^2+a_2{}^2)(b_1{}^2+b_2{}^2)$,

這就是使用向量證明柯西不等式的方法。

推廣到 n 維

同理 $\vec{a}=(a_1,a_2,...,a_n)$、$\vec{b}=(b_1,b_2,...,b_n)$ 的內積的數學式,可延伸為

$\vec{a}\cdot\vec{b}=a_1b_1+a_2b_2+...+a_nb_n=|\vec{a}||\vec{b}|\cos\theta$,移項可得 $\dfrac{a_1b_1+a_2b_2+...+a_nb_n}{|\vec{a}||\vec{b}|}=\cos\theta$,

同時三角函數餘弦的範圍是 $-1\le\cos\theta\le 1$,所以 $\dfrac{a_1b_1+a_2b_2+...+a_nb_n}{|\vec{a}||\vec{b}|}=\cos\theta\le 1$,

故 $\dfrac{a_1b_1+a_2b_2+...+a_nb_n}{|\vec{a}||\vec{b}|}\le 1$,再移項 $a_1b_1+a_2b_2+...+a_nb_n\le|\vec{a}||\vec{b}|$,將向量長度以純量表

示,得到 $a_1b_1+a_2b_2+...+a_nb_n\le\sqrt{a_1{}^2+a_2{}^2+...+a_n{}^2}\sqrt{b_1{}^2+b_2{}^2+...+b_n{}^2}$,

兩邊平方,得到 $(a_1b_1+a_2b_2+...+a_nb_n)^2\le(a_1{}^2+a_2{}^2+...+a_n{}^2)(b_1{}^2+b_2{}^2+...+b_n{}^2)$,

這就是使用向量證明柯西不等式的推廣。

結論:

相對以前的方式,使用內積相對容易證明柯西不等式,但前提要認可內積的概念,並瞭解 $-1\le\cos\theta\le 1$,而傳統方法相當直觀。

6-10 向量與柯西不等式 (2)：柯西不等式與配方法的關係

柯西不等式常是學生不擅長使用的數學式，本節將介紹柯西不等式與配方法之間的關係。同時也回答為什麼 $(a_1b_1 + a_2b_2)^2 \leq (a_1^2 + a_2^2)(b_1^2 + b_2^2)$ 等號成立時，會 $\dfrac{a_1}{b_1} = \dfrac{a_2}{b_2}$。

為什麼 $(a_1b_1 + a_2b_2)^2 \leq (a_1^2 + a_2^2)(b_1^2 + b_2^2)$ 等號成立時，為什麼是 $\dfrac{a_1}{b_1} = \dfrac{a_2}{b_2}$？

已知柯西不等式可由內積推導而來，$\vec{a} = (a_1, a_2)$、$\vec{b} = (b_1, b_2)$ 的內積的數學式，為 $\vec{a} \cdot \vec{b} = a_1b_1 + a_2b_2 = |\vec{a}||\vec{b}|\cos\theta$，所以很明顯的可以看到 $\cos\theta = 1$，才能使 $a_1b_1 + a_2b_2 = |\vec{a}||\vec{b}|$ 成立，而 $\cos\theta = 1$，意味者兩向量夾角 $\theta = 0°$，也就是兩向量平行，而兩向量平行就會有 $\dfrac{a_1}{b_1} = \dfrac{a_2}{b_2}$ 的結果。

例題：$x + y = 6$，求 $4x^2 + 9y^2$ 的範圍，利用柯西不等式

已知柯西不等式 $(a_1b_1 + a_2b_2)^2 \leq (a_1^2 + a_2^2)(b_1^2 + b_2^2)$，

將 $4x^2 + 9y^2$ 可看作 $(2x)^2 + (3y)^2$，因為是平方，

所以 $a_1 = 2x$、$a_2 = 3y$，代入得到 $(2xb_1 + 3yb_2)^2 \leq ((2x)^2 + (3y)^2)(b_1^2 + b_2^2)$，$2xb_1 + 3yb_2$ 必須利用 $x + y = 6$，所以令 $b_1 = \dfrac{1}{2}$、$b_2 = \dfrac{1}{3}$，

代入得到 $(2x \times \dfrac{1}{2} + 3y \times \dfrac{1}{3})^2 \leq ((2x)^2 + (3y)^2)((\dfrac{1}{2})^2 + (\dfrac{1}{3})^2)$，

化簡 $(x + y)^2 \leq (4x^2 + 9y^2) \times \dfrac{13}{36}$

$\rightarrow 6^2 \leq (4x^2 + 9y^2) \times \dfrac{13}{36}$

$\rightarrow 36 \leq (4x^2 + 9y^2) \times \dfrac{13}{36}$

$\rightarrow \dfrac{1296}{13} \leq (4x^2 + 9y^2)$

所以 $4x^2 + 9y^2$ 有最小值 $\dfrac{1296}{13}$，發生在 $\dfrac{2x}{\frac{1}{2}} = \dfrac{3y}{\frac{1}{3}} \Rightarrow 4x = 9y$，而 $x + y = 6$，

解得聯立是 $\begin{cases} 4x = 9y \\ x + y = 6 \end{cases} \rightarrow x = \dfrac{54}{13}, y = \dfrac{24}{13}$。

所以 $x = \dfrac{54}{13}, y = \dfrac{24}{13}$，$4x^2 + 9y^2$ 最小值 $\dfrac{1296}{13}$。

例題：$x+y=6$，求 $4x^2+9y^2$ 的範圍，利用配方法

$x+y=6$，則 $x=6-y$，

再將上式代入 $4x^2+9y^2$，得到 $4(6-y)^2+9y^2$

化簡 $4(6-y)^2+9y^2$

$=4(36-12y+y^2)+9y^2=144-48y+4y^2+9y^2$

$=13y^2-48y+144$

$=13(y^2-\dfrac{48}{13}y)+144$

$=13(y^2-2\times\dfrac{24}{13}y+(\dfrac{24}{13})^2)+144-13\times(\dfrac{24}{13})^2$

$=13(y-\dfrac{24}{13})^2+\dfrac{1872}{13}-\dfrac{576}{13}$

$=13(y-\dfrac{24}{13})^2+\dfrac{1296}{13}$

所以 $4x^2+9y^2$ 最小值 $\dfrac{1296}{13}$，由配方法可知是在 $y=\dfrac{24}{13}$。

並已知 $x+y=6$，**所以** $y=\dfrac{24}{13}$ 可求得 $x=\dfrac{54}{13}$。

所以 $x=\dfrac{54}{13}$，$y=\dfrac{24}{13}$，$4x^2+9y^2$ 最小值 $\dfrac{1296}{13}$。

6-11 向量與柯西不等式 (3)：如何記憶

　　柯西不等式常是學生認為不好記的數學式之一，本節將介紹如何幫助記憶柯西不等式，並了解在高維度的計算柯西不等式內容。

如何記憶柯西不等式 $(a_1b_1 + a_2b_2)^2 \leq (a_1^2 + a_2^2)(b_1^2 + b_2^2)$

　　由向量的推導去記憶，已知 $a_1b_1 + a_2b_2 = |\vec{a}||\vec{b}|\cos\theta$，並利用 $-1 \leq \cos\theta \leq 1$，所以 $a_1b_1 + a_2b_2 \leq \sqrt{a_1^2 + a_2^2}\sqrt{b_1^2 + b_2^2}$，$(a_1b_1 + a_2b_2)^2 \leq (a_1^2 + a_2^2)(b_1^2 + b_2^2)$。但還是有人會選擇死背，在此作者找到一個記憶方式。

　　柯西不等式可找出一個記憶規則 $(a_1b_1 + a_2b_2)^2 \leq (a_1^2 + a_2^2)(b_1^2 + b_2^2)$，很明顯的左側一個括號小於右側兩個括號，所以寫上 $(\square + \square) \leq (\square + \square)(\square + \square)$，且左側有 1 個平方小於右側有 4 個平方，寫上 $(\square + \square)^2 \leq (\square^2 + \square^2)(\square^2 + \square^2)$，並記得是左邊一次項，右邊二次項，最後別忘記左前 a_1b_1 是右前兩兩相乘，同理左後 a_2b_2 是右後兩兩相乘 $(a_1b_1 + a_2b_2)^2 \leq (a_1^2 + a_2^2)(b_1^2 + b_2^2)$。

例題：$x + y + z = 3$，**求** $x^2 + 4y^2 + 9z^2$ **的範圍，利用柯西不等式**

　　先畫框 $(\square + \square + \square) \leq (\square + \square + \square)(\square + \square + \square)$，

　　再放平方 $(\square + \square + \square)^2 \leq (\square^2 + \square^2 + \square^2)(\square^2 + \square^2 + \square^2)$，

　　填入一次項與二次項部分 $(x + y + z)^2 \leq (x^2 + (2y)^2 + (3z)^2)(\square^2 + \square^2 + \square^2)$，

　　填入對應數字 $(x + y + z)^2 \leq (x^2 + (2y)^2 + (3z)^2)(1^2 + (\frac{1}{2})^2 + (\frac{1}{3})^2)$，

　　化簡得到 $(3)^2 \leq (x^2 + 4y^2 + 9z^2)^2)(1 + \frac{1}{4} + \frac{1}{9})$

　　$9 \leq (x^2 + 4y^2 + 9z^2) \times \frac{49}{36}$

　　$\frac{324}{49} \leq (x^2 + 4y^2 + 9z^2)$

　　所以 $x^2 + 4y^2 + 9z^2$ 最小值 $\frac{324}{49}$，發生在 $\frac{x}{1} = \frac{2y}{\frac{1}{2}} = \frac{3z}{\frac{1}{3}} \Rightarrow x = 4y = 9z$，而 $x + y + z = 3$，

　　解 $\begin{cases} x = 4y = 9z \\ x + y + z = 3 \end{cases}$ 的聯立方程式。$x = 4y = 9z \rightarrow \frac{x}{4} = y, \frac{x}{9} = z$，

　　所以 $x + \frac{x}{4} + \frac{x}{9} = 3 \Rightarrow x = \frac{108}{49}$，則 $y = \frac{x}{4} = \frac{108}{49} \times \frac{1}{4} = \frac{27}{49}$，$z = \frac{x}{9} = \frac{108}{49} \times \frac{1}{9} = \frac{12}{49}$。

　　故當 $x = \frac{108}{49}, y = \frac{27}{49}, z = \frac{12}{49}$ 時，$x^2 + 4y^2 + 9z^2$ 最小值 $\frac{324}{49}$。

例題：$x+y+z=3$，求 $x^2+4y^2+9z^2$ 的範圍，利用雙重配方方法

$x+y+z=3$，則 $x=3-y-z$，將此式代入 $x^2+4y^2+9z^2$，得到 $(3-y-z)^2+4y^2+9z^2$，利用雙重配方化簡，見以下流程

先展開 $(3-y-z)^2+4y^2+9z^2=5y^2+2yz+10z^2-6y-6z+9$

第一步要處理 y^2, yz, y 三項，得到 $(\sqrt{5}y+\frac{1}{\sqrt{5}}z-\frac{3}{\sqrt{5}})^2-\frac{1}{5}z^2+\frac{6}{5}z-\frac{9}{5}+10z^2-6z+9$

化簡後，得到 $(\sqrt{5}y+\frac{1}{\sqrt{5}}z-\frac{3}{\sqrt{5}})^2+\frac{49}{5}z^2-\frac{24}{5}z+9-\frac{9}{5}$。

第二步要處理 z^2, z 兩項，得到 $(\sqrt{5}y+\frac{1}{\sqrt{5}}z-\frac{3}{\sqrt{5}})^2+\frac{1}{5}(7z-\frac{12}{7})^2-\frac{1}{5}\times(\frac{12}{7})^2+9-\frac{9}{5}$

化簡後，得到 $(\sqrt{5}y+\frac{1}{\sqrt{5}}z-\frac{3}{\sqrt{5}})^2+\frac{1}{5}(7z-\frac{12}{7})^2+\frac{324}{5}$。

所以是最小值 $\frac{324}{5}$，發生在 $7z-\frac{12}{7}=0$，也就是 $z=\frac{12}{49}$，及 $\sqrt{5}y+\frac{1}{\sqrt{5}}z-\frac{3}{\sqrt{5}}=0$，也就是 $y=\frac{27}{49}$，及 $x+y+z=3$，也就是 $x=\frac{108}{49}$。故當 $x=\frac{108}{49}, y=\frac{27}{49}, z=\frac{12}{49}$ 時，$x^2+4y^2+9z^2$ 最小值 $\frac{324}{49}$。

可以看到三維度的柯西不等式用雙重配方方法來求解，相當困難。同理四維度也是用更多次的配方來解，但是一定更困難。所以柯西不等式對於當時的計算有著相當大的幫助。

補充說明 1：
奧古斯丁‧路易‧柯西（Augustin Louis Cauchy, 1789～1857）是法國數學家，見圖 1。柯西一生寫了 789 篇論文，這些論文編成《柯西著作全集》，由 1882 年開始出版。

圖 1

補充說明 2：附錄 3 將會介紹雙重配方的內容，但建議還是記憶流程。

6-12 利用向量與二階行列式，求平面座標系的三角形面積

由先前已知二階行列式可求面積，原點與其他兩點構成的三角形面積，見圖1。

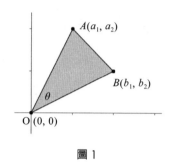

圖1

已知此三角形面積為 $\frac{1}{2}\overline{OA}\times\overline{OB}\times\sin\theta$，最後推導得到行列式結果 $\frac{1}{2}\times|\begin{vmatrix} a_1 & a_2 \\ b_1 & b_2 \end{vmatrix}|$。

此方法限制三角形的其中一點必須是原點，如果是任意三點就無法使用行列式。但如果思考向量可平移的性質，可幫助計算任意三點的三角形面積。
參考圖2

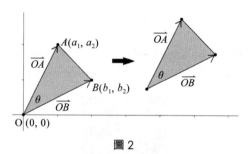

圖2

由圖可知，兩向量平移後，三角形面積不變，所以利用行列式中放向量值來計算任意位置三角形面積，等同於，原點與其他兩點利用行列式計算三角形面積。面積為

$\frac{1}{2}\times|\begin{vmatrix} a_1 & a_2 \\ b_1 & b_2 \end{vmatrix}|$。

驗證此想法：
三角形面積為 $\frac{1}{2}\overline{OA}\times\overline{OB}\times\sin\theta$

向量寫法 $\dfrac{1}{2}|\overrightarrow{OA}|\times|\overrightarrow{OB}|\times\sin\theta$

$= \dfrac{1}{2}|\overrightarrow{OA}|\times|\overrightarrow{OB}|\times\sqrt{1-\cos^2\theta}$

已知 $\cos\theta = \dfrac{\overrightarrow{OA}\cdot\overrightarrow{OB}}{|\overrightarrow{OA}|\times|\overrightarrow{OB}|}$

$= \dfrac{1}{2}|\overrightarrow{OA}|\times|\overrightarrow{OB}|\times\sqrt{1-\left(\dfrac{\overrightarrow{OA}\cdot\overrightarrow{OB}}{|\overrightarrow{OA}|\times|\overrightarrow{OB}|}\right)^2} = \dfrac{1}{2}\times\sqrt{|\overrightarrow{OA}|^2\times|\overrightarrow{OB}|^2-\left(\overrightarrow{OA}\cdot\overrightarrow{OB}\right)^2}$

已知 $|\overrightarrow{OA}|=\sqrt{a_1{}^2+a_2{}^2}$、$|\overrightarrow{OB}|=\sqrt{b_1{}^2+b_2{}^2}$、$\overrightarrow{OA}\cdot\overrightarrow{OB}=a_1b_1+a_2b_2$

代入得到 $\dfrac{1}{2}\times\sqrt{(a_1{}^2+a_2{}^2)\times(b_1{}^2+b_2{}^2)-\left(a_1b_1+a_2b_2\right)^2}$

$= \dfrac{1}{2}\times\sqrt{a_1{}^2b_1{}^2+a_1{}^2b_2{}^2+a_2{}^2b_1{}^2+a_2{}^2b_2{}^2-\left(a_1{}^2b_1{}^2+2a_1b_1a_2b_2+2a_2{}^2b_2{}^2\right)}$

$= \dfrac{1}{2}\times\sqrt{a_1{}^2b_1{}^2+a_1{}^2b_2{}^2+a_2{}^2b_1{}^2+a_2{}^2b_2{}^2-a_1{}^2b_1{}^2-2a_1b_1a_2b_2-2a_2{}^2b_2{}^2}$

$= \dfrac{1}{2}\times\sqrt{a_1{}^2b_2{}^2+a_2{}^2b_1{}^2-2a_1b_1a_2b_2}$

$= \dfrac{1}{2}\times\sqrt{\left(a_1b_2-a_2b_1\right)^2} = \dfrac{1}{2}\times|a_1b_2-a_2b_1| = \dfrac{1}{2}\times\left|\begin{vmatrix}a_1 & a_2 \\ b_1 & b_2\end{vmatrix}\right|$

所以任意三點 $A=(x_1, y_1)$、$B=(x_2, y_2)$、$C=(x_3, y_3)$ 構成兩向量 $\overrightarrow{AB}=(a_1, a_2)$、$\overrightarrow{AC}=(b_1, b_2)$ 所張出的三角形，參考圖3。可利用二階行列式計算平面三角形面積。三角形面積為 $\dfrac{1}{2}\times\left|\begin{vmatrix}a_1 & a_2 \\ b_1 & b_2\end{vmatrix}\right|$。

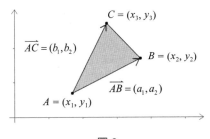

圖 3

6-13 利用向量與三階行列式，求平面座標系三角形面積，及兩向量張出的平行四邊形面積

利用向量與三階行列式，求平面三角形面積

已知三點 (x_1, y_1)、(x_2, y_2)、(x_3, y_3) 構成兩向量 (a_1, a_2)、(b_1, b_2) 所形成的三角形，參考圖1。

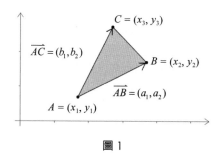

圖1

可利用行列式計算面積，三角形面積為 $\dfrac{1}{2} \times \begin{vmatrix} a_1 & a_2 \\ b_1 & b_2 \end{vmatrix}$。如果用點的座標，可表示為

$\dfrac{1}{2} \times \begin{vmatrix} x_2 - x_1 & y_2 - y_1 \\ x_3 - x_1 & y_3 - y_1 \end{vmatrix}$，因行列式可以降階，故可逆推為

$\dfrac{1}{2} \times \begin{vmatrix} x_2 - x_1 & y_2 - y_1 \\ x_3 - x_1 & y_3 - y_1 \end{vmatrix} = \dfrac{1}{2} \times \begin{vmatrix} 0 & 0 & 1 \\ x_2 - x_1 & y_2 - y_1 & 1 \\ x_3 - x_1 & y_3 - y_1 & 1 \end{vmatrix}$，再因行列式的運算，可得到

$\dfrac{1}{2} \times \begin{vmatrix} x_1 & y_1 & 1 \\ x_2 & y_2 & 1 \\ x_3 & y_3 & 1 \end{vmatrix}$，所以任意三點 (x_1, y_1)、(x_2, y_2)、(x_3, y_3) 所張出的三角形，參考圖2。

可利用三階行列式計算平面三角形面積。三角形面積為 $\dfrac{1}{2} \times \begin{vmatrix} x_1 & y_1 & 1 \\ x_2 & y_2 & 1 \\ x_3 & y_3 & 1 \end{vmatrix}$。

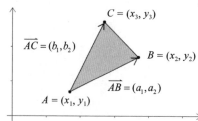

圖2

補充說明

　　用行列式計算面積，如同海龍公式一般，不必用夾角，就可以得到面積。不同的是，海龍是用三邊長 a、b、c 求面積，令 $s = \dfrac{a+b+c}{2}$，則 $\Delta = \sqrt{s(s-a)(s-b)(s-c)}$；行列式是用向量值來求面積，海龍公式可不用座標系是純粹幾何方法，向量與行列式是用座標系的幾何方法。

利用向量與行列式，求平面中兩向量張出的平行四邊形面積

先認識新數學動詞「**張出**」，指的是向量平移後的構成的平行四邊形，圖3。

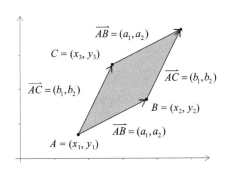

圖3

　　所以任意三點 $A = (x_1, y_1)$、$B = (x_2, y_2)$、$C = (x_3, y_3)$ 構成兩向量 $\overrightarrow{AB} = (a_1, a_2)$、$\overrightarrow{AC} = (b_1, b_2)$ 所張出的三角形。可利用二階行列式計算平面三角形面積。三角形面積

為 $\dfrac{1}{2} \times \left| \begin{matrix} a_1 & a_2 \\ b_1 & b_2 \end{matrix} \right|$。平行四邊形面積為三角形面積兩倍。所以可利用二階行列式計算平

行四邊形面積，面積為 $\left| \begin{matrix} a_1 & a_2 \\ b_1 & b_2 \end{matrix} \right|$。或是利用三階行列式計算平行四邊形面積，面積為

$\left| \begin{matrix} x_1 & y_1 & 1 \\ x_2 & y_2 & 1 \\ x_3 & y_3 & 1 \end{matrix} \right|$。

6-14 利用向量與二階行列式，求空間座標系的三角形面積，及兩向量張出的平行四邊形面積

利用向量與行列式，計算空間中三角形的面積
先觀察空間中三角形，見圖 1。

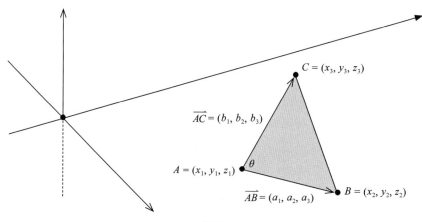

圖 1

三角形面積爲 $\dfrac{1}{2}|\overrightarrow{AB}|\times|\overrightarrow{AC}|\times\sin\theta=\dfrac{1}{2}|\overrightarrow{AB}|\times|\overrightarrow{AC}|\times\sqrt{1-\cos^2\theta}$ ，

已知 $\overrightarrow{AB}\cdot\overrightarrow{AC}=|\overrightarrow{AB}\,\|\,\overrightarrow{AC}|\cos\theta$ ，則 $\cos\theta=\dfrac{\overrightarrow{AB}\cdot\overrightarrow{AC}}{|\overrightarrow{AB}\,\|\,\overrightarrow{AC}|}$ ，

代入得到 $\dfrac{1}{2}|\overrightarrow{AB}\,\|\,\overrightarrow{AC}|\times\sqrt{1-\left(\dfrac{\overrightarrow{AB}\cdot\overrightarrow{AC}}{|\overrightarrow{AB}\,\|\,\overrightarrow{AC}|}\right)^2}=\dfrac{1}{2}\times\sqrt{|\overrightarrow{AB}|^2\times|\overrightarrow{AC}|^2-\left(\overrightarrow{AB}\cdot\overrightarrow{AC}\right)^2}$ ，

已知 $|\overrightarrow{AB}|=\sqrt{a_1{}^2+a_2{}^2+a_3{}^2}$ 、 $|\overrightarrow{AC}|=\sqrt{b_1{}^2+b_2{}^2+b_3{}^2}$ 、 $\overrightarrow{AB}\cdot\overrightarrow{AC}=a_1b_1+a_2b_2+a_3b_3$

代入得到 $\dfrac{1}{2}\times\sqrt{(a_1{}^2+a_2{}^2+a_3{}^2)\times(b_1{}^2+b_2{}^2+b_3{}^2)-(a_1b_1+a_2b_2+a_3b_3)^2}$

化簡得到 $\dfrac{1}{2}\times\sqrt{(a_1b_2-a_2b_1)^2+(a_2b_3-a_3b_2)^2+(a_1b_3-a_3b_1)^2}$

發現可用行列式改寫， $\dfrac{1}{2}\times\sqrt{\left|\begin{matrix}a_1 & a_2\\ b_1 & b_2\end{matrix}\right|^2+\left|\begin{matrix}a_2 & a_3\\ b_2 & b_3\end{matrix}\right|^2+\left|\begin{matrix}a_3 & a_1\\ b_3 & b_1\end{matrix}\right|^2}$

所以空間中任意三點 $A=(x_1,\,y_1,\,z_1)$ 、 $B=(x_2,\,y_2,\,z_2)$ 、 $C=(x_3,\,y_3,\,z_3)$ 構成兩向量

$\overrightarrow{AB} = (a_1, a_2, a_3)$、$\overrightarrow{AC} = (b_1, b_2, b_3)$ 所構成的三角形,可依此流程計算面積,或可利用二

階行列式計算面積,三角形面積爲 $\dfrac{1}{2} \times \sqrt{\begin{vmatrix} a_1 & a_2 \\ b_1 & b_2 \end{vmatrix}^2 + \begin{vmatrix} a_2 & a_3 \\ b_2 & b_3 \end{vmatrix}^2 + \begin{vmatrix} a_3 & a_1 \\ b_3 & b_1 \end{vmatrix}^2}$ 。

利用向量與行列式,計算空間中兩向量張出的平行四邊形面積

空間中兩向量張出的平行四邊形面積,見圖 2。

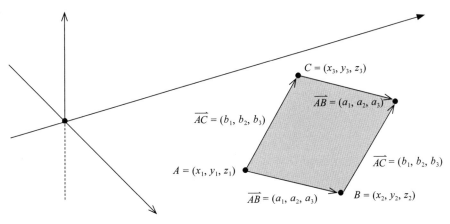

圖 2

空間中任意三點 $A = (x_1, y_1, z_1)$、$B = (x_2, y_2, z_2)$、$C = (x_3, y_3, z_3)$,

兩向量爲 $\overrightarrow{AB} = (a_1, a_2, a_3)$、$\overrightarrow{AC} = (b_1, b_2, b_3)$,

已知三角形面積爲 $\dfrac{1}{2} \times \sqrt{\begin{vmatrix} a_1 & a_2 \\ b_1 & b_2 \end{vmatrix}^2 + \begin{vmatrix} a_2 & a_3 \\ b_2 & b_3 \end{vmatrix}^2 + \begin{vmatrix} a_3 & a_1 \\ b_3 & b_1 \end{vmatrix}^2}$ 。平行四邊形面積爲三角形面

積兩倍,所以平行四邊形面積爲 $\sqrt{\begin{vmatrix} a_1 & a_2 \\ b_1 & b_2 \end{vmatrix}^2 + \begin{vmatrix} a_2 & a_3 \\ b_2 & b_3 \end{vmatrix}^2 + \begin{vmatrix} a_3 & a_1 \\ b_3 & b_1 \end{vmatrix}^2}$ 。

結論:

向量與行列式的結合,也可求出空間中三角形面積。

6-15 空間座標系的「兩向量張出的平行四邊形面積值」等於「兩向量外積後的公垂向量長度值」

大多數學生對此問題都是抱持到底怎麼發現的？在討論「兩向量張出的平行四邊形面積值」等於「兩向量外積後的公垂向量長度值」之前，先了解到在數學上很可能已經發現到此內容，因為行列式的歷史早於向量。

在 6-3 節已知三點 $A = (x_1, y_1, z_1)$、$B = (x_2, y_2, z_2)$、$C = (x_3, y_3, z_3)$ 求出來的平面方程式 $ax + by + cz + d = 0$ 係數，令 $(x_2 - x_1, y_2 - y_1, z_2 - z_1) = (a_1, a_2, a_3)$、

$(x_3 - x_1, y_3 - y_1, z_3 - z_1) = (b_1, b_2, b_3)$，則 $(a,b,c) = (\begin{vmatrix} a_2 & a_3 \\ b_2 & b_3 \end{vmatrix}, \begin{vmatrix} a_3 & a_1 \\ b_3 & b_1 \end{vmatrix}, \begin{vmatrix} a_1 & a_2 \\ b_1 & b_2 \end{vmatrix})$，見圖 1。

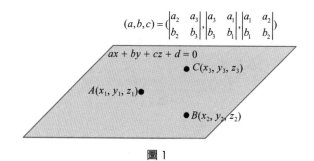

圖 1

同時 6-14 節可知空間中三點，兩向量張出的平行四邊形面積值為

$$\sqrt{\begin{vmatrix} a_2 & a_3 \\ b_2 & b_3 \end{vmatrix}^2 + \begin{vmatrix} a_3 & a_1 \\ b_3 & b_1 \end{vmatrix}^2 + \begin{vmatrix} a_1 & a_2 \\ b_1 & b_2 \end{vmatrix}^2}$$，見圖 2。

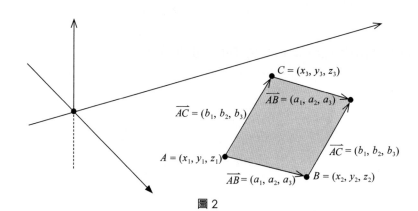

圖 2

觀察兩者關係，

1. 平面方程式係數 $(a,b,c) = (\begin{vmatrix} a_2 & a_3 \\ b_2 & b_3 \end{vmatrix}, \begin{vmatrix} a_3 & a_1 \\ b_3 & b_1 \end{vmatrix}, \begin{vmatrix} a_1 & a_2 \\ b_1 & b_2 \end{vmatrix})$，該係數是公垂向量，其長度

是 $\sqrt{\begin{vmatrix} a_2 & a_3 \\ b_2 & b_3 \end{vmatrix}^2 + \begin{vmatrix} a_3 & a_1 \\ b_3 & b_1 \end{vmatrix}^2 + \begin{vmatrix} a_1 & a_2 \\ b_1 & b_2 \end{vmatrix}^2}$。

2. 兩向量張出的平行四邊形面積值是 $\sqrt{\begin{vmatrix} a_2 & a_3 \\ b_2 & b_3 \end{vmatrix}^2 + \begin{vmatrix} a_3 & a_1 \\ b_3 & b_1 \end{vmatrix}^2 + \begin{vmatrix} a_1 & a_2 \\ b_1 & b_2 \end{vmatrix}^2}$。

所以就能得到「**兩向量張出的平行四邊形面積值**」等於「**兩向量外積後的公垂向量長度**」，因此數學上發現了一個面積值與長度相等的巧合。

另一個方法，此時先回顧 5-3 節內容，「已知當 $\vec{F} = (a_1, a_2, a_3)$、$\vec{r} = (b_1, b_2, b_3)$，$\tau = |\vec{r}\,||\,\vec{F}|\sin\theta$，力矩的量值可化簡為 $\sqrt{(a_2 b_3 - a_3 b_2)^2 + (a_3 b_1 - a_1 b_3)^2 + (a_1 b_2 - a_2 b_1)^2}$，此量值看起來是某向量長度。如果把它當作是向量，該向量是 $(a_2 b_3 - a_3 b_2, a_3 b_1 - a_1 b_3, a_1 b_2 - a_2 b_1)$，此向量與力矩（$\tau$）有關，向量符號就定為 $\vec{\tau}$，所以力矩便具有方向性，也就是可以判斷轉動是順時針或逆時針。」

所以數學是發現兩個內容的巧合性，而物理是有其意義，為了讓力矩的方向更為直觀，以利判斷順時針或是逆時針。故數學與物理的「**兩向量張出的平行四邊形面積值**」等於「**兩向量外積後的公垂向量長度**值」，此觀念的想法不一樣。

結論：

1. 「兩向量張出的平行四邊形面積值」等於「兩向量外積後的公垂向量長度」，

2. 由「兩向量張出的平行四邊形面積值」$= \square = 2\Delta ABC = |\overrightarrow{AB}\,||\,\overrightarrow{AC}|\sin\theta$ …(1)，

   「兩向量外積後的公垂向量長度」$= |\vec{n}| = |\overrightarrow{AB} \times \overrightarrow{AC}|$ …(2)，

   由 (1) 與 (2)，得到 $\square = 2\triangle ABC = |\overrightarrow{AB}\,||\,\overrightarrow{AC}|\sin\theta = |\vec{n}| = |\overrightarrow{AB} \times \overrightarrow{AC}|$。

6-16 三角錐體積與行列式 (1)：拉格朗日

在 1773 年，約瑟夫・拉格朗日發現了三階行列式與空間中體積的關係。他發現：原點和空間中三個點所構成的四面體的體積，是它們的座標所組成的行列式的六分之一。也就是拉格朗日發現 $O\text{-}ABC$ 的三角錐，O $(0, 0, 0)$、$A = (x_1, y_1, z_1)$、$B = (x_2, y_2, z_2)$、$C = (x_3, y_3, z_3)$，其三角錐體積為 $\dfrac{1}{6} \times \left| \begin{vmatrix} x_1 & y_1 & z_1 \\ x_2 & y_2 & z_2 \\ x_3 & y_3 & z_3 \end{vmatrix} \right|$，見圖 1、2。接著試證拉格朗日的方法。

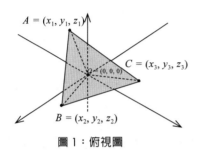

圖 1：俯視圖

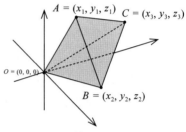

圖 2：側視圖

從原本幾何方法可知，角錐的體積為：$\dfrac{1}{3} \times$ 底面積 $\times$ 高。所以空間中三角錐體積，底面積就是三角形 ABC 的面積，高就是原點 O 到 ABC 平面的距離。令：A、B、C 三點在平面 $E：ax + by + cz + d = 0$ 上，所以原點 O 到平面的距離是

$d(O, E) = \dfrac{|0x + 0y + 0z + d|}{\sqrt{a^2 + b^2 + c^2}} = \dfrac{|d|}{\sqrt{a^2 + b^2 + c^2}}$，也就是三角錐的高是 $\dfrac{|d|}{\sqrt{a^2 + b^2 + c^2}}$。

同時由 6-3 節知道空間中任意三點 $A = (x_1, y_1, z_1)$、$B = (x_2, y_2, z_2)$、$C = (x_3, y_3, z_3)$ 其平面 $ax + by + cz + d = 0$ 的係數，是 $(a, b, c) = \left(\begin{vmatrix} a_2 & a_3 \\ b_2 & b_3 \end{vmatrix}, \begin{vmatrix} a_3 & a_1 \\ b_3 & b_1 \end{vmatrix}, \begin{vmatrix} a_1 & a_2 \\ b_1 & b_2 \end{vmatrix} \right)$，

其中 $(a_1, a_2, a_3) = (x_2 - x_1, y_2 - y_1, z_2 - z_1), (b_1, b_2, b_3) = (x_3 - x_1, y_3 - y_1, z_3 - z_1)$。並由 6-14 節知道平面係數長度是 2 倍三角形面積，也就是 $\sqrt{a^2 + b^2 + c^2} = 2 \times \triangle ABC$。故三角錐的高 $= \dfrac{|d|}{\sqrt{a^2 + b^2 + c^2}} = \dfrac{|d|}{2 \times \triangle ABC}$，所以三角錐體積 $= \dfrac{1}{3} \times$ 底面積 $\times$ 高 $=$

$\dfrac{1}{3} \times \triangle ABC \times \dfrac{|d|}{2 \times \triangle ABC} = \dfrac{|d|}{6}$。

可以發現完全不用計算三角形 ABC 面積，因為巧妙的約分消掉了。但 $|d|$ 應該如何

計算呢？已知 $ax+by+cz+d=0$，A 點在平面上，所以 $ax_1+by_1+cz_1+d=0$，

而 $(a,b,c)=(\begin{vmatrix} a_2 & a_3 \\ b_2 & b_3 \end{vmatrix},\begin{vmatrix} a_3 & a_1 \\ b_3 & b_1 \end{vmatrix},\begin{vmatrix} a_1 & a_2 \\ b_1 & b_2 \end{vmatrix})$，則 $\begin{vmatrix} a_2 & a_3 \\ b_2 & b_3 \end{vmatrix}x_1+\begin{vmatrix} a_3 & a_1 \\ b_3 & b_1 \end{vmatrix}y_1+\begin{vmatrix} a_1 & a_2 \\ b_1 & b_2 \end{vmatrix}z_1+d=0$，

所以 $d=-\begin{vmatrix} a_2 & a_3 \\ b_2 & b_3 \end{vmatrix}x_1-\begin{vmatrix} a_3 & a_1 \\ b_3 & b_1 \end{vmatrix}y_1-\begin{vmatrix} a_1 & a_2 \\ b_1 & b_2 \end{vmatrix}z_1$，而

$|d|=|-\begin{vmatrix} a_2 & a_3 \\ b_2 & b_3 \end{vmatrix}x_1-\begin{vmatrix} a_3 & a_1 \\ b_3 & b_1 \end{vmatrix}y_1-\begin{vmatrix} a_1 & a_2 \\ b_1 & b_2 \end{vmatrix}z_1|=|\begin{vmatrix} a_2 & a_3 \\ b_2 & b_3 \end{vmatrix}x_1+\begin{vmatrix} a_3 & a_1 \\ b_3 & b_1 \end{vmatrix}y_1+\begin{vmatrix} a_1 & a_2 \\ b_1 & b_2 \end{vmatrix}z_1|$，

此時將 (a_1,a_2,a_3)、(b_1,b_2,b_3)、還原為原本三點相減。所以

$|d|=|\begin{vmatrix} a_2 & a_3 \\ b_2 & b_3 \end{vmatrix}x_1+\begin{vmatrix} a_3 & a_1 \\ b_3 & b_1 \end{vmatrix}y_1+\begin{vmatrix} a_1 & a_2 \\ b_1 & b_2 \end{vmatrix}z_1|$

$=|\begin{vmatrix} y_2-y_1 & z_2-z_1 \\ y_3-x_1 & z_3-x_1 \end{vmatrix}x_1+\begin{vmatrix} z_2-z_1 & x_2-x_1 \\ z_3-x_1 & x_3-x_1 \end{vmatrix}y_1+\begin{vmatrix} x_2-x_1 & y_2-y_1 \\ x_3-x_1 & y_3-x_1 \end{vmatrix}z_1|$

逆推降階，得 $|\begin{vmatrix} 1 & 0 & 0 \\ 1 & y_2-y_1 & z_2-z_1 \\ 1 & y_3-x_1 & z_3-x_1 \end{vmatrix}x_1+\begin{vmatrix} 1 & 0 & 0 \\ 1 & z_2-z_1 & x_2-x_1 \\ 1 & z_3-x_1 & x_3-x_1 \end{vmatrix}y_1+\begin{vmatrix} 1 & 0 & 0 \\ 1 & x_2-x_1 & y_2-y_1 \\ 1 & x_3-x_1 & y_3-x_1 \end{vmatrix}z_1|$，

再利用行列的化簡，得到 $|\begin{vmatrix} 1 & y_1 & z_1 \\ 1 & y_2 & z_2 \\ 1 & y_3 & z_3 \end{vmatrix}x_1+\begin{vmatrix} 1 & z_1 & x_1 \\ 1 & z_2 & x_2 \\ 1 & z_3 & x_3 \end{vmatrix}y_1+\begin{vmatrix} 1 & x_1 & y_1 \\ 1 & x_2 & y_2 \\ 1 & x_3 & y_3 \end{vmatrix}z_1|$，

接著勇敢的展開，得到 $|(y_1z_2+y_2z_3+y_3z_1-y_1z_3-y_2z_1-y_3z_2)x_1$，

$+(x_1z_3+x_2z_1+x_3z_2-x_1z_2-x_2z_3-x_3z_1)y_1+(x_1y_2+x_2y_3+x_3y_1-x_1y_3-x_2y_1-x_3y_2)z_1$

化簡後得到 $|x_1y_2z_3+x_2y_3z_1+x_3y_1z_2-x_1y_3z_2-x_2y_1z_3-x_3y_2z_1|$，

也就是 $|d|=|\begin{vmatrix} x_1 & y_1 & z_1 \\ x_2 & y_2 & z_2 \\ x_3 & y_3 & z_3 \end{vmatrix}|$，所以三角錐體積 $=\dfrac{|d|}{6}=\dfrac{1}{6}\times|\begin{vmatrix} x_1 & y_1 & z_1 \\ x_2 & y_2 & z_2 \\ x_3 & y_3 & z_3 \end{vmatrix}|$。

6-17 三角椎體積與行列式 (2)：向量方法

　　由 6-16 節已知拉格朗日已推導出三角錐體積可用三階行列式計算，體積為

$= \dfrac{1}{6} \times \begin{vmatrix} x_1 & y_1 & z_1 \\ x_2 & y_2 & z_2 \\ x_3 & y_3 & z_3 \end{vmatrix}$。但此方法**限制其中一點是原點**的三角錐，如果是任意四點就無法

使用行列式。但利用向量可平移的性質，可幫助計算任四點的三角錐體積。參考 6-12
節「平面三角形與行列式」兩向量平移後，構成的圖案面積不變。同理空間中三向量
構成的三角錐，三向量平移後構成的圖案體積不變。見圖 1、2。

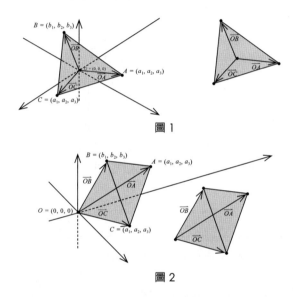

圖 1

圖 2

　　由圖可知，三向量平移後，三角錐體積不變。所以利用行列式中放向量值來計算
任意位置三角錐體積，等同於原點與其他三點利用行列式計算三角錐體積，故體積為

$\dfrac{1}{6} \times \begin{vmatrix} a_1 & a_2 & a_3 \\ b_1 & b_2 & b_3 \\ c_1 & c_2 & c_3 \end{vmatrix}$。

接著用向量，推導數學式

　　先旋轉三角錐，見圖 3。設任意四點 $A = (x_1,\ y_1,\ z_1)$、$B = (x_2,\ y_2,\ z_2)$、$C = (x_3,$
$y_3,\ z_3)$、$P = (x_4,\ y_4,\ z_4)$ 構成向量 $\overrightarrow{PA} = (a_1, a_2, a_3)$、$\overrightarrow{PB} = (b_1, b_2, b_3)$、$\overrightarrow{PC} = (c_1, c_2, c_3)$、
而三角錐底面積為三角形，已知「空間中兩向量張出的平行四邊形面積值」等於
「兩向量外積後的公垂向量長度」，$\overrightarrow{PA}$ 與 $\overrightarrow{PB}$ 作外積，得到法向量 $\vec{n} = (a, b, c) =$

$(\begin{vmatrix} a_2 & a_3 \\ b_2 & b_3 \end{vmatrix}, \begin{vmatrix} a_3 & a_1 \\ b_3 & b_1 \end{vmatrix}, \begin{vmatrix} a_1 & a_2 \\ b_1 & b_2 \end{vmatrix})$，外積長度：$|\vec{n}| = |\overrightarrow{PA} \times \overrightarrow{PB}| = \sqrt{\begin{vmatrix} a_1 & a_2 \\ b_1 & b_2 \end{vmatrix}^2 + \begin{vmatrix} a_2 & a_3 \\ b_2 & b_3 \end{vmatrix}^2 + \begin{vmatrix} a_3 & a_1 \\ b_3 & b_1 \end{vmatrix}^2}$，

所以三角錐底面積爲法向量長度的一半：$\frac{1}{2}|\vec{n}|$。三角錐的高是 $\overrightarrow{PC}$ 在法向量 $\vec{n}$ 上的正

射影長：$|\frac{\overrightarrow{PC} \cdot \vec{n}}{|\vec{n}|}|$，三角錐體積 = 底面積 × 高 × $\frac{1}{3} = \frac{1}{2}|\vec{n}| \times |\frac{\overrightarrow{PC} \cdot \vec{n}}{|\vec{n}|}| \times \frac{1}{3} = \frac{1}{6}|\overrightarrow{PC} \cdot \vec{n}|$，也

可表示爲通式 $\frac{1}{6}|\overrightarrow{PC} \cdot (\overrightarrow{PA} \times \overrightarrow{PB})|$，**在此可發現不用算出法向量長度，這也是用向量才有的過程簡化。**

三角錐體積 $= \frac{1}{6}|\overrightarrow{PC} \cdot \vec{n}| = \frac{1}{6}|(c_1, c_2, c_3) \cdot (\begin{vmatrix} a_2 & a_3 \\ b_2 & b_3 \end{vmatrix}, \begin{vmatrix} a_3 & a_1 \\ b_3 & b_1 \end{vmatrix}, \begin{vmatrix} a_1 & a_2 \\ b_1 & b_2 \end{vmatrix})|$

$= \frac{1}{6}|c_1(a_2 b_3 - a_3 b_2) + c_2(a_3 b_1 - a_1 b_3) + c_3(a_1 b_2 - a_2 b_1)|$

$= \frac{1}{6}|a_2 b_3 c_1 - a_3 b_2 c_1 + a_3 b_1 c_2 - a_1 b_3 c_2 + a_1 b_2 c_3 - a_2 b_1 c_3|$

$= \frac{1}{6}|a_1 b_2 c_3 + a_2 b_3 c_1 + a_3 b_1 c_2 - a_3 b_2 c_1 - a_2 b_1 c_3 - a_1 b_3 c_2| = \frac{1}{6} \times \begin{vmatrix} a_1 & a_2 & a_3 \\ b_1 & b_2 & b_3 \\ c_1 & c_2 & c_3 \end{vmatrix}$

所以任意四點 $A = (x_1, y_1, z_1)$、$B = (x_2, y_2, z_2)$、$C = (x_3, y_3, z_3)$、$P = (x_4, y_4, z_4)$ 構成三

向量 $\overrightarrow{PA} = (a_1, a_2, a_3)$、$\overrightarrow{PB} = (b_1, b_2, b_3)$、$\overrightarrow{PC} = (c_1, c_2, c_3)$ 所構成的三角錐。可利用三階行

列式計算空間三角錐體積。見圖 4，三角錐體積爲 $\frac{1}{6} \times |\begin{vmatrix} a_1 & a_2 & a_3 \\ b_1 & b_2 & b_3 \\ c_1 & c_2 & c_3 \end{vmatrix}|$。

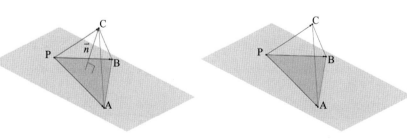

圖 3 圖 4

6-18 空間座標系的三向量張出平行六面體體積

先認識空間中三向量三向量 $\overrightarrow{PA}=(a_1,a_2,a_3)$、$\overrightarrow{PB}=(b_1,b_2,b_3)$、$\overrightarrow{PC}=(c_1,c_2,c_3)$ 張出的平行六面體的形狀，見圖1。

而空間中三向量張出的三角錐體積為 $\dfrac{1}{6}\times\left|\begin{vmatrix} a_1 & a_2 & a_3 \\ b_1 & b_2 & b_3 \\ c_1 & c_2 & c_3 \end{vmatrix}\right|$，見圖2。

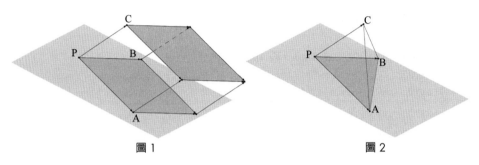

圖1　　　　　　　　　　　　圖2

角錐與角柱體積差3倍，乘3倍後是三角柱，體積為 $\dfrac{1}{2}\times\left|\begin{vmatrix} a_1 & a_2 & a_3 \\ b_1 & b_2 & b_3 \\ c_1 & c_2 & c_3 \end{vmatrix}\right|$，見圖3。

再乘2倍是三向量張出的平行六面體，體積為 $\left|\begin{vmatrix} a_1 & a_2 & a_3 \\ b_1 & b_2 & b_3 \\ c_1 & c_2 & c_3 \end{vmatrix}\right|$，見圖4。

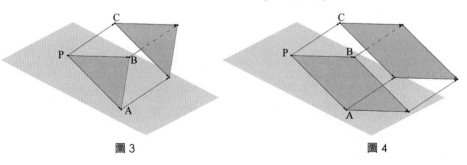

圖3　　　　　　　　　　　　圖4

結論：所以空間中三向量 $\overrightarrow{PA}=(a_1,a_2,a_3)$、$\overrightarrow{PB}=(b_1,b_2,b_3)$、$\overrightarrow{PC}=(c_1,c_2,c_3)$ 張出的平行

六面體，體積爲 $\left|\begin{vmatrix} a_1 & a_2 & a_3 \\ b_1 & b_2 & b_3 \\ c_1 & c_2 & c_3 \end{vmatrix}\right|$。

補充說明 1：利用行列式，判斷三向量是否在同一平面

如果體積爲 0，代表沒高度，所以就在同平面，如同被壓扁的紙箱。見圖 5

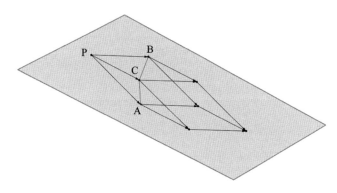

圖 5

補充說明 2

約瑟夫·拉格朗日伯爵（Joseph Lagrange，1736～1813），法國籍義大利裔數學家和天文學家。拉格朗日被腓特烈大帝稱做「歐洲最偉大的數學家」，拉格朗日在數學、物理和天文等領域做出了很多重大的貢獻。他的成就包括著名的拉格朗日中值定理，創立了拉格朗日力學等。

拉格朗日是法國 18 世紀後期到 19 世紀初數學界著名的三個人物之一。拉格朗日、拉普拉斯（Pierre-Simon marquis de Laplace）和勒讓德（Adrien-Marie Legendre）。因爲他們三個的姓氏的第一個字母爲「L」，又生活在同一時代，所以人們稱他們爲「三L」。

補充說明 3：拉格朗日的名言

1. 如果我繼承可觀的財產，可能就不會投身於數學之中了。

2. 我把數學看成是一件有意思的工作，而不是想爲自己建立什麼紀念碑。可以肯定地說，我對別人的工作比自己的更喜歡。我對自己的工作（努力）總是不滿意。

6-19 **空間座標系的點到線的距離 (1)**

在 2-16 節，已經學會傳統解析幾何的空間點到線的距離求法，也就是利用配方法。接著學習，利用向量的方式，也就是利用內積是 0 的方式。

例題：空間中 P 點 $(5, 4, 3)$ 與直線的最短距離 $L = \begin{cases} x = 1+t \\ y = 1+2t \\ z = 1+3t \end{cases}$ 為多少？見圖 1。

方法一：利用內積是 0

令 Q 點是 P 點 $(5, 4, 3)$ 與直線的最短距離的垂足，見圖 2，$Q = \begin{cases} x = 1+t \\ y = 1+2t \\ z = 1+3t \end{cases}$

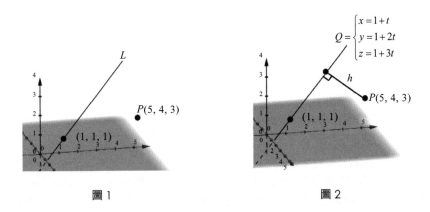

圖 1　　　　　　　　　　　圖 2

此時 $\overrightarrow{PQ} = (4-t, 3-2t, 2-3t)$ 與直線的方向向量 $\vec{v} = (1, 2, 3)$ 垂直，

所以 $\overrightarrow{PQ} \cdot \vec{v} = 0$，則 $(1, 2, 3) \cdot (4-t, 3-2t, 2-3t) = 0$，化簡

$1 \times (4-t) + 2 \times (3-2t) + 3 \times (2-3t) = 0$，則 $4-t+6-4t+6-9t = 0$，則 $16 = 4t$，

所以 $t = \dfrac{8}{7}$，故 Q 點座標為 $(\dfrac{15}{7}, \dfrac{23}{7}, \dfrac{31}{7})$，$\overrightarrow{PQ} = (\dfrac{20}{7}, \dfrac{5}{7}, \dfrac{-10}{7})$，故 $h = |\overrightarrow{PQ}| = \dfrac{5}{7}\sqrt{21}$。

方法二：利用正射影長與畢氏定理

P 點直接與直線方程式的基準點 A 作出向量 $\overrightarrow{PA} = (-4, -3, -2)$，並畫出直線的方向向量 $\vec{v} = (1, 2, 3)$，見圖 3，

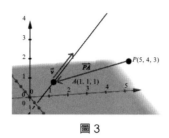

圖 3

再作出 $\overrightarrow{PA}$ 在 $\vec{v}$ 上的正射影，也就是 $\overrightarrow{PA_{//}}$ ，$\overrightarrow{PA_{//}} = |\frac{\overrightarrow{PA} \cdot \vec{v}}{|\vec{v}|^2}| \times \vec{v}$

$= |\frac{(-4,-3,-2) \cdot (1,2,3)}{|(1,2,3)|^2}| \times (1,2,3) = |\frac{-16}{\sqrt{14}^2}| \times (1,2,3) = (\frac{8}{7},\frac{16}{7},\frac{24}{7})$ ，

空間中點到線的距離是 $|\overrightarrow{PA_\perp}|$，見圖 4 。

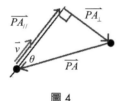

圖 4

同時 $\overrightarrow{PA}$ 與 $\overrightarrow{PA_{//}}$、$|\overrightarrow{PA_\perp}|$ 是直角三角形，所以 $|\overrightarrow{PA}|^2 = |\overrightarrow{PA_{//}}|^2 + |\overrightarrow{PA_\perp}|^2$ ，

而 $\overrightarrow{PA} = (-4,-3,-2)$ ，$\overrightarrow{PA_{//}} = (\frac{8}{7},\frac{16}{7},\frac{24}{7})$ ，

故 $|\overrightarrow{PA}|^2 = |\overrightarrow{PA_{//}}|^2 + |\overrightarrow{PA_\perp}|^2 \Rightarrow 29 = \frac{896}{49} + |\overrightarrow{PA_\perp}|^2 \Rightarrow |\overrightarrow{PA_\perp}|^2 = \frac{525}{49} = \frac{5}{7}\sqrt{21}$ 。

方法三：利用 sin 函數

由方法 2 可知空間中點到線的距離是 $|\overrightarrow{PA_\perp}|$，而 $|\overrightarrow{PA_\perp}| = |\overrightarrow{PA}|\sin\theta$，見圖 4 。

所以 $|\overrightarrow{PA_\perp}| = |\overrightarrow{PA}|\sin\theta = |\overrightarrow{PA}|\sqrt{1-\cos^2\theta} = |\overrightarrow{PA}|\sqrt{1-(\frac{\overrightarrow{PA} \cdot \vec{v}}{|\overrightarrow{PA}||\vec{v}|})^2} = \sqrt{|\overrightarrow{PA}|^2 - \frac{(\overrightarrow{PA} \cdot \vec{v})^2}{|\vec{v}|^2}}$

$|\overrightarrow{PA_\perp}| = \sqrt{|(-4,-3,-2)|^2 - \frac{((-4,-3,-2) \cdot (1,2,3))^2}{|(1,2,3)|^2}} = \sqrt{\sqrt{29}^2 - \frac{(-16)^2}{\sqrt{14}^2}} = \sqrt{\frac{75}{7}} = \frac{5\sqrt{21}}{7}$ 。

6-20 空間座標系的點到線的距離 (2)

已知上一小節方法二，利用正射影長與畢氏定理，可以求出空間中點到線的距離。這次利用方法二與符號來推導出一個數學式，可以得到一個漂亮的結果。

P 點 (x_1, y_1, z_1) 與直線方程式 $L = \begin{cases} x = x_0 + at \\ y = y_0 + bt, t \in R \text{ 的基準點 } A \text{ 點 } (x_0, y_0, z_0)，作出} \\ z = z_0 + ct \end{cases}$

向量 $\overrightarrow{PA} = (x_0 - x_1, y_0 - y_1, z_0 - z_1)$，令 $u = x_0 - x_1, v = y_0 - y_1, z = z_0 - z_1$，所以 $\overrightarrow{PA} = (u, v, w)$，而直線的方向向量為 $\vec{v} = (a, b, c)$，見圖1

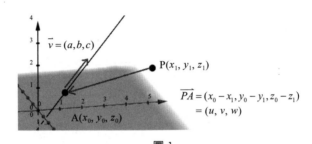

圖1

$\overrightarrow{PA}$ 在 $\vec{v}$ 上的正射影是 $\overrightarrow{PA_{//}}$，$\overrightarrow{PA_{//}} = |\dfrac{\overrightarrow{PA} \cdot \vec{v}}{|\vec{v}|^2}| \times \vec{v}$，空間中點到線的距離是 $|\overrightarrow{PA_{\perp}}|$，同時

$\overrightarrow{PA}$ 與 $\overrightarrow{PA_{//}}$、$|\overrightarrow{PA_{\perp}}|$ 是直角三角形，所以 $|\overrightarrow{PA}|^2 = |\overrightarrow{PA_{//}}|^2 + |\overrightarrow{PA_{\perp}}|^2$，

$$|\overrightarrow{PA_{\perp}}|^2 = |\overrightarrow{PA}|^2 - |\overrightarrow{PA_{//}}|^2$$

$$= |\overrightarrow{PA}|^2 - \left\|\dfrac{\overrightarrow{PA} \cdot \vec{v}}{|\vec{v}|^2}| \times \vec{v}\right\|^2$$

$$= |\overrightarrow{PA}|^2 - \dfrac{|\overrightarrow{PA} \cdot \vec{v}|^2}{|\vec{v}|^2} \cdots\cdots\cdots(*)$$

$$= |(u, v, w)|^2 - \dfrac{|(u, v, w) \cdot (a, b, c)|^2}{|(a, b, c)|^2}$$

$$= (u^2 + v^2 + w^2) - \dfrac{|au + bv + cw|^2}{a^2 + b^2 + c^2}$$

$$= \dfrac{(u^2 + v^2 + w^2)(a^2 + b^2 + c^2)}{a^2 + b^2 + c^2} - \dfrac{|au + bv + cw|^2}{a^2 + b^2 + c^2}$$

$$= \frac{1}{a^2+b^2+c^2}[a^2u^2 + a^2v^2 + a^2w^2 + b^2u^2 + b^2v^2 + b^2w^2 + c^2u^2 + c^2v^2 + c^2w^2$$
$$-a^2u^2 - b^2v^2 - c^2w^2 - 2aubv - 2bvcw - 2bvcw]$$

$$= \frac{1}{a^2+b^2+c^2}[a^2v^2 + a^2w^2 + b^2u^2 + b^2w^2 + c^2u^2 + c^2v^2 - 2aubv - 2bvcw - 2bvcw]$$

$$= \frac{1}{a^2+b^2+c^2}[(av-bu)^2 + (bw-cv)^2 + (cu-aw)^2]$$

$$= \frac{1}{a^2+b^2+c^2}[\begin{vmatrix} a & b \\ u & v \end{vmatrix}^2 + \begin{vmatrix} b & c \\ v & w \end{vmatrix}^2 + \begin{vmatrix} c & a \\ w & u \end{vmatrix}^2]$$

而 $\begin{vmatrix} a & b \\ u & v \end{vmatrix}^2 + \begin{vmatrix} b & c \\ v & w \end{vmatrix}^2 + \begin{vmatrix} c & a \\ w & u \end{vmatrix}^2$ 是 $|\overrightarrow{PA} \times \vec{v}|^2$，所以得到 $\dfrac{|\overrightarrow{PA} \times \vec{v}|^2}{|\vec{v}|^2}$。

故 $|\overrightarrow{PA_\perp}|^2 = \dfrac{|\overrightarrow{PA} \times \vec{v}|^2}{|\vec{v}|^2}$，則 $|\overrightarrow{PA_\perp}| = \dfrac{|\overrightarrow{PA} \times \vec{v}|}{|\vec{v}|}$。

另一個方法推導：利用 sin 函數

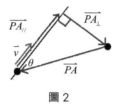

圖 2

已知空間中點到線的距離是 $|\overrightarrow{PA_\perp}|$，而 $|\overrightarrow{PA_\perp}| = |\overrightarrow{PA}|\sin\theta$，見圖 2。

所以 $|\overrightarrow{PA_\perp}| = |\overrightarrow{PA}|\sin\theta = |\overrightarrow{PA}|\sqrt{1-\cos^2\theta} = |\overrightarrow{PA}|\sqrt{1-(\dfrac{\overrightarrow{PA}\cdot\vec{v}}{|\overrightarrow{PA}||\vec{v}|})^2} = \sqrt{|\overrightarrow{PA}|^2 - \dfrac{(\overrightarrow{PA}\cdot\vec{v})^2}{|\vec{v}|^2}}$，

故 $|\overrightarrow{PA_\perp}|^2 = |\overrightarrow{PA}|^2 - \dfrac{(\overrightarrow{PA}\cdot\vec{v})^2}{|\vec{v}|^2}$，又回到上一個方法的過程有打（＊）之處。

結論：

可以發現空間中點到線的距離，用向量可以導出一個乾淨的數學式。

空間中點到線的距離，是直線的方向向量 $\vec{v} = (a,b,c)$，與 P 點到直線基準點 A 點的

$\overrightarrow{PA} = (u,v,w)$，空間中點到線的距離為 $|\overrightarrow{PA_\perp}| = \dfrac{|\overrightarrow{PA} \times \vec{v}|}{|\vec{v}|}$。

6-21 歪斜線的向量討論 (1)

在 2-19 節，已經學會傳統解析幾何的空間兩歪斜線的距離求法，也就是利用雙重配方法。接著學習利用向量的方式，也就是利用內積是 0 的方式。

例題：L_1 與 L_2 是兩歪斜線，$L_1 : \begin{cases} x=1+t \\ y=2+t, t \in R \\ z=3+t \end{cases}$、$L_2 : \begin{cases} x=2+s \\ y=4-s, s \in R \\ z=6-2s \end{cases}$，求兩歪斜線

的（最短）距離、該線與兩線的交點，及該線直線方程式，見圖 1。

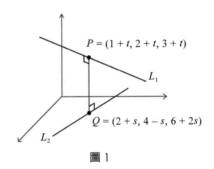

圖 1

設直線 $L_1 : \begin{cases} x=1+t \\ y=2+t, t \in R \\ z=3+t \end{cases}$，有一點 $P = (1+t, 2+t, 3+t)$，方向向量 $\vec{v_1} = (1,1,1)$；

$L_2 : \begin{cases} x=2+s \\ y=4-s, s \in R \\ z=6-2s \end{cases}$，有一點 $Q = (2+s, 4-s, 6-2s)$，方向向量 $\vec{v_2} = (1,-1,-2)$；

所以 $\overrightarrow{PQ} = (2+s-1-t, 4-s-2-t, 6-2s-3-t) = (1+s-t, 2-s-t, 3-2s-t)$。

而 $\overrightarrow{PQ} \perp L_1$，也就是 $\overrightarrow{PQ} \perp \vec{v_1}$，故 $\overrightarrow{PQ} \cdot \vec{v_1} = 0$，

則 $(1+s-t, 2-s-t, 3-2s-t) \cdot (1,1,1) = 0$，所以 $6-2s-3t = 0 \cdots (1)$。

同理 $\overrightarrow{PQ} \perp L_2$，也就是 $\overrightarrow{PQ} \perp \vec{v_2}$，故 $\overrightarrow{PQ} \cdot \vec{v_2} = 0$，

則 $(1+s-t, 2-s-t, 3-2s-t) \cdot (1,-1,-2) = 0$，所以 $-7+6s+2t = 0 \cdots (2)$。

將 (1) 與 (2) 組合，得到一個聯立方程式 $\begin{cases} 6-2s-3t=0 \\ -7+6s+2t=0 \end{cases}$，答案為 $\begin{cases} s = \dfrac{9}{14} \\ t = \dfrac{11}{7} \end{cases}$，

所以 $P = (\frac{18}{7}, \frac{25}{7}, \frac{32}{7})$、$Q = (\frac{37}{14}, \frac{47}{14}, \frac{66}{14})$，則 $\overrightarrow{PQ} = (\frac{1}{14}, \frac{-3}{14}, \frac{2}{14})$，

使得 $|\overrightarrow{PQ}| = \frac{\sqrt{14}}{14}$。$\overrightarrow{PQ} = (\frac{1}{14}, \frac{-3}{14}, \frac{2}{14})$ **換成參數式可將向量放大，**

代表該直線在各維度的變化量，其變化量是 $(\Delta x, \Delta y, \Delta z) = (1, -3, 2)$，

PQ 的直線方程式 $= \begin{cases} x = \dfrac{18}{7} + u \\ y = \dfrac{25}{7} - 3u, u \in R \, 。 \\ z = \dfrac{32}{7} + 2u \end{cases}$

補充說明：只求歪斜線的直線方程式

可以看到 $\overrightarrow{PQ} \perp L_1$，也就是 $\overrightarrow{PQ} \perp \overrightarrow{v_1}$；以及 $\overrightarrow{PQ} \perp L_2$，也就是 $\overrightarrow{PQ} \perp \overrightarrow{v_2}$，所以 $\overrightarrow{PQ}$ 是 $\overrightarrow{v_1}$ 與 $\overrightarrow{v_2}$ 的公垂向量乘上某個倍數，令此倍數為 k。

由方法 1 已知 $\overrightarrow{PQ} = (1+s-t, 2-s-t, 3-2s-t)$，而 $\overrightarrow{v_1} = (1,1,1)$、$\overrightarrow{v_2} = (1,-1,-2)$，

所以 $k\overrightarrow{PQ} = \overrightarrow{v_1} \times \overrightarrow{v_2} = (\begin{vmatrix} 1 & 1 \\ -1 & -2 \end{vmatrix}, \begin{vmatrix} 1 & 1 \\ -2 & 1 \end{vmatrix}, \begin{vmatrix} 1 & 1 \\ 1 & -1 \end{vmatrix}) = (-1, 3, -2)$，

所以各維度差 k 倍，$k = \dfrac{-1}{1+s-t} = \dfrac{3}{2-s-t} = \dfrac{-2}{3-2s-t}$

所以 $\begin{cases} \dfrac{-1}{1+s-t} = \dfrac{3}{2-s-t} \\ \dfrac{3}{2-s-t} = \dfrac{-2}{3-2s-t} \end{cases} \Rightarrow \begin{cases} 8s+5t = 13 \\ 2s-4t = -5 \end{cases} \Rightarrow \begin{cases} s = \dfrac{9}{14} \\ t = \dfrac{11}{7} \end{cases} \Rightarrow \begin{cases} P = (\dfrac{18}{7}, \dfrac{25}{7}, \dfrac{32}{7}) \\ Q = (\dfrac{37}{14}, \dfrac{47}{14}, \dfrac{66}{14}) \end{cases}$

則 $\overrightarrow{PQ} = (\frac{1}{14}, \frac{-3}{14}, \frac{2}{14})$，使得 $|\overrightarrow{PQ}| = \frac{\sqrt{14}}{14}$。$\overrightarrow{PQ} = (\frac{1}{14}, \frac{-3}{14}, \frac{2}{14})$

換成參數式可將向量放大，代表該直線在各維度的變化量，其變化量是

$(\Delta x, \Delta y, \Delta z) = (1, -3, 2)$，該 PQ 的直線方程式 $= \begin{cases} x = \dfrac{18}{7} + u \\ y = \dfrac{25}{7} - 3u, u \in R \, 。 \\ z = \dfrac{32}{7} + 2u \end{cases}$

6-22 歪斜線的向量討論 (2)

在上一小節，已經學會用向量求空間兩歪斜線的距離，這次利用點到平面公式與符號來推導出一個數學式，可以得到一個漂亮的結果。

L_1 與 L_2 是兩歪斜線，$L_1:\begin{cases} x = x_0 + a_1t \\ y = y_0 + a_2t, t \in R \\ z = z_0 + a_3t \end{cases}$、$L_2:\begin{cases} x = x_1 + b_1s \\ y = y_1 + b_2s, s \in R \\ z = z_1 + b_3s \end{cases}$，**求兩歪斜線的（最短）距離。**

設直線 L_1 上，

有點 $P = (x_0 + a_1t, y_0 + a_2t, z_0 + a_3t)$、$A = (x_0, y_0, z_0)$，方向向量 $\vec{v_1} = (a_1, a_2, a_3)$；

設直線 L_2 上，

有點 $Q = (x_1 + b_1s, y_1 + b_2s, z_1 + b_3s)$、$B = (x_1, y_1, z_1)$，方向向量 $\vec{v_2} = (b_1, b_2, b_3)$；

可以看到 $\overrightarrow{PQ} \perp L_1$，也就是 $\overrightarrow{PQ} \perp \vec{v_1}$；以及 $\overrightarrow{PQ} \perp L_2$，也就是 $\overrightarrow{PQ} \perp \vec{v_2}$，所以 $\overrightarrow{PQ}$ 是 $\vec{v_1}$ 與 $\vec{v_2}$ 的公垂向量乘上某個倍數，令此倍數為 k，所以 $k\overrightarrow{PQ} = \vec{v_1} \times \vec{v_2}$。令其公垂向量 $\vec{v_1} \times \vec{v_2} = (a, b, c)$，使得存在一個平面 $E : ax + by + cz + d = 0$ 包含 L_2。此時兩歪斜線的距離，也可視作平面 E 到 A 點的距離，見圖 2。

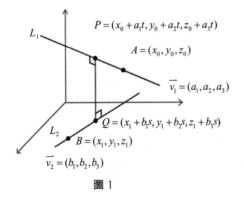

圖 1

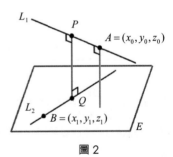

圖 2

所以可以列出下列的式子，

1. B 點在平面 E，所以 $ax_1 + by_1 + cz_1 + d = 0$ 成立，故 $d = -ax_1 - by_1 - cz_1$。

2. $\vec{v_1} \times \vec{v_2} = (a, b, c)$。

3. 兩歪斜線距離，是平面 E 到 A 點距離：$d(L_1, L_2) = d(A, E) = \dfrac{|ax_0 + by_0 + cz_0 + d|}{\sqrt{a^2 + b^2 + c^2}}$。

將上述整合，$d(L_1, L_2) = \dfrac{|ax_0 + by_0 + cz_0 - ax_1 - by_1 - cz_1|}{|\vec{v_1} \times \vec{v_2}|}$

$= \dfrac{|a(x_0 - x_1) + b(y_0 - y_1) + c(z_0 - z_1)|}{|\vec{v_1} \times \vec{v_2}|} = \dfrac{|(a,b,c)\cdot(x_0 - x_1, y_0 - y_1, z_0 - z_1)|}{|\vec{v_1} \times \vec{v_2}|}$，

而 $(x_0 - x_1, y_0 - y_1, z_0 - z_1)$ 是 $\overrightarrow{BA}$，所以 $d(L_1, L_2) = \dfrac{|(\vec{v_1} \times \vec{v_2})\cdot\overrightarrow{BA}|}{|\vec{v_1} \times \vec{v_2}|} = \dfrac{|(\vec{v_1} \times \vec{v_2})\cdot\overrightarrow{AB}|}{|\vec{v_1} \times \vec{v_2}|}$，

利用向量得到一個乾淨的數學式求兩歪斜線距離：$d(L_1, L_2) = \dfrac{|(\vec{v_1} \times \vec{v_2})\cdot\overrightarrow{AB}|}{|\vec{v_1} \times \vec{v_2}|}$。

補充說明：兩歪斜線的距離是三角錐的高

看到 $d(L_1, L_2) = \dfrac{|(\vec{v_1} \times \vec{v_2})\cdot\overrightarrow{AB}|}{|\vec{v_1} \times \vec{v_2}|}$，可發現與三角錐高的數學式很像，三角錐高是 $\overrightarrow{PC}$

在 $\overrightarrow{PA}$ 與 $\overrightarrow{PB}$ 構成平面的高：$\dfrac{|\overrightarrow{PC}\cdot(\overrightarrow{PA} \times \overrightarrow{PB})|}{|\overrightarrow{PA} \times \overrightarrow{PB}|}$，見 6-17 節。所以利用向量有平移特

性，移動後就可以看到三角錐，見圖 3。

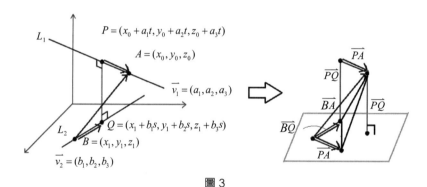

圖 3

可以發現就是求兩歪斜線距離就是求 $\overrightarrow{BA}$ 在 $\overrightarrow{BQ} = \vec{v_2}$ 與 $\overrightarrow{PA} = \vec{v_1}$ 構成平面的高，所以

是 $d(L_1, L_2) = \dfrac{|\overrightarrow{BA}\cdot(\vec{v_1} \times \vec{v_2})|}{|\vec{v_1} \times \vec{v_2}|} = \dfrac{|(\vec{v_1} \times \vec{v_2})\cdot\overrightarrow{AB}|}{|\vec{v_1} \times \vec{v_2}|}$，可以發現向量平移後大大縮短證明流程。

6-23 三垂線定理的討論

在高中的課程有講到空間中的三垂線定理，而這是同學常常不明白證明的內容，在此用三個方法來說明，直覺、畢氏定理、向量。

三垂線定理 (1)：$\overline{PA} \perp E$，且 $\overline{AB} \perp L$，使得 $\overline{PB} \perp L$，見圖 1。

三垂線定理 (2)：$\overline{PA} \perp E$，且 $\overline{PB} \perp L$，使得 $\overline{AB} \perp L$，見圖 1。

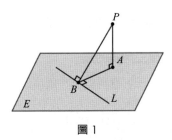

圖 1

1. 直覺法

(1) 三垂線定理 (a)：$\overline{PA} \perp E$，且 $\overline{AB} \perp L$，使得 $\overline{PB} \perp L$。已知 $\overline{PA} \perp E$，且 $\overline{AB} \perp L$，並在直線 L 上作 2 點 B_1、B_2，並與 A 點、P 點連線，見圖 2。

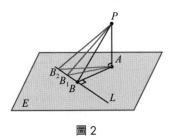

圖 2

而 $\overline{AB} \perp L$，$\overline{AB}$ 是 A 點到直線 L 的最短距離，所以 $\overline{AB_2} > \overline{AB_1} > \overline{AB}$。

而直角三角形一股長度 $\overline{PA}$ 固定，另一股長度有變化，如：$\overline{AB_2}, \overline{AB_1}, \overline{AB}$，則對應的斜邊長之變化，如：$\overline{PB_2}, \overline{PB_1}, \overline{PB}$，其長度大小 $\overline{AB_2} > \overline{AB_1} > \overline{AB}$，則 $\overline{PB_2} > \overline{PB_1} > \overline{PB}$。而 $\overline{AB}$ 是最短的距離，所以 $\overline{PB}$ 也會是最短的距離，也就是 $\overline{PB} \perp L$。

(2) 三垂線定理 (b)：$\overline{PA} \perp E$，且 $\overline{PB} \perp L$，使得 $\overline{AB} \perp L$，類似 (a) 方法得證。

2. 畢氏定理方法

(1) 三垂線定理 (a)：$\overline{PA} \perp E$，且 $\overline{AB} \perp L$，使得 $\overline{PB} \perp L$。已知 $\overline{PA} \perp E$，且 $\overline{AB} \perp L$，並在直線 L 上作 1 點 C，並與 A 點、P 點連線，見圖 3。

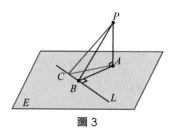

圖 3

因為 △ PAB 是直角三角形,所以 $\overline{PB}^2 = \overline{PA}^2 + \overline{AB}^2$,則 $\overline{PA}^2 = \overline{PB}^2 - \overline{AB}^2$ …(1);

以及 △ ABC 是直角三角形,所以 $\overline{AC}^2 = \overline{AB}^2 + \overline{BC}^2$ …(2);

以及 △ PAC 是直角三角形,所以 $\overline{PC}^2 = \overline{PA}^2 + \overline{AC}^2$ …(3);

將 (1)、(2) 代入 (3),得到 $\overline{PC}^2 = (\overline{PB}^2 - \overline{AB}^2) + (\overline{AB}^2 + \overline{BC}^2) = \overline{PB}^2 + \overline{BC}^2$

也就說明了 △ PBC 符合畢氏定理,故 $\overline{PB} \perp L$。

(2) 三垂線定理 (b):$\overline{PA} \perp E$,且 $\overline{PB} \perp L$,使得 $\overline{AB} \perp L$,類似 (a) 方法得證。

3. 向量方法

(1) 三垂線定理 (a):$\overline{PA} \perp E$,且 $\overline{AB} \perp L$,使得 $\overline{PB} \perp L$。已知 $\overline{PA} \perp E$,且 $\overline{AB} \perp L$,並在直線 L 上作 1 點 C,並作出所需的向量,見圖 4。

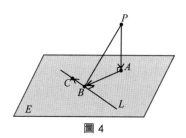

圖 4

已知 $\overrightarrow{PA} \perp E$,且向量有平移特性,所以 $\overrightarrow{PA}$ 垂直平面,故 $\overrightarrow{PA} \perp \overrightarrow{BC}$,則 $\overrightarrow{PA} \cdot \overrightarrow{BC} = 0$ …(1);$\overrightarrow{AB} \perp L$,故 $\overrightarrow{AB} \perp \overrightarrow{BC}$,則 $\overrightarrow{AB} \cdot \overrightarrow{BC} = 0$ …(2),將 (1)+(2),得到 $\overrightarrow{PA} \cdot \overrightarrow{BC} + \overrightarrow{AB} \cdot \overrightarrow{BC} = 0$,化簡 $(\overrightarrow{PA} + \overrightarrow{AB}) \cdot \overrightarrow{BC} = 0$,合併得到 $\overrightarrow{PB} \cdot \overrightarrow{BC} = 0$,也就是 $\overrightarrow{PA} \perp \overrightarrow{BC}$,故 $\overline{PB} \perp L$。

(2) 三垂線定理 (b):$\overline{PA} \perp E$,且 $\overline{PB} \perp L$,使得 $\overline{AB} \perp L$,類似 (a) 方法得證。

6-24 向量方法證明畢氏定理、三角不等式

1. 畢氏定理

已知畢氏定理 $c^2 = a^2 + b^2$，見圖 1。

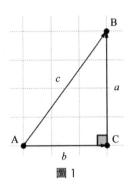

圖 1

因為 $\overrightarrow{AC} \perp \overrightarrow{CB}$，所以 $\overrightarrow{AC} \cdot \overrightarrow{CB} = 0 \cdots (1)$；而 $\overrightarrow{AB} = \overrightarrow{AC} + \overrightarrow{CB}$，討論其長度 $|\overrightarrow{AB}| = |\overrightarrow{AC} + \overrightarrow{CB}|$，將其平方 $|\overrightarrow{AB}|^2 = |\overrightarrow{AC} + \overrightarrow{CB}|^2 = |\overrightarrow{AC}|^2 + 2 \times \overrightarrow{AC} \cdot \overrightarrow{CB} + |\overrightarrow{CB}|^2 \cdots (2)$

將 (1) 代入 (2)，得到 $|\overrightarrow{AB}|^2 = |\overrightarrow{AC}|^2 + |\overrightarrow{CB}|^2$，也就是 $c^2 = a^2 + b^2$，畢氏定理得證。

2. 三角不等式

利用圓規知道任兩邊合小於第三邊無法構成三角形，見圖 2；任兩邊合等於第三邊無法構成三角形，見圖 3；任兩邊合大於第三邊可構成三角形，見圖 4。所以可記作：$a + b > c$。移項可以得到任兩邊相減小於第三邊：$a > c - b$。

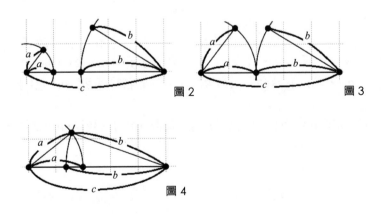

圖 2　　圖 3

圖 4

接著利用向量證明，見圖 5，

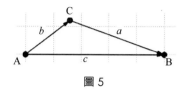

圖 5

可知 $\overrightarrow{AB} = \overrightarrow{AC} + \overrightarrow{CB}$，雙邊都討論距離，可改寫為 $|\overrightarrow{AB}| = |\overrightarrow{AC} + \overrightarrow{CB}|$，雙邊平方展開 $|\overrightarrow{AB}|^2 = |\overrightarrow{AC} + \overrightarrow{CB}|^2 = |\overrightarrow{AC}|^2 + 2 \times \overrightarrow{AC} \cdot \overrightarrow{CB} + |\overrightarrow{CB}|^2 \cdots (1)$，而 $\overrightarrow{AC}$ 與 $\overrightarrow{CB}$ 的內積是 $\overrightarrow{AC} \cdot \overrightarrow{CB} = |\overrightarrow{AC}||\overrightarrow{CB}|\cos\theta$，所以 $\dfrac{\overrightarrow{AC} \cdot \overrightarrow{CB}}{|\overrightarrow{AC}||\overrightarrow{CB}|} = \cos\theta$，而 $\cos\theta \le 1$，所以 $\dfrac{\overrightarrow{AC} \cdot \overrightarrow{CB}}{|\overrightarrow{AC}||\overrightarrow{CB}|} \le 1$，

故 $\overrightarrow{AC} \cdot \overrightarrow{CB} \le |\overrightarrow{AC}||\overrightarrow{CB}| \cdots (2)$，將 (2) 代入 (1)，得到

$|\overrightarrow{AB}|^2 = |\overrightarrow{AC}|^2 + 2 \times \overrightarrow{AC} \cdot \overrightarrow{CB} + |\overrightarrow{CB}|^2 \le |\overrightarrow{AC}|^2 + 2 \times |\overrightarrow{AC}||\overrightarrow{CB}| + |\overrightarrow{CB}|^2 \cdots (3)$，

而 $|\overrightarrow{AC}|^2 + 2 \times |\overrightarrow{AC}||\overrightarrow{CB}| + |\overrightarrow{CB}|^2 = (|\overrightarrow{AC}| + |\overrightarrow{CB}|)^2 \cdots (4)$，(4) 代入 (3)，得到

$|\overrightarrow{AB}|^2 \le (|\overrightarrow{AC}| + |\overrightarrow{CB}|)^2$，所以 $|\overrightarrow{AB}| \le |\overrightarrow{AC}| + |\overrightarrow{CB}|$，也就是 $c \le a + b$，而這就是三角不等式。

補充證明：實數的三角不等式

已知 $|a + b|^2 = a^2 + 2ab + b^2 \cdots (1)$、$(|a| + |b|)^2 = a^2 + 2|a||b| + b^2 \cdots (2)$，將 (2) − (1) 得到 $(|a| + |b|)^2 - |a + b|^2 = (a^2 + 2|a||b| + b^2) - (a^2 + 2ab + b^2) = 2|a||b| - 2ab$，而 $|a||b| \ge ab$，所以 $|a||b| - ab \ge 0$，故 $(|a| + |b|)^2 - |a + b|^2 \ge 0$，所以 $(|a| + |b|)^2 \ge |a + b|^2$，使得 $|a| + |b| \ge |a + b|$。

已知 $|a| + |b| \ge |a + b|$，令 $a = x, b = -y$，則 $|x| + |-y| \ge |x + (-y)|$，化簡得到 $|x| + |y| \ge |x - y| \cdots (3)$。

以及 $|a| + |b| \ge |a + b|$，令 $a = x - y, b = y$，則 $|x - y| + |y| \ge |(x - y) + y|$，化簡得到 $|x - y| + |y| \ge |x|$，移項可得 $|x - y| \ge |x| - |y| \cdots (4)$。

合併 (3) 與 (4)，所以 $|x| + |y| \ge |x - y| \ge |x| - |y|$。

6-25 傳統解析幾何的分點公式與向量的三點共線定理

一般來說中點公式不陌生，見圖1，M 是 $\overline{AB}$ 中點，所以 $\overline{AB} = 2\overline{AM}$，以座標值討論就是 $x_b - x_a = 2(x_m - x_a)$，化簡整理 $\dfrac{x_b - x_a}{2} = x_m - x_a$，再化簡 $\dfrac{x_b - x_a}{2} + x_a = x_m$，得到 $x_m = \dfrac{x_a + x_b}{2}$。所以一維度中點公式：$M = \dfrac{A+B}{2}$ 或 $x_m = \dfrac{x_a + x_b}{2}$。而二維度中點公式，只是在 y 方向在作一次中點公式證明，所以記作 $M = \dfrac{A+B}{2}$ 或 $(x_m, y_m) = (\dfrac{x_a + x_b}{2}, \dfrac{y_a + y_b}{2})$，見圖2。

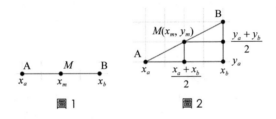

圖1　　　　　圖2

而任意分點也是類似方法，見圖3，C 是 $\overline{AB}$ 的分割點，$\overline{AC} : \overline{CB} = m : n$，所以 $n \times \overline{AC} = m \times \overline{CB}$，以座標值討論就是 $n(x_c - x_a) = m(x_b - x_c)$，化簡整理 $nx_c - nx_a = mx_b - mx_c$，再化簡 $(n+m)x_c = mx_b + nx_a$，得到 $x_c = \dfrac{mx_b + nx_a}{m+n}$。

所以一維度分點公式：$C = \dfrac{nA + mB}{m+n}$ 或 $x_c = \dfrac{mx_b + nx_a}{m+n}$，有如交叉的感覺，見圖4。而二維度分點公式，只是在 y 方向再作一次推導，

所以記作 $C = \dfrac{nA + mB}{m+n}$ 或 $(x_c, y_c) = (\dfrac{mx_b + nx_a}{m+n}, \dfrac{my_b + ny_a}{m+n})$，見圖5。

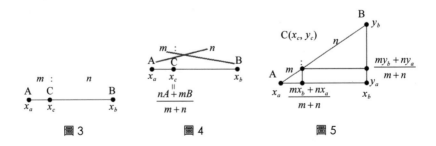

圖3　　　　　圖4　　　　　圖5

如果將其放到向量空間上時，也會有類似的概念出現，找一任意點 P 點到 A、B、C 三點作向量，見圖 6。

已知 $\overrightarrow{AC} = \dfrac{m}{m+n}\overrightarrow{AB}$，

將其拆成向量減法，$\overrightarrow{PC} - \overrightarrow{PA} = \dfrac{m}{m+n}(\overrightarrow{PB} - \overrightarrow{PA})$，

移項，$\overrightarrow{PC} = \overrightarrow{PA} + \dfrac{m}{m+n}\overrightarrow{PB} - \dfrac{m}{m+n}\overrightarrow{PA}$

化簡，$\overrightarrow{PC} = \dfrac{n}{m+n}\overrightarrow{PA} + \dfrac{m}{m+n}\overrightarrow{PB}$

所以 $\overrightarrow{PC} = \dfrac{n}{m+n}\overrightarrow{PA} + \dfrac{m}{m+n}\overrightarrow{PB}$，有如交叉的感覺，見圖 7。

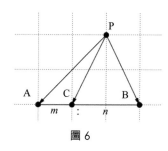

圖 6

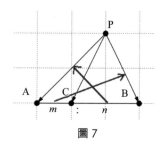

圖 7

由圖 6 可以看到 $\overrightarrow{PA} = (-2, -2), \overrightarrow{PB} = (1, -2), \overrightarrow{PC} = (-1, -2), m = 1, n = 2$，將數值代入看看是否成立，$\overrightarrow{PC} = \dfrac{n}{m+n}\overrightarrow{PA} + \dfrac{m}{m+n}\overrightarrow{PB} = \dfrac{2}{3}(-2, -2) + \dfrac{1}{3}(1, -2) = (\dfrac{-3}{3}, \dfrac{-6}{3}) = (-1, -2)$，故公式正確。$\overrightarrow{PC} = \dfrac{n}{m+n}\overrightarrow{PA} + \dfrac{m}{m+n}\overrightarrow{PB}$，此式在數學稱為向量的三點共線定理。此定理對求三角形內心與重心，有著化簡公式的效用。

補充說明 1：傳統解析幾何的分點公式與向量的三點共線定理，兩者的原理是一樣的，沒必要給新名詞，作者認為稱作向量的分點公式，會讓學生比較有一致性也可以少背一點東西。

補充說明 2：向量分點公式也可以這樣證，但不直覺

$$\overrightarrow{PC} = \overrightarrow{PA} + \overrightarrow{AC} = \overrightarrow{PA} + \dfrac{m}{m+n} \times \overrightarrow{AB} = \overrightarrow{PA} + \dfrac{m}{m+n} \times (\overrightarrow{PB} - \overrightarrow{PA})$$

$$= \dfrac{m+n}{m+n} \times \overrightarrow{PA} + \dfrac{m}{m+n} \times \overrightarrow{PB} - \dfrac{m}{m+n} \times \overrightarrow{PA} = \dfrac{n}{m+n}\overrightarrow{PA} + \dfrac{m}{m+n}\overrightarrow{PB}$$

6-26 計算三角形重心

已知三點共線定理是 $\overrightarrow{PC} = \dfrac{n}{m+n}\overrightarrow{PA} + \dfrac{m}{m+n}\overrightarrow{PB}$，接著利用此式推導出一個數學式來幫助求重心，見以下內容。

重心是中線相交，見圖 1，所以 $\overrightarrow{AD} = \dfrac{1}{2}\overrightarrow{AB} + \dfrac{1}{2}\overrightarrow{AC}$ …(1)，

同時重心將中線分為 $1:2$，見圖 1，所以 $\overrightarrow{AG} = \dfrac{2}{3}\overrightarrow{AD}$，則 $\dfrac{3}{2}\overrightarrow{AG} = \overrightarrow{AD}$ …(2)。

將 (2) 代入 (1)，得到 $\dfrac{3}{2}\overrightarrow{AG} = \dfrac{1}{2}\overrightarrow{AB} + \dfrac{1}{2}\overrightarrow{AC}$，則 $\overrightarrow{AG} = \dfrac{1}{3}\overrightarrow{AB} + \dfrac{1}{3}\overrightarrow{AC}$。

為了方便計算，會從外部任意 P 點來幫助計算，見圖 2。

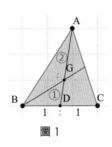

圖 1

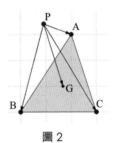

圖 2

所以 $\overrightarrow{AG} = \dfrac{1}{3}\overrightarrow{AB} + \dfrac{1}{3}\overrightarrow{AC}$，改寫為 $\overrightarrow{PG} - \overrightarrow{PA} = \dfrac{1}{3}(\overrightarrow{PB} - \overrightarrow{PA}) + \dfrac{1}{3}(\overrightarrow{PC} - \overrightarrow{PA})$，

移項 $\overrightarrow{PG} = \dfrac{1}{3}\overrightarrow{PB} - \dfrac{1}{3}\overrightarrow{PA} + \dfrac{1}{3}\overrightarrow{PC} - \dfrac{1}{3}\overrightarrow{PA} + \overrightarrow{PA}$，化簡得到 $\overrightarrow{PG} = \dfrac{1}{3}\overrightarrow{PA} + \dfrac{1}{3}\overrightarrow{PB} + \dfrac{1}{3}\overrightarrow{PC}$，

而任意 P 點通常會用原點 O，故改寫為 $\overrightarrow{OG} = \dfrac{1}{3}\overrightarrow{OA} + \dfrac{1}{3}\overrightarrow{OB} + \dfrac{1}{3}\overrightarrow{OC}$。

其原因是 $\overrightarrow{OG}$ 向量值就是重心 G 點的座標值，其他 A、B、C 三點同理，因此只要有三角形的三點座標，就可以方便算出重心。

二度空間：$G = (x_G, y_G) = \dfrac{A+B+C}{3} = (\dfrac{x_A + x_B + x_C}{3}, \dfrac{y_A + y_B + y_C}{3})$。

三度空間：$G = (x_G, y_G, z_G) = \dfrac{A+B+C}{3} = (\dfrac{x_A + x_B + x_C}{3}, \dfrac{y_A + y_B + y_C}{3}, \dfrac{z_A + z_B + z_C}{3})$。

同時 $\overrightarrow{PG} = \dfrac{1}{3}\overrightarrow{PA} + \dfrac{1}{3}\overrightarrow{PB} + \dfrac{1}{3}\overrightarrow{PC}$，若令任意 P 點是重心 G 點，會得到

$\overrightarrow{GG} = \dfrac{1}{3}\overrightarrow{GA} + \dfrac{1}{3}\overrightarrow{GB} + \dfrac{1}{3}\overrightarrow{GC} \Rightarrow 0 = \dfrac{1}{3}\overrightarrow{GA} + \dfrac{1}{3}\overrightarrow{GB} + \dfrac{1}{3}\overrightarrow{GC}$，這就是代表重心平衡，合力為 0 的意思。

傳統解析幾何，如何求重心座標

以二度空間為例，求 A（3, 4）、B（1, 1）、C（4, 1）構成的三角形的重心座標值，見圖 3。

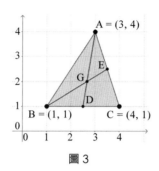

圖 3

第一步：找出一條中線

重心是中線交點，故要先找出兩中線方程式，所以要先找對應的中點，
$\overleftrightarrow{AD}$ 直線方程式，已知 $A = (3, 4)$，D 是 $\overline{BC}$ 中點為（2, 5, 1），
有兩點後，利用 $y = ax + b$ 得到 $\overleftrightarrow{AD}$ 直線方程式為 $y = 6x - 14\cdots(1)$

第二步：找另一條中線

$\overleftrightarrow{BE}$ 直線方程式，已知 $B = (1, 1)$，E 是 $\overline{AC}$ 中點為（3.5, 2.5），
有兩點後，利用 $y = ax + b$ 得到 $\overleftrightarrow{BE}$ 直線方程式為 $y = 0.6x + 0.4\cdots(2)$

第三步：解交點

而重心 G 點是 (1) 與 (2) 的解聯立，$G = \begin{cases} y = 6x - 14 \\ y = 0.6x + 0.4 \end{cases} \Rightarrow G = (\frac{8}{3}, 2)$。

但如果套向量推導的重心公式，

$$G = (\frac{x_A + x_B + x_C}{3}, \frac{y_A + y_B + y_C}{3}) = (\frac{1 + 3 + 4}{3}, \frac{1 + 4 + 1}{3}) = (\frac{8}{3}, 2)。$$

馬上得到答案，所以向量有效化簡計算過程。

可以看到傳統解析幾何可以求重心，只是相對於用向量求重心的方法繁瑣許多，並且這僅僅是二度空間，如果到三度空間將會更加麻煩，要用參數式再解聯立，所以向量有效化簡計算過程。

6-27 計算三角形內心 (1)：向量方法

　　已知三點共線定理是 $\overrightarrow{PC} = \dfrac{n}{m+n}\overrightarrow{PA} + \dfrac{m}{m+n}\overrightarrow{PB}$，接著利用此式推導出一個數學式來幫助求內心，見以下內容。

　　內心是角平分線相交，觀察圖 1，$\overline{AD}$ 是 $\angle BAC$ 的角平分線，故有內分比性質使得 $\overline{AB}:\overline{AC} = \overline{BD}:\overline{CD} = c:b$，所以 $\overline{BD} = \dfrac{c}{b+c} \times \overline{BC} = \dfrac{ac}{b+c}$。

　　觀察圖 2，$\overline{BI}$ 是 $\angle ABC$ 的角平分線，使得 $\overline{BA}:\overline{BD} = \overline{AI}:\overline{ID} = c:\dfrac{ac}{b+c} = b+c:a$，所以 $\overrightarrow{BI} = \dfrac{a}{a+b+c}\overrightarrow{BA} + \dfrac{b+c}{a+b+c}\overrightarrow{BD} = \dfrac{a}{a+b+c}\overrightarrow{BA} + \dfrac{b+c}{a+b+c} \times \dfrac{c}{b+c} \times \overrightarrow{BC}$，

　　故 $\overrightarrow{BI} = \dfrac{a}{a+b+c}\overrightarrow{BA} + \dfrac{c}{a+b+c} \times \overrightarrow{BC}$。

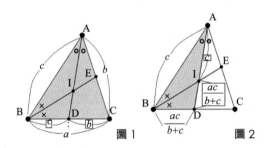

圖 1　　圖 2

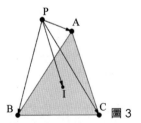

圖 3

　　為了方便計算，會從外部任意 P 點來幫助計算，見圖 3。

　　所以 $\overrightarrow{BI} = \dfrac{a}{a+b+c}\overrightarrow{BA} + \dfrac{c}{a+b+c} \times \overrightarrow{BC}$，

　　改寫為 $\overrightarrow{PI} - \overrightarrow{PB} = \dfrac{a}{a+b+c}(\overrightarrow{PA} - \overrightarrow{PB}) + \dfrac{c}{a+b+c} \times (\overrightarrow{PC} - \overrightarrow{PB})$，

　　移項 $\overrightarrow{PI} = \dfrac{a}{a+b+c}\overrightarrow{PA} - \dfrac{a}{a+b+c}\overrightarrow{PB} + \dfrac{c}{a+b+c}\overrightarrow{PC} - \dfrac{c}{a+b+c}\overrightarrow{PB} + \overrightarrow{PB}$，

化簡得到 $\overrightarrow{PI} = \dfrac{a}{a+b+c}\overrightarrow{PA} + \dfrac{b}{a+b+c}\overrightarrow{PB} + \dfrac{c}{a+b+c}\overrightarrow{PC}$。

而任意 P 點通常會用原點 O，故改寫為

$\overrightarrow{OI} = \dfrac{a}{a+b+c}\overrightarrow{OA} + \dfrac{b}{a+b+c}\overrightarrow{OB} + \dfrac{c}{a+b+c}\overrightarrow{OC}$。

其原因是 $\overrightarrow{OI}$ 向量值就是內心 I 點的座標值，其他 A、B、C 三點同理，因此只要有三角形的三點座標，就可以方便算出內心。

二度空間：$I = (x_I, y_I) = \dfrac{aA+bB+cC}{a+b+c} = (\dfrac{ax_A+bx_B+cx_C}{a+b+c}, \dfrac{ay_A+by_B+cy_C}{a+b+c})$。

三度空間：

$I = (x_I, y_I, z_I) = \dfrac{aA+bB+cC}{a+b+c} = (\dfrac{ax_A+bx_B+cx_C}{a+b+c}, \dfrac{ay_A+by_B+cy_C}{a+b+c}, \dfrac{az_A+bz_B+cz_C}{a+b+c})$。

如何求內心座標

以二度空間為例，求 $A\,(3, 4)$、$B\,(1, 1)$、$C\,(4, 1)$ 構成的三角形的內心座標值，見圖 4。

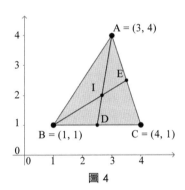

圖 4

套向量推導的內心公式，$I = (x_I, y_I) = (\dfrac{ax_A+bx_B+cx_C}{a+b+c}, \dfrac{ay_A+by_B+cy_C}{a+b+c})$。

三角形三邊長 $a = 3, b = \sqrt{1^2+3^2} = \sqrt{10}, c = \sqrt{2^2+3^2} = \sqrt{13}$，所以

$I = (x_I, y_I, z_I) = (\dfrac{3\times3+\sqrt{10}\times1+\sqrt{13}\times4}{3+\sqrt{10}+\sqrt{13}}, \dfrac{3\times4+\sqrt{10}\times1+\sqrt{13}\times1}{3+\sqrt{10}+\sqrt{13}})$

$= (\dfrac{9+\sqrt{10}+4\sqrt{13}}{3+\sqrt{10}+\sqrt{13}}, \dfrac{12+\sqrt{10}+\sqrt{13}}{3+\sqrt{10}+\sqrt{13}}) \approx (2.72, 1.92)$

馬上得到答案，所以向量有效化簡計算過程，在下一小節將會介紹傳統解析幾何如何求內心。

6-28 計算三角形內心 (2)：傳統解析幾何

傳統解析幾何，如何求內心座標，以二度空間爲例，求 $A(3,4)$、$B(1,1)$、$C(1,1)$ 構成的三角形的內心座標值，見圖 1。

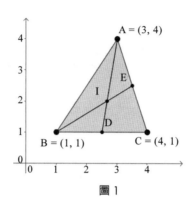

圖 1

第一步：找三邊方程式

內心是角平分線交點，故要先找出兩條角平分線方程式，而角平分線上的點到夾角兩邊距離相同，故要先找出三角形三邊的方程式。

利用 A、B 兩點，及 $y = ax + b$，$\overleftrightarrow{AB}$ 直線方程式：$3x - 2y - 1 = 0$；

利用 A、C 兩點，及 $y = ax + b$，$\overleftrightarrow{AC}$ 直線方程式：$3x + y - 13 = 0$；

利用 B、C 兩點，及 $y = ax + b$，$\overleftrightarrow{BC}$ 直線方程式：$y - 1 = 0$。

第二步：找第一條角平分線

$\overleftrightarrow{AD}$ 直線方程式爲 $\overleftrightarrow{AB}$ 與 $\overleftrightarrow{AC}$ 直線方程式的角平分線，$\overleftrightarrow{AD}$ 上的 P 點到這兩邊距離相等，故利用點到線距離公式：$d(P,L) = \dfrac{|ax + by + c|}{\sqrt{a^2 + b^2}}$，

列出 $d(P, L_{\overleftrightarrow{AB}}) = d(P, L_{\overleftrightarrow{AC}})$，也就是 $\dfrac{|3x - 2y - 1|}{\sqrt{3^2 + (-2)^2}} = \dfrac{|3x + y - 13|}{\sqrt{3^2 + 1^2}}$，

因爲絕對值關係，會得到兩式 $\begin{cases} \sqrt{10}(3x - 2y - 1) = \sqrt{13}(3x + y - 13) \\ \sqrt{10}(3x - 2y - 1) = -\sqrt{13}(3x + y - 13) \end{cases}$，

展開得到 $\begin{cases} 3\sqrt{10}x - 2\sqrt{10}y - \sqrt{10} = 3\sqrt{13}x + \sqrt{13}y - 13\sqrt{13} \\ 3\sqrt{10}x - 2\sqrt{10}y - \sqrt{10} = -3\sqrt{13}x - \sqrt{13}y + 13\sqrt{13} \end{cases}$，

移項得到 $\begin{cases} (3\sqrt{10} - 3\sqrt{13})x + (-2\sqrt{10} - \sqrt{13})y + (-\sqrt{10} + 13\sqrt{13}) = 0 \\ (3\sqrt{10} + 3\sqrt{13})x + (-2\sqrt{10} + \sqrt{13})y + (-\sqrt{10} - 13\sqrt{13}) = 0 \end{cases}$，

由圖 1 可觀察到直線方程式斜率爲正，

所以 $\overleftrightarrow{AD}$ 直線方程式爲 $(3\sqrt{10}+3\sqrt{13})x+(-2\sqrt{10}+\sqrt{13})y+(-\sqrt{10}-13\sqrt{13})=0$，

化簡 $\overleftrightarrow{AD}$ 得到直線方程式約爲 $x-0.1339y-2.4643=0 \cdots(1)$。

第三步：找另一條角平分線

$\overleftrightarrow{BE}$ 直線方程式爲 $\overleftrightarrow{AB}$ 與 $\overleftrightarrow{BC}$ 直線方程式的角平分線，$\overleftrightarrow{BE}$ 上的 Q 點到這兩邊距離

相等，故利用點到線距離公式：$d(P,L)=\dfrac{|ax+by+c|}{\sqrt{a^2+b^2}}$，

列出 $d(Q,L_{\overleftrightarrow{AB}})=d(Q,L_{\overleftrightarrow{BC}})$，也就是 $\dfrac{|3x-2y-1|}{\sqrt{3^2+(-2)^2}}=\dfrac{|y-1|}{\sqrt{0^2+1^2}}$，

因爲絕對值關係，會得到兩式 $\begin{cases}\sqrt{1}(3x-2y-1)=\sqrt{13}(y-1)\\\sqrt{1}(3x-2y-1)=-\sqrt{13}(y-1)\end{cases}$，

展開得到 $\begin{cases}3x-2y-1=\sqrt{13}y-\sqrt{13}\\3x-2y-1=-\sqrt{13}y+\sqrt{13}\end{cases}$，

移項得到 $\begin{cases}3x+(-2-\sqrt{13})y+(-1+\sqrt{13})=0\\3x+(-2+\sqrt{13})y+(-1-\sqrt{13})=0\end{cases}$，

由圖 1 可觀察到 $\overleftrightarrow{BE}$ 直線方程式斜率爲正，

所以 $\overleftrightarrow{BE}$ 直線方程式爲 $3x+(-2-\sqrt{13})y+(-1+\sqrt{13})=0$，

化簡得到 $\overleftrightarrow{BE}$ 直線方程式約爲 $x-1.8685y+0.8685=0 \cdots(2)$。

第四步：解聯立找內心

內心 I 點是 (1) 與 (2) 的解聯立，$I=\begin{cases}x-0.1339y-2.4643=0\\x-1.8685y+0.8685=0\end{cases} \Rightarrow I\approx(2.72,1.92)$。

結論：

可以看到傳統解析幾何也可以求內心，只是相對於用向量求內心的方法繁瑣許多，並且這僅僅是二度空間，如果到三度空間將會更加麻煩，要用參數式再解聯立，所以向量有效化簡計算過程。

6-29 外心、垂心的向量性質

三角形外心、垂心的向量性質

已經學會求內心與重心的向量方法，接著討論外心、垂心部分，但因爲外心、垂心用向量並沒有更好計算。見公式，與圖1：外心與向量、圖2：垂心與向量。

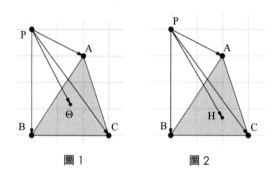

圖1　　　　　　圖2

P 爲任意點，所以也常用 O 代替。外心原本用 O 但符號重複所以用 Θ，
$\triangle ABC$ 爲三角形面積。

1. 外心公式：$\overrightarrow{O\Theta} = \dfrac{a^2(b^2+c^2-a^2)}{16(\Delta ABC)^2}\overrightarrow{OA} + \dfrac{b^2(a^2+c^2-b^2)}{16(\Delta ABC)^2}\overrightarrow{OB} + \dfrac{c^2(a^2+b^2-c^2)}{16(\Delta ABC)^2}\overrightarrow{OC}$

2. 垂心公式：$\overrightarrow{OH} = \dfrac{a^4-(b^2-c^2)^2}{16(\Delta ABC)^2}\overrightarrow{OA} + \dfrac{b^4-(c^2-a^2)^2}{16(\Delta ABC)^2}\overrightarrow{OB} + \dfrac{c^4-(a^2-b^2)^2}{16(\Delta ABC)^2}\overrightarrow{OC}$

公式看起來相當複雜，因此就不再推導向量方式，而是介紹傳統解析幾何的方法求外心、垂心，有興趣其推導過程的讀者可以見連結：http://web.math.sinica.edu.tw/math_media/d341/34103.pdf

傳統解析幾何求外心、垂心，在此就不帶例題，而是介紹流程
1. 外心：三中垂線相交，見圖3

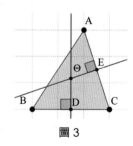

圖3

第一步：由 B、C 兩點作出中點 D，作出過 B、C 點的直線方程式：$a_1x + b_1y + c_1 = 0$，取其係數 a_1, b_1，作出垂直的直線方程式：$b_1x - a_1y + \tilde{c}_1 = 0$，代入中點 D，作出 $\overline{BC}$ 中垂線的直線方程式：$b_1x - a_1y + \tilde{\tilde{c}}_1 = 0$。

第二步：同理，作出 $\overline{AC}$ 中垂線：$b_2x - a_2y + \tilde{\tilde{c}}_2 = 0$。

第三步：兩中垂線直線方程式解聯立得外心 Θ。

2. 垂心：三高相交，見圖 4

第一步：作出過 B、C 點的直線方程式：$a_1x + b_1y + c_1 = 0$，取其係數 a_1, b_1，作出垂直的直線方程式：$b_1x - a_1y + \tilde{c}_1 = 0$，代入對應頂點 A，作出 $\overline{BC}$ 邊上的高的直線方程式：$b_1x - a_1y + \tilde{\tilde{c}}_1 = 0$。

第二步：同理，作出 $\overline{AC}$ 邊上的高的直線方程式：$b_2x - a_2y + \tilde{\tilde{c}}_2 = 0$。

第三步：兩高直線方程式解聯立得垂心 H。

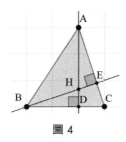

圖 4

外心、垂心的向量性質，見以下內容。

1. **外心**：$\overrightarrow{A\Theta} \cdot \overrightarrow{AB} = \frac{1}{2}|AB|^2$, $\overrightarrow{A\Theta} \cdot \overrightarrow{AC} = \frac{1}{2}|AC|^2$，**見圖 5**

$$\overrightarrow{A\Theta} \cdot \overrightarrow{AB} = (\overrightarrow{AM} + \overrightarrow{M\Theta}) \cdot \overrightarrow{AB} = \overrightarrow{AM} \cdot \overrightarrow{AB} + \overrightarrow{M\Theta} \cdot \overrightarrow{AB} = \frac{1}{2}\overrightarrow{AB} \cdot \overrightarrow{AB} + 0 = \frac{1}{2}|\overrightarrow{AB}|^2$$

故 $\overrightarrow{A\Theta} \cdot \overrightarrow{AB} = \frac{1}{2}|AB|^2$，而 $\overrightarrow{A\Theta} \cdot \overrightarrow{AC} = \frac{1}{2}|AC|^2$ 同理。

2. **垂心**：$\overrightarrow{AB} \cdot \overrightarrow{AH} = \overrightarrow{AC} \cdot \overrightarrow{AH} = \overrightarrow{AB} \cdot \overrightarrow{AC}$，**見圖 6**

$\overrightarrow{AB} \cdot \overrightarrow{AH} = \overrightarrow{AB} \cdot (\overrightarrow{AC} + \overrightarrow{CH}) = \overrightarrow{AB} \cdot \overrightarrow{AC} + \overrightarrow{AB} \cdot \overrightarrow{CH} = \overrightarrow{AB} \cdot \overrightarrow{AC} + 0 = \overrightarrow{AB} \cdot \overrightarrow{AC}$

故 $\overrightarrow{AB} \cdot \overrightarrow{AH} = \overrightarrow{AB} \cdot \overrightarrow{AC}$，而 $\overrightarrow{AC} \cdot \overrightarrow{AH} = \overrightarrow{AB} \cdot \overrightarrow{AC}$ 同理。

所以 $\overrightarrow{AB} \cdot \overrightarrow{AH} = \overrightarrow{AC} \cdot \overrightarrow{AH} = \overrightarrow{AB} \cdot \overrightarrow{AC}$。

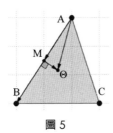

圖 5

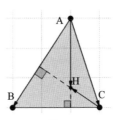

圖 6

6-30 兩面角與兩平面交線的向量求法

在 2-20 節、2-21 節已經學會兩面角與兩平面交線的傳統解析幾何求法，接著看看向量如何計算。

兩面角的向量求法

先觀察 $E_1：a_1x + b_1y + c_1z + d_1 = 0$ 與 $E_2：a_2x + b_2y + c_2z + d_2 = 0$ 兩面角在哪，見圖 1，2-20 節的方法要先求出交線，才能繼續算，但向量方法不用。

畫上兩平面的平面法向量 $\vec{n_1} = (a_1, b_1, c_1), \vec{n_2} = (a_2, b_2, c_2)$，見圖 2，

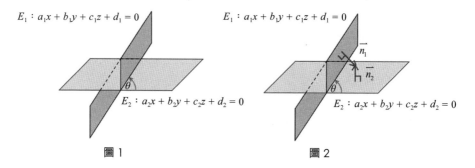

圖 1　　　　　　　　　　　　　圖 2

觀察其兩面角與法向量的圖案，見圖 3，而內積是兩向量箭尾接在一起，見圖 4。

圖 3　　　　　　　圖 4

利用內積數學式可得，$(-\vec{n_1}) \cdot (-\vec{n_2}) = |-\vec{n_1}||-\vec{n_2}| \cos(180^o - \theta)$

$\Rightarrow \vec{n_1} \cdot \vec{n_2} = -|\vec{n_1}||\vec{n_2}| \cos\theta \Rightarrow \cos\theta = \dfrac{\vec{n_1} \cdot \vec{n_2}}{-|\vec{n_1}||\vec{n_2}|}$，但其實兩面角有兩個，見圖 5，可以觀察一個比較大（優角），是 α，小的是 θ，為了方便討論，大多只討論小的角（劣角），取絕對值就可以得到兩面角，也就是 $\Rightarrow \vec{n_1} \cdot \vec{n_2} = -|\vec{n_1}||\vec{n_2}| \cos\theta \Rightarrow \cos\theta = \dfrac{\vec{n_1} \cdot \vec{n_2}}{-|\vec{n_1}||\vec{n_2}|}$

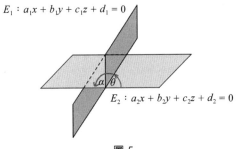

$$E_1 : a_1x + b_1y + c_1z + d_1 = 0$$

$$E_2 : a_2x + b_2y + c_2z + d_2 = 0$$

圖 5

兩平面交線的向量與兩平面交線方程式

已知平面法向量會跟平面上的點、線垂直，而兩平面交線的會跟兩平面的法向量 $\vec{n_1}$、$\vec{n_2}$ 都垂直，見圖 6，也就意味著「兩平面交線的方向向量」是「兩平面法向量的**公垂向量**」。而公垂向量要利用外積，兩平面交線的方向向量 $\vec{v} = \vec{n_1} \times \vec{n_2}$，再找出線上一點，就可以作出參數式。

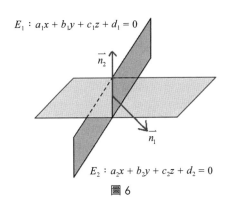

$$E_1 : a_1x + b_1y + c_1z + d_1 = 0$$

$\vec{n_2}$

$\vec{n_1}$

$$E_2 : a_2x + b_2y + c_2z + d_2 = 0$$

圖 6

例題：$\begin{cases} x + y + z = 3 \\ x + 2y + 3z = 4 \end{cases}$ 的交線方程式

其交線方程式的方向向量，$\vec{v} = \vec{n_1} \times \vec{n_2} = (1, 1, 1) \times (1, 2, 3) = (1, -2, 1)$，要找出交線上一點。**為了方便計算交點，可以先令 $z = 0$，因為除非平面與 z 軸平行且不相交，否則平面上一定存在 z 值為 0 的座標。**所以得到 $\begin{cases} x + y = 3 \\ x + 2y = 4 \end{cases} \Rightarrow \begin{cases} x = 2 \\ y = 1 \end{cases}$，故兩平面上的交線上有一點是 $(2, 1, 0)$，則交線方程式為 $L : \begin{cases} x = 2 + t \\ y = 1 - 2t, t \in R \\ z = 0 + t \end{cases}$。

6-31 二度空間的角平分線與三度空間的角平分面

二度空間的角平分線

方法 1

L 是 L_1 與 L_2 的角平分線，L 的任意 P 點到 L_1 與 L_2 距離相等，見圖 1。

故可以利用點到線距離公式：$d(P, L) = \dfrac{|ax + by + c|}{\sqrt{a^2 + b^2}}$。

L 的 P 點到 $L_1：a_1 x + b_1 y + c_1 = 0$ 與 $L_2：a_2 x + b_2 y + c_2 = 0$ 距離相等，

記作 $d(P, L_1) = d(P, L_2)$，也就是 $\dfrac{|a_1 x + b_1 y + c_1|}{\sqrt{a_1^2 + b_1^2}} = \dfrac{|a_2 x + b_2 y + c_2|}{\sqrt{a_2^2 + b_2^2}}$，

因為絕對值關係，$|A| = |B|$ 時，則 $A = B$ 或 $A = -B$，

所以會得到兩式 $\begin{cases} \sqrt{a_2^2 + b_2^2}\,(a_1 x + b_1 y + c_1) = \sqrt{a_1^2 + b_1^2}\,(a_2 x + b_2 y + c_2) \\ \sqrt{a_2^2 + b_2^2}\,(a_1 x + b_1 y + c_1) = -\sqrt{a_1^2 + b_1^2}\,(a_2 x + b_2 y + c_2) \end{cases}$。

展開化簡後就得到兩條角平分線，見圖 2，需要判斷斜率才知道是方程式對應的是哪一條。

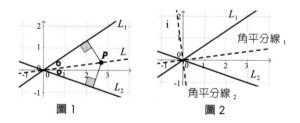

圖 1　　　　圖 2

方法 2

L 是 L_1 與 L_2 的角平分線，此次用例題來帶，$L_1：x + 2y = 0$、$L_2：2x - y = 0$，所以可知交點是（$0, 0$），也列為參數式，$L_1：\begin{cases} x = 0 + 2t \\ y = 0 - t \end{cases}, t \in R$、$L_2：\begin{cases} x = 0 + s \\ y = 0 + 2s \end{cases}, s \in R$，

故可從 L_1 找到一點 $A(2, -1)$、L_2 找到一點 $B(2, 4)$，可以利用 $O(0, 0)$、$A(2, -1)$、$B(2, 4)$，三點來找出角平分線，角平分有內分比性質，內分比會使得長度成比例，$\overline{OA} : \overline{OB} = \overline{AC} : \overline{BC}$，所以內分點是 $(2, \frac{2}{3})$，再將其與原點連線，就是角平分線 $y = \frac{1}{3}x$，

見圖 3。同理另一條就是要利用另一組三點（$0, 0$）、（$2, -1$）、$B_1(-0.5, -1)$，再作一次可得另一條角平分線：$y = -3x$，見圖 4。

補充說明：三度角平分線相對更麻煩，其方法是角平分線方法 2 的推廣，下一小節會再說明。

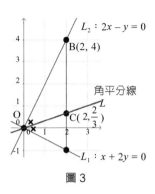

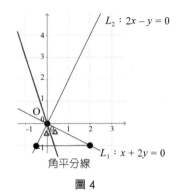

圖 3　　　　　　　　　　　　　　　　圖 4

補充說明：兩個角平分線垂直。

三度空間的角平分面

三度空間的角平分面是二度空間的角平分線方法 1 的推廣，見以下說明。

E 是 E_1 與 E_2 的角平分面，E 的任意 P 點到 E_1 與 E_2 距離相等，見圖 5。

故可以利用點到線距離公式：$d(P, E) = \dfrac{|ax + by + cz + d|}{\sqrt{a^2 + b^2 + c^2}}$。

E 的 P 點到 $L_1 : a_1x + b_1y + c_1z + d_1 = 0$ 與 $L_2 : a_2x + b_2y + c_2z + d_2 = 0$ 與距離相等，

記作 $d(P, E_1) = d(P, E_2)$，也就是 $\dfrac{|a_1x + b_1y + c_1z + d_1|}{\sqrt{a_1^2 + b_1^2 + c_1^2}} = \dfrac{|a_2x + b_2y + c_2z + d|}{\sqrt{a_2^2 + b_2^2 + c_2^2}}$，

因為絕對值關係，$|A| = |B|$ 時，則 $A = B$ 或 $A = -B$，所以會得到兩式

$$\begin{cases} \sqrt{a_2^2 + b_2^2 + c_2^2}\,(a_1x + b_1y + c_1z + d_1) = \sqrt{a_1^2 + b_1^2 + c_1^2}\,(a_2x + b_2y + c_2z + d) \\ \sqrt{a_2^2 + b_2^2 + c_2^2}\,(a_1x + b_1y + c_1z + d_1) = -\sqrt{a_1^2 + b_1^2 + c_1^2}\,(a_2x + b_2y + c_2z + d) \end{cases}$$

展開化簡後就得到兩個角平分面，見圖 6。

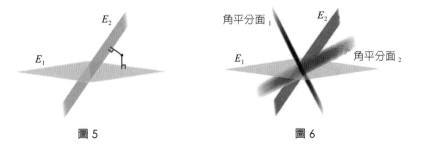

圖 5　　　　　　　　　　　　　　　　圖 6

6-32 三度空間的角平分線

傳統解析幾何方法

　　已知二度空間的角平分線求法，而三度空間在傳統解析的方法是上一小節二度空間角平分線方法 2 的推廣，只是直線的形態在三度空間要改用參數式，見例題。為方便起見將交點設為原點。

例題：$L_1:\begin{cases}x=0+t\\y=0+t,t\in R\\z=0+t\end{cases}$、$L_2:\begin{cases}x=0+s\\y=0+2s,s\in R\\z=0+3s\end{cases}$，找兩條角平分線，

　　從 L_1 找到一點 $A(1,1,1)$、找到一點 $B(1,2,3)$，利用 $O(0,0,0)$、$A(1,1,1)$、$B(1,2,3)$，三點來找出角平分線，角平分有內分比性質，內分比會使得長度成比例，$\overline{OA}:\overline{OB}=\overline{AC}:\overline{BC}=\sqrt{3}:\sqrt{14}$，所以內分點是

$(\dfrac{\sqrt{3}\times1+\sqrt{14}\times1}{\sqrt{3}+\sqrt{14}},\dfrac{\sqrt{3}\times2+\sqrt{14}\times1}{\sqrt{3}+\sqrt{14}},\dfrac{\sqrt{3}\times3+\sqrt{14}\times1}{\sqrt{3}+\sqrt{14}})\approx(1,1.32,1.63)$，再將其與交點連線，

就是角平分線$_1\begin{cases}x=0+u\\y=0+1.32u,u\in R\\z=0+1.63u\end{cases}$，見圖 1。

　　同理另一條就是要利用另一組三點 $O(0,0,0)$、$A(1,1,1)$、$B_1(-1,-2,-3)$，再作一

次可得角平分線$_2\begin{cases}x=0+0.37v\\y=0+0.13v,v\in R\\z=0-0.72v\end{cases}$，見圖 2。

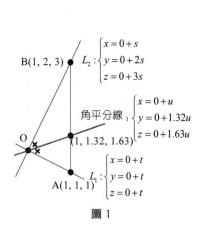

圖 1

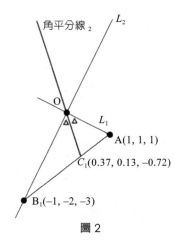

圖 2

向量方法

向量方法找角平方線要利用向量的三點共線定理：$\overrightarrow{PC} = \dfrac{n}{m+n}\overrightarrow{PA} + \dfrac{m}{m+n}\overrightarrow{PB}$。再次

討論先前例題：例題：$L_1 : \begin{cases} x = 0 + t \\ y = 0 + t, t \in R \\ z = 0 + t \end{cases}$、$L_2 : \begin{cases} x = 0 + s \\ y = 0 + 2s, s \in R \\ z = 0 + 3s \end{cases}$，找兩條角平分線。

可知交點（0, 0, 0）為 P，並從 L_1 找到一點 A（1, 1, 1）、L_2 找到一點 B（1, 2, 3），
所以 $\overrightarrow{PA} = (1,1,1)$、$\overrightarrow{PB} = (1,2,3)$。見圖 3，畫出角平分線，角平分有內分比性質，內分
比會使得長度成比例，$\overline{PA} : \overline{PB} = \overline{AC} : \overline{BC} = \sqrt{3} : \sqrt{14}$。而角平分線的向量為

$$\overrightarrow{PC} = \dfrac{\sqrt{14}}{\sqrt{3}+\sqrt{14}}\overrightarrow{PA} + \dfrac{\sqrt{3}}{\sqrt{3}+\sqrt{14}}\overrightarrow{PB} = \dfrac{\sqrt{14}}{\sqrt{3}+\sqrt{14}} \times (1,1,1) + \dfrac{\sqrt{3}}{\sqrt{3}+\sqrt{14}} \times (1,2,3) = (1, 1.32\ 1.63),$$

有了角平分線的向量與基準點（交點），可得到角平分線方程式 $\begin{cases} x = 0 + u \\ y = 0 + 1.32u, u \in R \\ z = 0 + 1.63u \end{cases}$，

見圖 3。

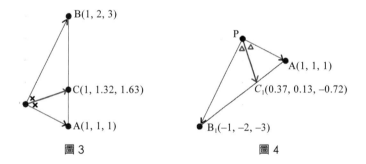

圖 3　　　　　　　　　　　　圖 4

同理另一條就是要利用另一組三點 P（0, 0, 0）、A（1, 1, 1）、B_1（-1, -2, -3），再作一次
可得

$$\overrightarrow{PC_1} = \dfrac{\sqrt{14}}{\sqrt{3}+\sqrt{14}}\overrightarrow{PA} + \dfrac{\sqrt{3}}{\sqrt{3}+\sqrt{14}}\overrightarrow{PB_1} = \dfrac{\sqrt{14}}{\sqrt{3}+\sqrt{14}} \times (1,1,1) + \dfrac{\sqrt{3}}{\sqrt{3}+\sqrt{14}} \times (-1,-2,-3)$$

$= (0.37, 0.13, -0.72)$，另一條角平分線方程式 $\begin{cases} x = 0 + 0.37v \\ y = 0 + 0.13v, v \in R \\ z = 0 - 0.72v \end{cases}$，見圖 4。

結論：可以發現求角平分線，向量有略略簡化，但是其原理都是一樣的，都是利用內分比與分點公式。

補充說明 1：角平分線向量用符號的數學式為

$$\overrightarrow{PC} = \frac{|\overrightarrow{PB}|}{|\overrightarrow{PA}|+|\overrightarrow{PB}|} \times \overrightarrow{PA} \pm \frac{|\overrightarrow{PA}|}{|\overrightarrow{PA}|+|\overrightarrow{PB}|} \times \overrightarrow{PB} = \frac{|\overrightarrow{PB}| \times \overrightarrow{PA} \pm |\overrightarrow{PA}| \times \overrightarrow{PB}}{|\overrightarrow{PA}|+|\overrightarrow{PB}|} \text{。}$$

補充說明 2：角平分線向量也可利用單位長向量與中點公式推導出來，其數學式為

$$\overrightarrow{PC_1} = \frac{1}{2} \times \frac{\overrightarrow{PA}}{|\overrightarrow{PA}|} \pm \frac{1}{2} \times \frac{\overrightarrow{PB}}{|\overrightarrow{PB}|} = \frac{|\overrightarrow{PB}| \times \overrightarrow{PA} \pm |\overrightarrow{PA}| \times \overrightarrow{PB}}{2 \times |\overrightarrow{PA}| \times |\overrightarrow{PB}|} \text{。}$$

補充說明 3：由補充說明 1 與 2 可發現角平分線向量形式會不同，但只是向量長度上差異，其方向相同，見圖 5。

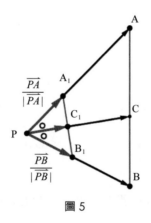

圖 5

Note

不管數學的任一分支是多麼抽象，總有一天會應用在這實際世界上。

       —— 羅巴切夫斯基（Nikolai Lobachevsky）

 數學是一種精神，一種理性的精神。正是這種精神，激發促進鼓舞並驅使人類的思維得以運用到最完善的程度，亦正是這種精神，試圖定性地影響人類的物質道德和社會生活；試圖回答有關人類自身存在提出的問題；努力去理解和控制自然；盡力去探求和確立已經獲得知識的最深刻的和最完美的內涵。

    —— 莫里斯‧克萊因（Morris Kline）《西方文化中的數學》

 現代高能物理到了量子物理以後，有很多根本無法做實驗，在家用紙筆來算，這跟數學家想像的差不了多遠，所以說數學在物理上有著不可思議的力量。

            —— 丘成桐

第七章
向量從物理到數學，再回到物理

7-1 物理數學家與數學物理家

　　在進行了解物理與數學的關係前，再一次的認識，數學家與物理學家的想法差異性。數學家假設或是直覺所產生的公理比物理少。舉例來說在臺灣基礎的數學部分時，高中以下數學內容，都可以由簡單的公理系統，演繹組合出來。但是物理就相對很多，都是物理學家發現的公式，而沒辦法直覺得去理解數學式是從哪裡來。

　　物理學家是在討論自然界的問題，有其解決問題的急迫性與必要性，所以不像數學公理較少，再進行演繹；而是**很多時候觀察其數據、實際情況，發現出符合某個情形、數學式，於是便給予一個假設，驗證正確後，就稱為定律**。但是其數學式容易被挑戰，像是牛頓就被問：「為什麼你知道 $F = ma$」，而牛頓回答：「上帝跟我說的」。此時這些數學式，因為並不是經過公理系統演繹出來，對於部分的人說服力不足，令人感覺是從**歸納結果反推數學式**。數學好的人，或可說是數學家大多習慣**從公理，再演繹**出結果。

　　因此出現了很多人，為了弭平物理這種用結果當公理的情況，進而找到更基礎的公理，來推導物理的定律是否正確無誤，這些研究物理的人稱為**物理數學家**。而歸納自然界情況，或是用物理學家的直覺（與一般人、數學家直覺不符）來研究物理的人稱為**數學物理家**。簡單來說，前面是副詞，後面是名詞。

　　物理數學家：研究物理的數學家。如：威廉・漢彌爾頓、希爾伯特。

　　數學物理家：歸納自然的數據，或用直覺，得到數學規則的物理學家。如：牛頓、愛因斯坦。

補充說明：研究超弦理論的物理學家，大多被認為是物理數學家，因為超弦理論的數學部分已經完整，但現今無法進行實驗來驗證。

　　接著舉兩個例子，來說明兩者的差異性。

1. $F = ma$。因為漢彌爾頓無法接受用數據，導出來力學，它用了另一個更基礎的公理系統（最小能量原則，Minimum principle），來推導出 $F = ma$。更被思維傾向數學家的人接受，之後被稱為漢彌爾頓力學。

2. 入射角 = 反射角。在自然界中可以發現，物體的碰撞具有入射角 = 反射角的現象，光的反射具有入射角 = 反射角的現象，見圖 1，這是自然界的必然現象，所以物理學家將它當作是直覺，並部分物理學家認為：入射角 = 反射角，這是上帝設定的反彈方式。

　　但在數學家或是物理數學家的角度，卻不完全認為是直覺。他們認為不可以每次都推給上帝，一定有個理由。數學家假設物體從 A 點反彈到 B 點的時候，此路線是最短距離，並證明無誤。也就是入射角 = 反射角時，會出現**唯一性的最短距離**。

　　啟蒙時期大多數有宗教信仰的西方數學家、科學家由入射角 = 反射角的事實說明，上帝決定這個性質必定有意義。因為若入射角 ≠ 反射角，有太多情況，並且距離不固定；所以才會用**唯一**的情形：入射角 = 反射角。西方數學家相信上帝是用數學來創造這個世界，祂讓物體的移動在兩點的移動時，走最短距離 = 直線，同樣祂不會讓反彈

走「非最短距離」，所以才會選**最經濟、最短、唯一性的路徑**，而此最短路線的數學假設，會推導出入射角＝反射角的結論。

　　這說明了西方數學家的信念：上帝是用數學來創造這個世界，所以相信人類可以用數學的方法來了解自然界。在入射角＝反射角的案例中，更可以說明，數學家的堅持，任何數學式，都必須存在一個理由，他才肯接受。因為要走唯一性的**最短距離**，才使得入射角＝反射角。而不能說觀察的結果是這樣，所以就當作是正確，而不去研究原因。

補充說明：部分數學家認為上帝很喜歡直角，在許多情況都是直角，才能出現唯一性。

數學家如何證明，反彈是走最短距離？

1. 先假設反彈路線是走最短距離，有兩點在線的同一側，見圖2。
2. 作 A 點與線的對稱點 A'，並連線 A' 與 B，這是 A' 到 B 的最短距離，見圖3。
3. 因為對稱點，所以兩三角形全等，故角相等、邊長相等，所以 A 到線再反彈到 B，也是最短距離，見圖4。
4. 同時發現圖中具有對頂角相等，見圖5。
5. 作法線後觀察，可發現入射角＝反射角，見圖6。
6. 如果入射角 ≠ 反射角時，觀察圖案，可發現兩邊和大於第三邊 $\overline{A'G}+\overline{B'G}>\overline{AB}$，不是最短距離，見圖12。
7. 所以上帝讓反彈路線是唯一性的最短距離，連帶的結果是入射角＝反射角。
8. 這裡的邏輯很清楚，需要最短距離是符合生活上的目標。我們不會說生活上我習慣入射角等於反射角，便直接說入射角＝反射角，這樣無法知道其目標意義。

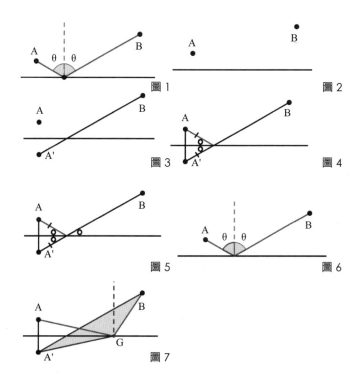

7-2 向量對數學的意義

　　已經從第六章觀察到向量對於數學座標系中的**便利性，源自內積**。但有利就有弊，用向量的概念推導解析幾何，大多會用到內積的概念，會使結果有大幅度的思考跳躍，變成一開始需要幾何概念，但**計算上不需要再用到三角函數，也不會再去理會夾角的角度**，更是會少了更完整的**直覺幾何概念**。這樣的感覺如同去山頂看風景，搭車好？還是走路好？搭車可方便快速的到達目的地，中途漏掉不少風景；走路卻可以欣賞一路完整的風景不會疏漏一絲的美好。搭車或許不必懂製造車，如同內積或許不用很熟，但是還是可以得到結果。但走路卻可以完整的看完，可以一步步的理解相信。由先前內容可知，比較向量與非向量（傳統解析幾何）的數學推導，可知道其中的便利性差異：向量便利但不直覺，非向量（傳統解析幾何）直覺但繁瑣。也讓學生了解到當時數學家沒有向量時，如何推導平面與空間的數學關係式。**避免學生對空間的學習，產生一定要用向量的錯誤聯想，更甚至誤會一定要用物理才能學習空間幾何。**

　　同時學生如果不理解力矩與功的意義時，要如何相信可以用內積、外積這兩個數學式，以及**更大問題是在物理上具有內積、外積的公式，請問如何說明在數學上的平面上也必要具有這樣的數學式？**在第五章可以看到物理的功與內積、力矩與外積的關係，第六章可以發現數學可以自己就把向量的內積、外積講的完整。**其實不必用到物理性質，僅需要借用符號就好。**

　　數學的內積的理解，可以用兩條線與夾角的關係，參考 6-1 節，可知 $\cos\theta = \dfrac{a_1b_1 + a_2b_2}{\sqrt{a_1{}^2 + a_2{}^2}\sqrt{b_1{}^2 + b_2{}^2}} \Rightarrow \sqrt{a_1{}^2 + a_2{}^2}\sqrt{b_1{}^2 + b_2{}^2}\cos\theta = a_1b_1 + a_2b_2$，不必用到功 $W = |\vec{F}||\vec{d}|\cos\theta = a_1b_1 + a_2b_2 = \vec{F}\cdot\vec{d}$：的概念。而數學也是看到將 $a_1b_1 + a_2b_2$ 寫作 $\vec{a}\cdot\vec{b}$，以及其他地方用向量改寫，可以有效簡化數學式之後，才改變了教解析幾何的方法。**所以關於高中課本只說明了內積來自物理，卻不作說明與推導是不妥的。同時也應該說明，並不一定需要用到功，才能學習內積。**

　　物理學家發現到功的數學式是 $W = |\vec{F}||\vec{d}|\cos\theta$，然後竟然真的與數學座標系的餘弦定理內容吻合。因為在數學上，兩條線跟夾角的關係，可以利用餘弦定理說得清清楚楚，但在物理上卻是功的大小為兩個純量相乘 $W = Fd$，這跟餘弦定理一點關係都沒有，但是最後物理吻合數學的內容，令人覺得很神奇。

　　同理數學的外積，也是類似概念。在原本解析幾何，可看到直接由高斯的列運算、或克拉碼的行列式，三點就能計算平面方程式。再由列運算與行列式用代數找到通式，得到平面方程式的 $ax + by + cz = d$ 的 a、b、c 為 $(a, b, c) = \left(\begin{vmatrix} y_2 - y_1 & z_2 - z_1 \\ y_3 - y_1 & z_3 - z_1 \end{vmatrix}, \begin{vmatrix} z_2 - z_1 & x_2 - x_1 \\ z_3 - z_1 & x_3 - x_1 \end{vmatrix}, \begin{vmatrix} x_2 - x_1 & y_2 - y_1 \\ x_3 - x_1 & y_3 - y_1 \end{vmatrix} \right) = \left(\begin{vmatrix} u_2 & u_3 \\ v_2 & v_3 \end{vmatrix}, \begin{vmatrix} u_3 & u_1 \\ v_3 & v_1 \end{vmatrix}, \begin{vmatrix} u_1 & u_2 \\ v_1 & v_2 \end{vmatrix} \right)$，而這就是**外積**的運算，參考小節 6-2，不必用到力矩：$\tau = |\vec{r}||\vec{F}|\sin\theta$，$\vec{\tau} = \vec{r}\times\vec{F} = (a_2b_3 - a_3b_2,$

$a_3b_1 - a_1b_3, a_1b_2 - a_2b_1$) 的概念，而數學也是看到將 $(a_2b_3 - a_3b_2, a_3b_1 - a_1b_3, a_1b_2 - a_2b_1)$ 寫作 $\vec{a} \times \vec{b}$，以及其他地方用向量改寫，可以有效簡化數學式之後，才改變了教解析幾何的方法。**所以關於高中課本只說明了外積來自物理，卻不作說明與推導是不妥的，同時也應該說明並不一定需要用到力矩，才能學習外積。**

物理學家發現到力矩的數學式是 $\tau = |\vec{r}||\vec{F}|\sin\theta$，並爲了描述方向性而變成 $\vec{\tau} = \vec{r} \times \vec{F} = (a_2b_3 - a_3b_2, a_3b_1 - a_1b_3, a_1b_2 - a_2b_1)$，然後竟然眞的與數學座標系的平面方程式係數吻合。因爲在數學上，求係數解是相當直覺的一件事。但在物理上卻是力矩量值的大小爲兩個純量相乘 $\tau = |\vec{r}||\vec{F}|\sin\theta$，以及力矩是 $\vec{\tau} = \vec{r} \times \vec{F} = (a_2b_3 - a_3b_2, a_3b_1 - a_1b_3, a_1b_2 - a_2b_1)$，這跟平面方程式一點關係都沒有。但是最後物理吻合數學的內容，令人覺得很神奇。

補充說明 1：如果認可物理或數學的內積後，可以利用兩次內積解聯立得到公垂向量，此時並不需要力矩的概念。

補充說明 2：如果認可物理的外積後，可以利用力矩的向量垂直另外兩向量的特性，也就是公垂向量，來計算平面法向量，這是現行課本的方法，**但如果學生懷疑內積合理性，這套方法令人感到有瑕疵。**

補充說明 3：作者教學經驗用餘弦定理的方式介紹內積，比起用物理 —— 功的概念，更讓讀者理解與接受。而有了內積這個小工具後，利用 90 度內積爲 0 的概念，用兩次內積再解聯立，來介紹外積，比起用物理 —— 力矩的概念，更讓讀者理解與接受。

補充說明 4：不管懂不懂物理的內積、外積意義，在學習數學上，都不該將其當作是公理的直接死搬硬套。這是把數學學好的第一要件，質疑其正確性，正確合理才接受，才不會陷入死背數學的困境，以及產生數學恐懼。**同時部分數學還不錯的學生，對於數學大部分都可接受合理性；但在高中課本用物理的向量概念學習數學的解析幾何，令這些學生不得不死背內積、外積，這兩條概念，令他們相當困惑。所以有必要解釋清楚。**

補充說明 5：我們可以作簡單的聯想，數學 — 運算 — 物理，餘弦定理 — 內積 — 功，平面方程式係數 — 外積 — 力矩。這時可以想到 Wigner 說過的話：**「在自然界中，數學的有效程度幾乎不可理喻」**。以及更可以相信上帝是用數學來創造世界。

7-3 數學與物理互相幫助

　　由前面的內容可知，物理的向量概念給數學一個靈感，數學確定合理性後，就讓討論解析幾何的問題時，更簡潔。並看到數學與物理的結合，也就是與自然世界的吻合，可以說明數學是描述物理的語言，認識大自然的唯一方法。但**不要忘記可以用原本的三點解方程式方法來學習空間**。有向量之後，空間的計算就變得相當簡潔，所以學會向量後，就利用向量來學習平面、空間的概念。並藉由「非向量」的數學推導，可以發現早期數學家對於推導過程的勇氣，即便是理論上概念清晰正確，其過程相當的冗長，卻都可以堅持計算出一個漂亮的結果。因為**對數學家來說，一個淺顯易懂的問題，即便是過程繁瑣，也一定可以得到一個簡單美麗的數學式結果，這就是大多數學家應具備的特質、信念**。這對現在學生已經習慣短短幾行，用各種便利的數學式推導證明，或是直接用定義來說明的數學，解析幾何的推導是一種**有邏輯性又完整**的學習感覺。

　　在向量的內容可知，物理與數學之間關係是互相借鑒，但又各自可以從自己的角度出發，描述的完整透徹。**同時向量的意義，不只是解決了空間的繁瑣計算，更可以把同樣觀念套用到更高維度中，如：四度空間乃至於 n 度空間。向量在現代最重要的應用，除了工程學與物理學等等科技面可用到，更可以與矩陣結合，被利用在藝術面，成為現在動畫的基礎。矩陣將在下一章節介紹。而向量、矩陣的研究被稱為線性代數。**

補充說明 1：右手定則與座標軸的方向的關係，數學空間座標系的三軸方向，為什麼是 x 軸向自己方向為正、y 軸向右為正、z 軸向上為正？因為要符合右手定則的關係，觀察下列的圖 1、2、3、4。x 到 y 是四指彎曲，z 為大拇指指向上；如同 $\overline{AB}$ 到 $\overline{AC}$ 是四指彎曲，$\vec{n}$ 為大拇指指向上。

　　　　　　其實在數學的向量，沒有必須一個固定的形式，漢彌爾頓原本是左手定則，x 軸向右為正、y 軸向自己方向為正、z 軸向上為正，並不會影響計算。但到了物理世界時，計算重力、電力、磁力等，卻出現了外積方向相反的情形，也就是不符合大自然的現象。最後經過了多年的修正，最後數學與物理統一用右手定則座標系，也就是 x 軸向自己方向為正、y 軸向右為正、z 軸向上為正。

補說明充 2：用物理說明數學時，作者之一教學上會遇到難以回答的問題，但是實際上物理的情況，數學根本不能硬搬物理概念來用。公垂向量利用力矩說明，但是箭尾接箭尾，轉不動，為什麼可以用轉動的力矩說明？有些人會提到因為向量可以平移，所以合理。但是**作者的學生會質疑說如果平移，則半徑則會縮短，甚至箭尾接箭尾，半徑為 0，轉不動，那力矩應該為 0**。基本上作者有兩個想法，一個是取抽象概念的力矩存在，另外一個是為了強調要符合空間座標系的三軸，但這其實都是不

好的，用公垂向量的方式說明就好，不要用力矩的方式。如果真要用力矩方式說明，三點作兩向量再求法向量其圖案應該如圖 5，這樣才有與力矩吻合的感覺，再進一步說明因爲向量可平移，所以才移成箭尾接箭尾，但是作者仍然不贊成用力矩的方式。

補充說明 3：數學會用兩向量「**掃出**」一個平面，這是荒謬的。爲什麼要旋轉一圈？在物理上有意義，在數學上沒意義。物理上力會使螺絲旋轉並上下移動，力愈大轉上下愈多。但在數學上沒有任何意義，即便用右手定則來描述，也不能說是否會掃出一個平面。應該還是要回歸到解析幾何說明平面方程式，而非用物理，並且不該用奇怪的描述方式「掃出」。

補充說明 4：爲什麼平面法向量的長度，剛好是兩向量張出的平行四邊形面積？因爲源自力矩的長度量值是兩向量張出的平行四邊形面積，這是因爲數學式的關係，力矩量值計算，是 $\tau = |\vec{r}||\vec{F}|\sin\theta$，這計算就是平行四邊形面積。而會等於力矩的長度量值，是因爲 $\tau = \sqrt{(a_2b_3 - a_3b_2)^2 + (a_3b_1 - a_1b_3)^2 + (a_1b_2 - a_2b_1)^2}$，可發現是向量的長度，見 5-3 節。

補充說明 5：解析幾何用向量改變教學方式，最大原因是因爲內積爲 0，可以改變許多繁瑣的證明，並讓思考上變得乾淨。

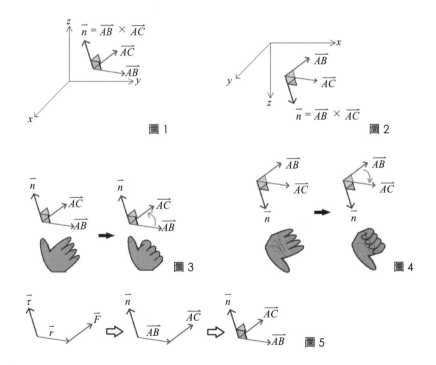

圖1

圖2

圖3

圖4

圖5

我們能期待，隨著教育與娛樂的發展，將有更多的人欣賞音樂與繪畫。但是，能真正欣賞數學的人數是很少的。

──貝爾斯

數學家本質上是個著迷者，不迷就沒有數學。

──努瓦列斯

第八章
矩陣

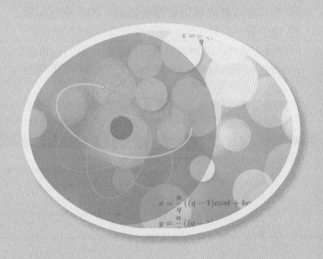

8-1 **動畫的由來** (1)

　　矩陣源自於行列式，由高斯的列運算，可看到增廣矩陣。而後的研究就是討論矩陣，也就是將行列式看作一體。並且其概念又可以與向量及座標系吻合。但在高階計算中帶來更大的方便，內容都在大學的線性代數中，在此就不再多加說明。但可以先了解矩陣在生活中的重大意義，矩陣就是動畫的基礎語言。

矩陣對於生活的實用性 —— 動畫

　　電腦動畫，是藉助電腦來製作動畫的技術。電腦的普及和強大的功能革新了動畫的製作和表現方式。可以分為二維動畫和三維動畫兩種。二維動畫也稱為 2D 動畫。藉助計算機 2D 點陣圖或者是向量圖形來創建修改或者編輯動畫。製作上和傳統動畫比較類似。許多傳統動畫的製作技術如漸變、變形等。一些可以製作二維動畫的軟體有包括 Flash、After Effects、Premiere 等，迪士尼在 1990 年代開始以電腦來製作 2D 動畫。三維動畫也稱為 3D 動畫，幾乎完全依賴於電腦製作。著名的 3D 動畫工作室包括皮克斯、藍天工作室、夢工廠等。軟體則包括 3ds Max、Blender、Maya、LightWave 3D、Softimage XSI 等。

　　矩陣是向量組成。矩陣充斥在生活之中，最常見的就是利用在動畫影片中。可參考以下影片，https://www.youtube.com/watch?v=_IZMVMf4NQ0。由影片中可以看到**胡迪圖案的移動、縮放、旋轉**，其實都是**圖片經過矩陣的變換到達下一個位置**。並且矩陣也可以解決方程組的問題，乃至於到更高階的計算問題。但在此小節主要認識矩陣對於圖案的作用。

　　矩陣是如何讓圖案改變位置變成動畫？先了解動畫概念的演進，在資訊爆炸的年代，可以知道迪士尼早期的動畫是類似快速翻頁圖片想法，也就是上一頁與下一頁只差細微動作，一秒放入 20 張，然後連續播放，也就是一秒要 20 影格的概念，為什麼一秒放 20 張，因為人的眼睛可以區分 1/20 秒的變化。（註：**動物可以看得更細膩，如老鷹可以看到 1/60 秒**。）到現代，電腦將部位各自獨立成為一個區塊。參考此連結，可看到恐龍的各部位：http://plus.maths.org/content/its-all-detail、或是參考維基百科的臉部示意圖（圖 1）。

　　如果是要改變位置只需要用電腦讓該部位改變位置即可。不用每次都完整的重做一張圖案，如：舉手，他可以將其他部位不變，用矩陣改變手的位置，就可以達到舉手的效果。

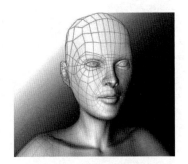

圖 1（圖片取自維基百科）

觀察圖 2：圖片移動，該矩陣爲移動矩陣。

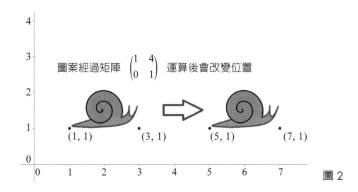

圖案經過矩陣 $\begin{pmatrix} 1 & 4 \\ 0 & 1 \end{pmatrix}$ 運算後會改變位置

(1, 1)　(3, 1)　(5, 1)　(7, 1)

圖 2

觀察圖 3：圖片放大與縮小，該矩陣爲縮放矩陣。

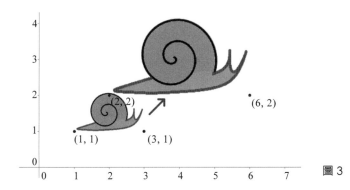

(2, 2)　(6, 2)

(1, 1)　(3, 1)

圖 3

觀察圖 4：圖片繞原點旋轉，該矩陣爲旋轉矩陣。

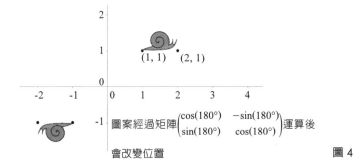

(1, 1)　(2, 1)

圖案經過矩陣 $\begin{pmatrix} \cos(180°) & -\sin(180°) \\ \sin(180°) & \cos(180°) \end{pmatrix}$ 運算後

會改變位置

圖 4

　　由上述動態可知動畫就是建立在圖片在坐標平面上利用矩陣，來產生動作。**不同的時間點是不同的矩陣。影片動態連結請見附錄 1 到 3。**

8-2 **動畫的由來** (2)

　　圖片是如何與數學中的矩陣作用，再觀察一次此連結的恐龍 http://plus.maths. org/content/its-all-detail，可看到恐龍的圖案是很多線條構成，在數學上這些線條稱做向量。恐龍圖案由各個向量組成，愈多條向量組成的圖案，菱面就越多，顏色組成就愈豐富，看起來就愈細膩；反之愈少就愈粗糙，圖案的動作就是這些向量與矩陣相乘。同理 3D 動畫、電影動畫：「少年 PI 的奇幻旅程」的老虎，也都是圖案分解成多個向量與矩陣的相乘。

　　觀察三角形的各向量的移動，然後重新組成一個新的圖案。

觀察圖 1：三角形經平移矩陣的動作。

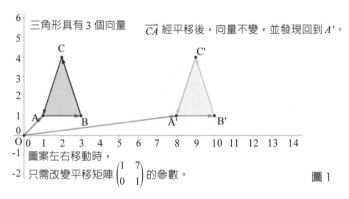

圖 1

觀察圖 2：三角形經縮放矩陣的動作。

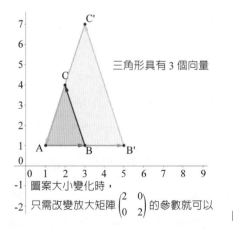

圖 2

觀察圖 3：三角形經旋轉矩陣的動作。

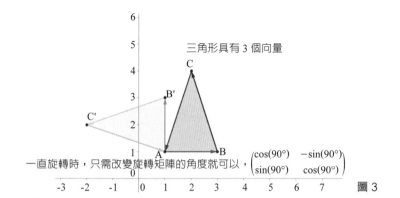

三角形具有 3 個向量

一直旋轉時，只需改變旋轉矩陣的角度就可以，$\begin{pmatrix} \cos(90°) & -\sin(90°) \\ \sin(90°) & \cos(90°) \end{pmatrix}$

圖 3

觀察圖 4：三角形經任意矩陣的動作。

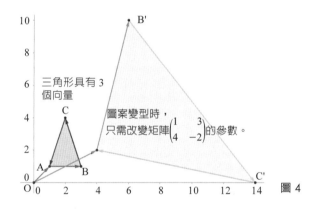

三角形具有 3 個向量

圖案變型時，只需改變矩陣$\begin{pmatrix} 1 & 3 \\ 4 & -2 \end{pmatrix}$的參數。

圖 4

觀察圖 5：三角形經矩陣的動作，不同起點。

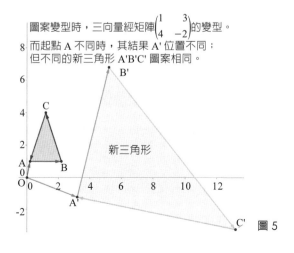

圖案變型時，三向量經矩陣$\begin{pmatrix} 1 & 3 \\ 4 & -2 \end{pmatrix}$的變型。
而起點 A 不同時，其結果 A' 位置不同；
但不同的新三角形 A'B'C' 圖案相同。

新三角形

圖 5

　　由圖 4、5 可知經同一個矩陣運算，不同起點會到不同位置，但圖案大小是一樣的。由以上內容發現圖案不會放在兩軸，因運算遇到 0 就不會有反應，會使圖案變形，見圖 6。正方形有接觸到兩軸，原座標 $(0,0)$、$(1,0)$、$(1,1)$、$(0,1)$ 經矩陣 $\begin{bmatrix} 1 & 3 \\ 0 & 1 \end{bmatrix}$ 移動，得到新座標是 $(0,0)$、$(1,0)$、$(4,1)$、$(3,1)$，可以看見會變形。

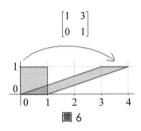

圖 6

影片動態連結請見附錄，4 到 8。

Note

8-3 **動畫的由來** (3)

接著觀察的圖案就不再分解，移動再組合新圖，直接觀察矩陣可以帶來怎樣的結果。
觀察圖 1：五芒星的移動。

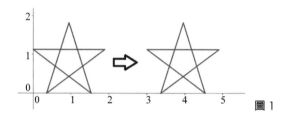

圖 1

可看到動畫有各種旋轉的情形，這也是矩陣的效果。
觀察圖 2：五芒星的自體中心旋轉。

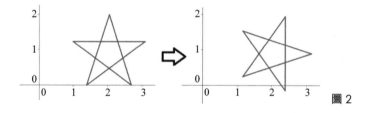

圖 2

觀察圖 3：五芒星的繞自體某位置旋轉。

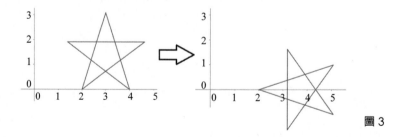

圖 3

觀察圖 4：五芒星的繞原點旋轉。

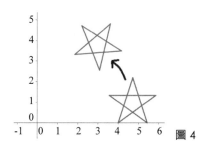

圖 4

同時常會看到動畫中會有喝了藥水放大或縮小，這也是矩陣的效果。
觀察圖 5：五芒星的放大與縮小。

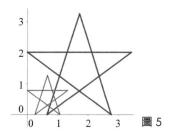

圖 5

動畫人物遇到鏡子也不需要再行製作，用矩陣繪畫就可以。
觀察圖 6：五芒星的鏡射。

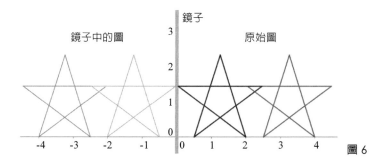

圖 6

同時哈哈鏡會把人變高或變胖，這個圖案效果也能利用矩陣來實現。

觀察圖 7：五芒星的拉長或是變胖。

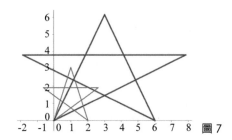

圖 7

觀察圖 8：五芒星的任意變形。

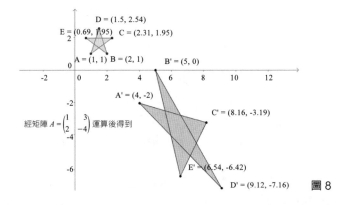

圖 8

影片動態連結請見附錄，第 9～15 點。

Note

8-4 矩陣的由來

　　看完了矩陣的應用後，接著認識矩陣的由來。矩陣源自聯立方程式，首先要了解矩陣與方程組的關係。已知克拉瑪解方程組的方法，$\begin{cases} x+y+z=3 \\ x+2y+z=4 \\ 2x+2y+z=5 \end{cases}$ 利用行列式的解

法，$x=\dfrac{\Delta x}{\Delta}$、$y=\dfrac{\Delta y}{\Delta}$、$z=\dfrac{\Delta z}{\Delta}$ 可以看到 $\Delta=\begin{vmatrix} 1 & 1 & 1 \\ 1 & 2 & 1 \\ 2 & 2 & 1 \end{vmatrix}$ 就是各方程式的係數依序寫好，最

後計算可得到一個數值，Δx 是將 x 的係數換成常數，Δy、Δz 同理。而後柯西發現

行列式 $\begin{vmatrix} 1 & 1 & 1 \\ 1 & 2 & 1 \\ 2 & 2 & 1 \end{vmatrix}$ 是計算出一個值，彼此間也有關係改寫為矩陣，並開始研究矩陣間的

關係。

　　柯西觀察矩陣與方程組的關係，其實矩陣 $\begin{vmatrix} 1 & 1 & 1 \\ 1 & 2 & 1 \\ 2 & 2 & 1 \end{vmatrix}$ 與 $\begin{bmatrix} x \\ y \\ z \end{bmatrix}$ 的乘法得到 $\begin{bmatrix} 3 \\ 4 \\ 5 \end{bmatrix}$，也就是

$\begin{bmatrix} 1 & 1 & 1 \\ 1 & 2 & 1 \\ 2 & 2 & 1 \end{bmatrix}\begin{bmatrix} x \\ y \\ z \end{bmatrix}=\begin{bmatrix} 3 \\ 4 \\ 5 \end{bmatrix} \Leftrightarrow \begin{cases} x+y+z=3 \\ x+2y+z=4 \\ 2x+2y+z=5 \end{cases}$，而方程式 $x+y+z=3$ 是平面法向量是 $(1, 1, 1)$

的平面，所以可認知到**矩陣就是向量的組成**。並且矩陣相乘的結果是向量的內積，所以與**矩陣相乘的對象是一個向量。在高中課本的所描述的對象是點，實際意義是該點到原點的向量。**當了解到矩陣是向量的意義，就可以知道矩陣可以幫助動畫的製作。向量可以幫助圖片的上、下、左、右移動、延展，但利用矩陣更多了旋轉、或是扭曲原圖案：**觀察圖 1：正方形經矩陣變成平行四邊形。**

　　由以上動畫與矩陣的關係、方程組與矩陣的關係，2 個觀點的認知，可以更了解矩陣的意義與實用性，知道動畫是利用矩陣來動作，就可以聯想到電玩遊戲也是由矩陣與向量來動作。

　　矩陣與方程組如何互換？已知 $\begin{bmatrix} 1 & 1 & 1 \\ 1 & 2 & 1 \\ 2 & 2 & 1 \end{bmatrix}\begin{bmatrix} x \\ y \\ z \end{bmatrix}=\begin{bmatrix} 3 \\ 4 \\ 5 \end{bmatrix} \Leftrightarrow \begin{cases} x+y+z=3 \\ x+2y+z=4 \\ 2x+2y+z=5 \end{cases}$，所以可以觀

察到矩陣就是左邊矩陣的橫列元素，依次的與右邊矩陣直行元素，相乘，觀察圖 2。

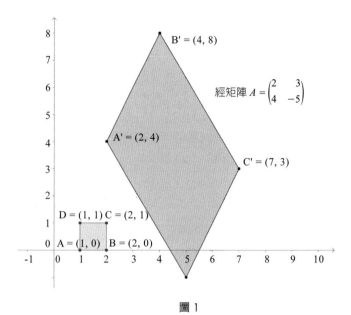

圖 1

圖 2

8-5 矩陣的運算 (1)：二階矩陣 PART1

已知矩陣可以與方程組互換：$\begin{bmatrix} 1 & 1 & 1 \\ 1 & 2 & 1 \\ 2 & 2 & 1 \end{bmatrix}\begin{bmatrix} x \\ y \\ z \end{bmatrix} = \begin{bmatrix} 3 \\ 4 \\ 5 \end{bmatrix} \Leftrightarrow \begin{cases} x+y+z=3 \\ x+2y+z=4 \\ 2x+2y+z=5 \end{cases}$，以及先前有介

紹動畫，並提到了動畫是利用矩陣與向量。而矩陣與向量的乘法，是如何運算？其原

因也是橫列乘上直行，如：$\begin{bmatrix} a & b \\ c & d \end{bmatrix}\begin{bmatrix} 1 \\ 2 \end{bmatrix} = \begin{bmatrix} a+2b \\ c+2d \end{bmatrix}$，可發現還是一個向量，見圖 1。

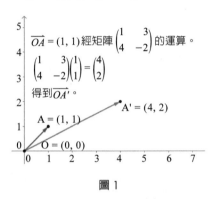

$\overrightarrow{OA} = (1, 1)$ 經矩陣 $\begin{pmatrix} 1 & 3 \\ 4 & -2 \end{pmatrix}$ 的運算。

$\begin{pmatrix} 1 & 3 \\ 4 & -2 \end{pmatrix}\begin{pmatrix} 1 \\ 1 \end{pmatrix} = \begin{pmatrix} 4 \\ 2 \end{pmatrix}$

得到 $\overrightarrow{OA'}$。

圖 1

　　而矩陣彼此之間可以進行運算，可以理解為動畫的連續運作。但矩陣與代數規則有
些不同，接著來看看差異性在哪，在此先講二階矩陣，再講三階矩陣，但運算的觀念
都是相同的。

　　1. 矩陣運算的加、減法，其對應位置進行加或減。

　　　二階矩陣：$\begin{bmatrix} a & b \\ c & d \end{bmatrix} \pm \begin{bmatrix} 1 & 2 \\ 3 & 4 \end{bmatrix} = \begin{bmatrix} a\pm1 & b\pm2 \\ c\pm2 & d\pm4 \end{bmatrix}$。

　　2. 矩陣運算的乘法，橫列乘上直行，如：$\begin{bmatrix} a & b \\ c & d \end{bmatrix}\begin{bmatrix} 1 & 2 \\ 3 & 4 \end{bmatrix} = \begin{bmatrix} a+3b & 2a+4b \\ c+3d & 2c+4d \end{bmatrix}$。

　　矩陣乘法可記作圖 2、3。或以符號表示，令：$A = \begin{bmatrix} a_{11} & a_{12} \\ a_{21} & a_{22} \end{bmatrix}$、$B = \begin{bmatrix} b_{11} & b_{12} \\ b_{21} & b_{22} \end{bmatrix}$、

$C = \begin{bmatrix} c_{11} & c_{12} \\ c_{21} & c_{22} \end{bmatrix}$，而 $AB = C$，就是 $\begin{bmatrix} a_{11} & a_{12} \\ a_{21} & a_{22} \end{bmatrix}\begin{bmatrix} b_{11} & b_{12} \\ b_{21} & b_{22} \end{bmatrix}$。

$= \begin{bmatrix} a_{11}\times b_{11}+a_{12}\times b_{21} & a_{11}\times b_{12}+a_{12}\times b_{22} \\ a_{21}\times b_{11}+a_{22}\times b_{21} & a_{21}\times b_{12}+a_{22}\times b_{22} \end{bmatrix} = \begin{bmatrix} c_{11} & c_{12} \\ c_{21} & c_{22} \end{bmatrix}$，故 $c_{ij} = \sum_{k=1}^{2} a_{ik}b_{kj}$。

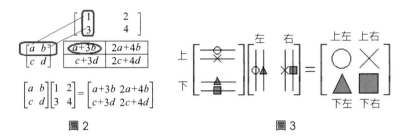

圖 2　　　　　　　　　　　　圖 3

3. 矩陣不具有乘法交換律，$AB \neq BA$

例題 1：$\begin{bmatrix} a & b \\ c & d \end{bmatrix}\begin{bmatrix} 1 & 2 \\ 3 & 4 \end{bmatrix} = \begin{bmatrix} a+3b & 2a+4b \\ c+3d & 2c+4d \end{bmatrix}$、$\begin{bmatrix} 1 & 2 \\ 3 & 4 \end{bmatrix}\begin{bmatrix} a & b \\ c & d \end{bmatrix} = \begin{bmatrix} a+2c & b+2d \\ 3a+4c & 3b+4d \end{bmatrix}$，

可發現矩陣沒交換律：$\begin{bmatrix} a & b \\ c & d \end{bmatrix}\begin{bmatrix} 1 & 2 \\ 3 & 4 \end{bmatrix} \neq \begin{bmatrix} 1 & 2 \\ 3 & 4 \end{bmatrix}\begin{bmatrix} a & b \\ c & d \end{bmatrix}$，也就是，$AB \neq BA$。

例題 2：A 矩陣為 $\begin{bmatrix} 1 & 0.5 \\ 0.5 & 1 \end{bmatrix}$、$B$ 矩陣為 $\begin{bmatrix} 0.8 & -0.5 \\ 0.5 & 0.8 \end{bmatrix}$，則

$AB = \begin{bmatrix} 1 & 0.5 \\ 0.5 & 1 \end{bmatrix}\begin{bmatrix} 0.8 & -0.5 \\ 0.5 & 0.8 \end{bmatrix} = \begin{bmatrix} 1\times0.8+0.5\times0.5 & 1\times(-0.5)+0.5\times0.8 \\ 0.5\times0.8+1\times0.5 & 0.5\times(-0.5)+1\times0.8 \end{bmatrix} = \begin{bmatrix} 1.05 & -0.1 \\ 0.9 & 0.55 \end{bmatrix}$，

$BA = \begin{bmatrix} 0.8 & -0.5 \\ 0.5 & 0.8 \end{bmatrix}\begin{bmatrix} 1 & 0.5 \\ 0.5 & 1 \end{bmatrix} = \begin{bmatrix} 0.8\times1+(-0.5)\times0.5 & 0.8\times0.5+(-0.5)\times1 \\ 0.5\times1+0.8\times0.5 & 0.5\times0.5+0.8\times1 \end{bmatrix} = \begin{bmatrix} 0.55 & -0.1 \\ 0.9 & 1.05 \end{bmatrix}$

可以發現 $AB \neq BA$，見圖 4，可發現正方形經過兩次變換後其答案不同。

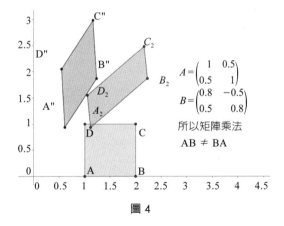

圖 4

影片動態連結請見附錄，第 16 點。

4.矩陣具有乘法結合律，$ABC = (AB)C = A(BC)$

例題 1：$A = \begin{bmatrix} 1 & 2 \\ 3 & 4 \end{bmatrix}$、$B = \begin{bmatrix} -4 & 2 \\ 3 & -1 \end{bmatrix}$、$C = \begin{bmatrix} -4 & -3 \\ -2 & 1 \end{bmatrix}$。

$$ABC = (AB)C = (\begin{bmatrix} 1 & 2 \\ 3 & 4 \end{bmatrix}\begin{bmatrix} -4 & 2 \\ 3 & -1 \end{bmatrix})\begin{bmatrix} -4 & -3 \\ -2 & 1 \end{bmatrix} = \begin{bmatrix} 2 & 0 \\ 0 & 2 \end{bmatrix}\begin{bmatrix} -4 & -3 \\ -2 & 1 \end{bmatrix} = \begin{bmatrix} -8 & -6 \\ -4 & 2 \end{bmatrix}$$

$$A(BC) = \begin{bmatrix} 1 & 2 \\ 3 & 4 \end{bmatrix}(\begin{bmatrix} -4 & 2 \\ 3 & -1 \end{bmatrix}\begin{bmatrix} -4 & -3 \\ -2 & 1 \end{bmatrix}) = \begin{bmatrix} 1 & 2 \\ 3 & 4 \end{bmatrix}(\begin{bmatrix} 12 & 14 \\ -10 & -10 \end{bmatrix}) = \begin{bmatrix} -8 & -6 \\ -4 & 2 \end{bmatrix}$$

例題 2：矩陣乘法可以作為密碼，例如年份 1984，與生日 10 月 07 日，就可變成
$\begin{bmatrix} 1 & 9 \\ 8 & 4 \end{bmatrix}\begin{bmatrix} 1 & 0 \\ 0 & 7 \end{bmatrix} = \begin{bmatrix} 1 & 63 \\ 8 & 28 \end{bmatrix}$，就有 163828 的密碼了。

Note

8-6 矩陣的運算 (2)：二階矩陣 PART2

5. 零矩陣：元素全為 0 的矩陣。二階零矩陣：$\begin{bmatrix} 0 & 0 \\ 0 & 0 \end{bmatrix}$。

6. 單位矩陣：其對角線元素都為 1，其餘元素為 0。任意矩陣與單位矩陣相乘為該矩陣。

二階單位矩陣 $I = \begin{bmatrix} 1 & 0 \\ 0 & 1 \end{bmatrix}$，任意矩陣 $A = \begin{bmatrix} a & b \\ c & d \end{bmatrix}$。

$$AI = \begin{bmatrix} a & b \\ c & d \end{bmatrix}\begin{bmatrix} 1 & 0 \\ 0 & 1 \end{bmatrix} = \begin{bmatrix} a\times1+b\times0 & a\times0+b\times1 \\ c\times1+d\times0 & c\times0+d\times1 \end{bmatrix} = \begin{bmatrix} a & b \\ c & d \end{bmatrix}$$

$$IA = \begin{bmatrix} 1 & 0 \\ 0 & 1 \end{bmatrix}\begin{bmatrix} a & b \\ c & d \end{bmatrix} = \begin{bmatrix} 1\times a+0\times c & 1\times b+0\times d \\ 0\times a+1\times c & 0\times b+1\times d \end{bmatrix} = \begin{bmatrix} a & b \\ c & d \end{bmatrix}$$

可發現 $AI = IA = A$。

7. 矩陣的係數倍，矩陣內元素乘上一個倍數。

二階任意矩陣 $A = \begin{bmatrix} a & b \\ c & d \end{bmatrix}$，則 $tA = t\times\begin{bmatrix} a & b \\ c & d \end{bmatrix} = \begin{bmatrix} ta & tb \\ tc & td \end{bmatrix}$

例題：二階任意矩陣 $A = \begin{bmatrix} 1 & 2 \\ 3 & 4 \end{bmatrix}$，則 $3A = \begin{bmatrix} 3\times1 & 3\times2 \\ 3\times3 & 3\times4 \end{bmatrix} = \begin{bmatrix} 3 & 6 \\ 9 & 12 \end{bmatrix}$

8. 反矩陣：矩陣沒有除法，但有反矩陣，原矩陣與反矩陣相乘會得到單位矩陣。

二階任意矩陣 $A = \begin{bmatrix} a & b \\ c & d \end{bmatrix}$，反矩陣 $A^{-1} = \dfrac{1}{\det(A)}\begin{bmatrix} d & -b \\ -c & a \end{bmatrix}$，左上右下對角線對調（主對角線對調），右上左下對角線對吊（副對角線負號），其原因在後面小節說明。

如：原矩陣 $A = \begin{bmatrix} 1 & 2 \\ 3 & 4 \end{bmatrix}$，則反矩陣 $A^{-1} = \dfrac{1}{1\times4-2\times3}\begin{bmatrix} 4 & -2 \\ -3 & 1 \end{bmatrix} = \begin{bmatrix} -2 & 1 \\ 1.5 & -0.5 \end{bmatrix}$，

而 $A\times A^{-1} = \begin{bmatrix} 1 & 2 \\ 3 & 4 \end{bmatrix}\begin{bmatrix} -2 & 1 \\ 1.5 & -0.5 \end{bmatrix} = \begin{bmatrix} 1 & 0 \\ 0 & 1 \end{bmatrix} = I$，

及 $A^{-1}\times A = \begin{bmatrix} -2 & 1 \\ 1.5 & -0.5 \end{bmatrix}\begin{bmatrix} 1 & 2 \\ 3 & 4 \end{bmatrix} = \begin{bmatrix} 1 & 0 \\ 0 & 1 \end{bmatrix} = I$，也就是 $A\times A^{-1} = I = A^{-1}\times A$。

但不是每個矩陣都有反矩陣。如：$\begin{bmatrix} 1 & 0 \\ 0 & 0 \end{bmatrix}$，反矩陣也稱逆矩陣。

・**兩相乘的矩陣的反矩陣為** $(AB)^{-1} = B^{-1}A^{-1}$

例題：$A = \begin{bmatrix} 1 & 2 \\ 3 & 4 \end{bmatrix}$、$B = \begin{bmatrix} 5 & 6 \\ 7 & 8 \end{bmatrix}$，則 $AB = \begin{bmatrix} 1 & 2 \\ 3 & 4 \end{bmatrix}\begin{bmatrix} 5 & 6 \\ 7 & 8 \end{bmatrix} = \begin{bmatrix} 19 & 22 \\ 43 & 50 \end{bmatrix}$，

所以 $(AB)^{-1} = \begin{bmatrix} 19 & 22 \\ 43 & 50 \end{bmatrix}^{-1} = \frac{1}{19 \times 50 - 22 \times 43} \begin{bmatrix} 50 & -22 \\ -43 & 19 \end{bmatrix} = \frac{1}{4} \begin{bmatrix} 50 & -22 \\ -43 & 19 \end{bmatrix}$；

而 $A = \begin{bmatrix} 1 & 2 \\ 3 & 4 \end{bmatrix} \Rightarrow A^{-1} = \frac{1}{-2} \begin{bmatrix} 4 & -2 \\ -3 & 1 \end{bmatrix}$、$B = \begin{bmatrix} 5 & 6 \\ 7 & 8 \end{bmatrix} \Rightarrow B^{-1} = \frac{1}{-2} \begin{bmatrix} 8 & -6 \\ -7 & 5 \end{bmatrix}$，

所以 $B^{-1}A^{-1} = \frac{1}{-2} \begin{bmatrix} 8 & -6 \\ -7 & 5 \end{bmatrix} \times \frac{1}{-2} \begin{bmatrix} 4 & -2 \\ -3 & 1 \end{bmatrix} = \frac{1}{4} \begin{bmatrix} 50 & -22 \\ -43 & 19 \end{bmatrix}$，故 $(AB)^{-1} = B^{-1}A^{-1}$。

兩矩陣相乘後的反矩陣為的證明如下。

$(AB)^{-1}(AB) = I$

$(AB)^{-1}ABB^{-1} = IB^{-1}$

$(AB)^{-1}A = B^{-1}$

$(AB)^{-1}AA^{-1} = B^{-1}A^{-1}$

$(AB)^{-1} = B^{-1}A^{-1}$

補充說明 1：二階反矩陣由來，由於內容較大，故在另一小節說明。

補充說明 2：以下二階矩陣沒有反矩陣，因為 $\det(A) = 0$。

$\begin{bmatrix} 0 & 0 \\ 0 & 0 \end{bmatrix}$、$\begin{bmatrix} 1 & 0 \\ 0 & 0 \end{bmatrix}$、$\begin{bmatrix} 0 & 0 \\ 1 & 0 \end{bmatrix}$、$\begin{bmatrix} 0 & 1 \\ 0 & 0 \end{bmatrix}$、$\begin{bmatrix} 0 & 0 \\ 0 & 1 \end{bmatrix}$、$\begin{bmatrix} 1 & 0 \\ 1 & 0 \end{bmatrix}$、$\begin{bmatrix} 0 & 0 \\ 1 & 1 \end{bmatrix}$、$\begin{bmatrix} 0 & 1 \\ 0 & 1 \end{bmatrix}$、$\begin{bmatrix} 1 & 1 \\ 0 & 0 \end{bmatrix}$。

補充說明 3：反矩陣雖然是寫作 A^{-1}，但是 $A^{-1} \neq \frac{1}{A}$，因為矩陣沒有除法，即便是

$A \times A^{-1} = I$，看起來好像是 $2 \times 2^{-1} = 2 \times \frac{1}{2} = 1$，但因為 $\frac{1}{\begin{bmatrix} a & b \\ c & d \end{bmatrix}}$ 沒有運算意義，所以不可

以將 A^{-1} 寫成 $\frac{1}{A}$。

8-7 矩陣的運算 (3)：二階矩陣 PART3

9. 轉置矩陣：直行變橫列。

二階任意矩陣 $A = \begin{bmatrix} a & b \\ c & d \end{bmatrix}$，轉置矩陣為 $A^T = \begin{bmatrix} a & c \\ b & d \end{bmatrix}$，

兩矩陣相乘後的轉置矩陣為

例題：$A = \begin{bmatrix} 1 & 2 \\ 3 & 4 \end{bmatrix}$、$B = \begin{bmatrix} 5 & 6 \\ 7 & 8 \end{bmatrix}$，則 $AB = \begin{bmatrix} 1 & 2 \\ 3 & 4 \end{bmatrix}\begin{bmatrix} 5 & 6 \\ 7 & 8 \end{bmatrix} = \begin{bmatrix} 19 & 22 \\ 43 & 50 \end{bmatrix}$，

所以 $(AB)^T = \begin{bmatrix} 19 & 22 \\ 43 & 50 \end{bmatrix}^T = \begin{bmatrix} 19 & 43 \\ 22 & 50 \end{bmatrix}$；而 $A = \begin{bmatrix} 1 & 2 \\ 3 & 4 \end{bmatrix} \Rightarrow A^T = \begin{bmatrix} 1 & 3 \\ 2 & 4 \end{bmatrix}$、

$B = \begin{bmatrix} 5 & 6 \\ 7 & 8 \end{bmatrix} \Rightarrow B^T = \begin{bmatrix} 5 & 7 \\ 6 & 8 \end{bmatrix}$，所以 $B^T A^T = \begin{bmatrix} 5 & 7 \\ 6 & 8 \end{bmatrix}\begin{bmatrix} 1 & 3 \\ 2 & 4 \end{bmatrix} = \begin{bmatrix} 19 & 43 \\ 22 & 50 \end{bmatrix}$，

故 $(AB)^T = B^T A^T$。

兩矩陣相乘後的轉置矩陣為 $(AB)^T = B^T A^T$，說明如下。

已知 $A = \begin{bmatrix} a_{11} & a_{12} \\ a_{21} & a_{22} \end{bmatrix}$、$B = \begin{bmatrix} b_{11} & b_{12} \\ b_{21} & b_{22} \end{bmatrix}$、$C = \begin{bmatrix} c_{11} & c_{12} \\ c_{21} & c_{22} \end{bmatrix}$，令 $AB = C$，以圖解方式說明，

觀察矩陣乘法，，所以

，而轉置結果是 ，

此結果是此兩矩陣相乘 ，所以 $(AB)^T = B^T A^T$。

10. 特殊功能矩陣

(1) 左右移動矩陣：$\begin{bmatrix} 1 & t \\ 0 & 1 \end{bmatrix}$、　　(2) 上下移動矩陣：$\begin{bmatrix} 1 & 0 \\ t & 1 \end{bmatrix}$

(3) 左右伸縮矩陣：$\begin{bmatrix} t & 0 \\ 0 & 1 \end{bmatrix}$、　　(4) 上下伸縮矩陣：$\begin{bmatrix} 1 & 0 \\ 0 & t \end{bmatrix}$

(5) 以 y 軸作左右對稱：$\begin{bmatrix} -1 & 0 \\ 0 & 1 \end{bmatrix}$、　　(6) 以 x 軸作上下對稱：$\begin{bmatrix} 1 & 0 \\ 0 & -1 \end{bmatrix}$

(7) 旋轉矩陣：$\begin{bmatrix} \cos\theta & \sin\theta \\ \sin\theta & -\cos\theta \end{bmatrix}$

　　注意，以上矩陣的作用對象的圖，都不該接觸到兩軸，以免計算出現 0 的情況而產生扭曲。

11. 對角矩陣：對角線有元素，其他為 0 的矩陣。

　　如：二階矩陣的對角矩陣：$A = \begin{bmatrix} a & 0 \\ 0 & d \end{bmatrix}$，該矩陣的特色是 $A^n = \begin{bmatrix} a^n & 0 \\ 0 & d^n \end{bmatrix}$

12. 下三角矩陣：對角線及其下方有元素，其他為 0 的矩陣。

　　如：二階矩陣的下三角矩陣：$A = \begin{bmatrix} a & 0 \\ c & d \end{bmatrix}$，其用途在矩陣證明會利用到。

13. 上三角矩陣：對角線及其上方有元素，其他為 0 的矩陣。

　　如：二階矩陣的上三角矩陣：$A = \begin{bmatrix} a & b \\ 0 & d \end{bmatrix}$，其用途在矩陣證明會利用到。

14. 矩陣的對角化，其目的之一是為了讓任意矩陣，可以方便得求出高次自乘。若
$A = PBP^{-1}$，則 $A^2 = AA = PBP^{-1}PBP^{-1} = PB^2P^{-1}$，以此類推
$A^3 = A^2A = PB^2P^{-1}PBP^{-1} = PB^3P^{-1}$
$A^4 = A^3A = PB^3P^{-1}PBP^{-1} = PB^4P^{-1}$
所以 $A^n = PB^nP^{-1}$。
同時 B 矩陣必須是對角矩陣，才能使得對角化的利用更加便利。

　　舉例：矩陣 $P = \begin{bmatrix} 1 & 2 \\ 3 & 4 \end{bmatrix}$，$P^{-1} = \begin{bmatrix} -2 & 1 \\ 1.5 & -0.5 \end{bmatrix}$，$B = \begin{bmatrix} 5 & 0 \\ 0 & 7 \end{bmatrix}$，

　　所以 $A = PBP^{-1} = \begin{bmatrix} 1 & 2 \\ 3 & 4 \end{bmatrix}\begin{bmatrix} 5 & 0 \\ 0 & 7 \end{bmatrix}\begin{bmatrix} -2 & 1 \\ 1.5 & -0.5 \end{bmatrix}$

　　故 $A^6 = PB^6P^{-1} = \begin{bmatrix} 1 & 2 \\ 3 & 4 \end{bmatrix}\begin{bmatrix} 5^6 & 0 \\ 0 & 7^6 \end{bmatrix}\begin{bmatrix} -2 & 1 \\ 1.5 & -0.5 \end{bmatrix}$

補充說明：不是每個矩陣都可以對角化。

8-8 矩陣的運算 (4)：三階矩陣

三階矩陣與二階矩陣的運算都是相同。

1. 矩陣運算的加、減法，其對應位置進行加或減。

$$三階矩陣：\begin{bmatrix} a & b & c \\ d & e & f \\ g & h & i \end{bmatrix} \pm \begin{bmatrix} 1 & 2 & 3 \\ 4 & 5 & 6 \\ 7 & 8 & 9 \end{bmatrix} = \begin{bmatrix} a\pm1 & b\pm2 & c\pm3 \\ d\pm4 & e\pm5 & f\pm6 \\ g\pm7 & h\pm8 & i\pm9 \end{bmatrix}$$

2. 矩陣運算的乘法，橫列乘上直行，如：

$$\begin{bmatrix} a & b & c \\ d & e & f \\ g & h & i \end{bmatrix} \begin{bmatrix} 1 & 2 & 3 \\ 4 & 5 & 6 \\ 7 & 8 & 9 \end{bmatrix} = \begin{bmatrix} 1a+4b+7c & 2a+5b+8c & 3a+6b+9c \\ 1d+4e+7f & 2d+5e+8f & 3d+6e+9f \\ 1g+4h+7i & 2g+5h+8i & 3g+6h+9i \end{bmatrix}$$

矩陣乘法可記作圖 1、2，或以符號表示：$c_{ij} = \sum_{k=1}^{3} a_{ik}b_{kj}$。

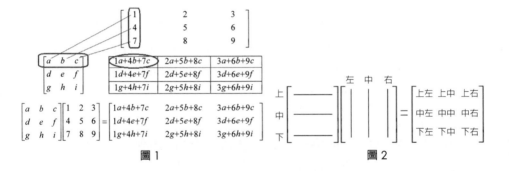

圖1　　　　　　　　　　　　　圖2

3. 矩陣不具有乘法交換律，$AB \neq BA$。

4. 矩陣具有乘法結合律，$ABC = (AB)C = A(BC)$。

5. 零矩陣：元素全為 0 的矩陣。三階零矩陣：$\begin{bmatrix} 0 & 0 & 0 \\ 0 & 0 & 0 \\ 0 & 0 & 0 \end{bmatrix}$。

6. 單位矩陣：其對角線元素都為 1，其餘元素為 0。任意矩陣與單位矩陣相乘為該矩陣。三階單位矩陣 $I = \begin{bmatrix} 1 & 0 & 0 \\ 0 & 1 & 0 \\ 0 & 0 & 1 \end{bmatrix}$，$AI = IA = A$。

7. 矩陣的係數倍，矩陣內元素乘上一個倍數。

二階任意矩陣 $A = \begin{bmatrix} a & b & c \\ d & e & f \\ g & h & i \end{bmatrix}$，則 $tA = t \times \begin{bmatrix} a & b & c \\ d & e & f \\ g & h & i \end{bmatrix} = \begin{bmatrix} ta & tb & tc \\ td & te & tf \\ tg & th & ti \end{bmatrix}$

8.反矩陣：矩陣沒有除法，但有反矩陣，原矩陣與反矩陣相乘會得到單位矩陣。

三階任意矩陣 $A = \begin{bmatrix} a & b & c \\ d & e & f \\ g & h & i \end{bmatrix}$，反矩陣 $A^{-1} = \dfrac{1}{\det(A)} \begin{bmatrix} \begin{vmatrix} e & f \\ h & i \end{vmatrix} & -\begin{vmatrix} d & f \\ g & i \end{vmatrix} & \begin{vmatrix} d & e \\ g & h \end{vmatrix} \\ -\begin{vmatrix} b & c \\ h & i \end{vmatrix} & \begin{vmatrix} a & c \\ g & i \end{vmatrix} & -\begin{vmatrix} d & e \\ g & h \end{vmatrix} \\ \begin{vmatrix} b & c \\ e & f \end{vmatrix} & -\begin{vmatrix} a & c \\ d & f \end{vmatrix} & \begin{vmatrix} a & b \\ d & e \end{vmatrix} \end{bmatrix}^T$，

$A \times A^{-1} = A^{-1} \times A = I$。但不是每個矩陣都有反矩陣，如：$\begin{bmatrix} 1 & 0 & 0 \\ 0 & 0 & 0 \\ 0 & 0 & 0 \end{bmatrix}$。

· **兩相乘的矩陣的反矩陣為** $(AB)^{-1} = B^{-1}A^{-1}$

補充說明 1：三階反矩陣由來，類似二階反矩陣，請參考後面小節。

補充說明 2：沒有反矩陣的矩陣，因為 $\det(A) = 0$。

9.轉置矩陣：直行變橫列。

三階任意矩陣 $A = \begin{bmatrix} a & b & c \\ d & e & f \\ g & h & i \end{bmatrix}$，轉置矩陣為 $A^T = \begin{bmatrix} a & d & g \\ b & e & h \\ c & f & i \end{bmatrix}$，

· **兩矩陣相乘後的轉置矩陣為** $(AB)^T = B^T A^T$。

10.對角矩陣：對角線有元素，其他為 0 的矩陣。

三階矩陣的對角矩陣：$A = \begin{bmatrix} a & 0 & 0 \\ 0 & e & 0 \\ 0 & 0 & j \end{bmatrix}$，該矩陣的特色是 $A^n = \begin{bmatrix} a^n & 0 & 0 \\ 0 & e^n & 0 \\ 0 & 0 & j^n \end{bmatrix}$

11. 下三角矩陣：對角線及其下方有元素，其他為 0 的矩陣。

三階矩陣的下三角矩陣：$A = \begin{bmatrix} a & 0 & 0 \\ d & e & 0 \\ g & h & j \end{bmatrix}$，其用途在矩陣證明會利用到。

12. 上三角矩陣：對角線及其上方有元素，其他為 0 的矩陣。

三階矩陣的上三角矩陣：$A = \begin{bmatrix} a & b & c \\ 0 & e & f \\ 0 & 0 & j \end{bmatrix}$，其用途在矩陣證明會利用到。

13. 矩陣的對角化，其目的之一是為了讓任意矩陣，可以方便得出高次自乘。若 $A = PBP^{-1}$，則 $A^n = PB^n P^{-1}$。

8-9 矩陣的運算 (5)：二階矩陣的反矩陣的由來

如何推得二階任意矩陣 $A = \begin{bmatrix} a & b \\ c & d \end{bmatrix}$ 的反矩陣 $A^{-1} = \dfrac{1}{\det(A)} \begin{bmatrix} d & -b \\ -c & a \end{bmatrix}$？

令 $A = \begin{bmatrix} a & b \\ c & d \end{bmatrix}$，$A^{-1} = \begin{bmatrix} m & n \\ p & q \end{bmatrix}$，求反矩陣就是找到 m、n、p、q 的值。

而 $AA^{-1} = \begin{bmatrix} a & b \\ c & d \end{bmatrix} \begin{bmatrix} m & n \\ p & q \end{bmatrix} = \begin{bmatrix} 1 & 0 \\ 0 & 1 \end{bmatrix}$，展開後可以得到 $\begin{cases} am+bp=1 \\ cm+dp=0 \end{cases}$ 與 $\begin{cases} an+bq=0 \\ cn+dq=1 \end{cases}$。

先討論 m、p **部分**，$\begin{cases} am+bp=1 \\ cm+dp=0 \end{cases}$，$a$、$b$、$c$、$d$ 爲給定的值，m、p 則是對應 a、b、c、d 而變化。**求** m **而消去** p，$\begin{cases} adm+bdp=d\cdots(1) \\ bcm+bdp=0\cdots(2) \end{cases}$，$(1) - (2)$ 得到 $adm-bcm=d$，

化簡 $(ad-bc)m=d$，所以 $m = \dfrac{d}{ad-bc}$。**求** p **而消去** m，$\begin{cases} acm+bcp=c...(3) \\ acm+adp=0...(4) \end{cases}$，$(3) - (4)$ 得到 $bcp-adp=c$，化簡 $(bc-ad)p=c$，所以 $p = \dfrac{-c}{ad-bc}$。

再討論 n、q **部分**，$\begin{cases} an+bq=0 \\ cn+dq=1 \end{cases}$，$a$、$b$、$c$、$d$ 爲給定的值，n、q 則是對應 a、b、c、d 而變化。**求** n **而消去** q，$\begin{cases} adn+bdq=0\cdots(5) \\ bcn+bdq=b\cdots(6) \end{cases}$，$(5) - (6)$ 得到 $adn-bcn=-b$，

化簡 $(ad-bc)n=-b$，所以 $n = \dfrac{-b}{ad-bc}$。**求** q **而消去** n，$\begin{cases} acn+bcq=0\cdots(7) \\ acn+adq=a\cdots(8) \end{cases}$，$(7) - (8)$ 得到 $bcq-adq=-a$，化簡 $(bc-ad)q=-a$，所以 $q = \dfrac{a}{ad-bc}$。

故 $A^{-1} = \begin{bmatrix} m & n \\ p & q \end{bmatrix} = \begin{bmatrix} \dfrac{d}{ad-bc} & \dfrac{-c}{ad-bc} \\ \dfrac{-b}{ad-bc} & \dfrac{a}{ad-bc} \end{bmatrix} = \dfrac{1}{ad-bc} \begin{bmatrix} d & -c \\ -b & a \end{bmatrix} = \dfrac{1}{\det(A)} \begin{bmatrix} d & -c \\ -b & a \end{bmatrix}$。

補充說明：

求 $\begin{cases} am+bp=1 \\ cm+dp=0 \end{cases}$ 的 m、p 值，也可以利用克拉碼公式，

$$m = \frac{\Delta m}{\Delta} = \frac{\begin{vmatrix} 1 & b \\ 0 & d \end{vmatrix}}{\begin{vmatrix} a & b \\ b & d \end{vmatrix}} \text{、} \quad p = \frac{\Delta p}{\Delta} = \frac{\begin{vmatrix} a & 1 \\ b & 0 \end{vmatrix}}{\begin{vmatrix} a & b \\ b & d \end{vmatrix}},$$

同理求 $\begin{cases} an+bq=0 \\ cn+dq=1 \end{cases}$ 的 n、q 值，$n = \frac{\Delta n}{\Delta} = \frac{\begin{vmatrix} 0 & b \\ 1 & d \end{vmatrix}}{\begin{vmatrix} a & b \\ b & d \end{vmatrix}} \text{、} \quad q = \frac{\Delta q}{\Delta} = \frac{\begin{vmatrix} a & 0 \\ b & 1 \end{vmatrix}}{\begin{vmatrix} a & b \\ b & d \end{vmatrix}}$。

所以 $A^{-1} = \begin{bmatrix} m & n \\ p & q \end{bmatrix} = \begin{bmatrix} \dfrac{\begin{vmatrix} 1 & b \\ 0 & d \end{vmatrix}}{\begin{vmatrix} a & b \\ b & d \end{vmatrix}} & \dfrac{\begin{vmatrix} 0 & b \\ 1 & d \end{vmatrix}}{\begin{vmatrix} a & b \\ b & d \end{vmatrix}} \\ \dfrac{\begin{vmatrix} a & 1 \\ b & 0 \end{vmatrix}}{\begin{vmatrix} a & b \\ b & d \end{vmatrix}} & \dfrac{\begin{vmatrix} a & 0 \\ b & 1 \end{vmatrix}}{\begin{vmatrix} a & b \\ b & d \end{vmatrix}} \end{bmatrix} = \dfrac{1}{\begin{vmatrix} a & b \\ b & d \end{vmatrix}} \begin{bmatrix} \begin{vmatrix} 1 & b \\ 0 & d \end{vmatrix} & \begin{vmatrix} 0 & b \\ 1 & d \end{vmatrix} \\ \begin{vmatrix} a & 1 \\ b & 0 \end{vmatrix} & \begin{vmatrix} a & 0 \\ b & 1 \end{vmatrix} \end{bmatrix} = \dfrac{1}{\det(A)} \begin{bmatrix} d & -c \\ -b & a \end{bmatrix}$。

8-10 矩陣的運算 (6)：三階矩陣的反矩陣的由來與記法

三階矩陣也具有反矩陣，當 det(A) ≠ 0 時，都有反矩陣。三階矩陣的反矩陣

公式：當 $A = \begin{bmatrix} a & b & c \\ d & e & f \\ g & h & i \end{bmatrix}$，則 $A^{-1} = \dfrac{1}{\det(A)} \begin{bmatrix} \begin{vmatrix} e & f \\ h & i \end{vmatrix} & -\begin{vmatrix} d & f \\ g & i \end{vmatrix} & \begin{vmatrix} d & e \\ g & h \end{vmatrix} \\ -\begin{vmatrix} b & c \\ h & i \end{vmatrix} & \begin{vmatrix} a & c \\ g & i \end{vmatrix} & -\begin{vmatrix} d & e \\ g & h \end{vmatrix} \\ \begin{vmatrix} b & c \\ e & f \end{vmatrix} & -\begin{vmatrix} a & c \\ d & f \end{vmatrix} & \begin{vmatrix} a & b \\ d & e \end{vmatrix} \end{bmatrix}^{T}$ 。

先驗證公式可不可信，三階矩陣 $A = \begin{bmatrix} 1 & 2 & 3 \\ -2 & 1 & -2 \\ 3 & -1 & 3 \end{bmatrix}$，反矩陣 $A^{-1} = \dfrac{1}{d(A)} \times \begin{bmatrix} 1 & -(0) & -1 \\ -(9) & -6 & -(-7) \\ -7 & -(4) & 5 \end{bmatrix}^{T}$，

則 $A^{-1} = \dfrac{1}{-2} \times \begin{bmatrix} 1 & -9 & -7 \\ 0 & -6 & -4 \\ -1 & 7 & 5 \end{bmatrix}$，驗證 $AA^{-1} = \begin{bmatrix} 1 & 2 & 3 \\ -2 & 1 & -2 \\ 3 & -1 & 3 \end{bmatrix} \times \dfrac{1}{-2} \times \begin{bmatrix} 1 & -9 & -7 \\ 0 & -6 & -4 \\ -1 & 7 & 5 \end{bmatrix} = \begin{bmatrix} 1 & 0 & 0 \\ 0 & 1 & 0 \\ 0 & 0 & 1 \end{bmatrix}$ 。

所以公式可信。

　　三階反矩陣內部的行列式過多太難記，但有規律，所以可由證明過程發現一個好記的方式，見圖 1。有興趣的人可以看一下證明，參考上一小節的證明，三階矩陣的反矩陣也是同樣方法，可得到以下方程式。

$$A^{-1} = \frac{1}{\det(A)} \begin{bmatrix} \begin{vmatrix} 1 & b & c \\ 0 & e & f \\ 0 & h & i \end{vmatrix} & \begin{vmatrix} 0 & b & c \\ 1 & e & f \\ 0 & h & i \end{vmatrix} & \begin{vmatrix} 0 & b & c \\ 0 & e & f \\ 1 & h & i \end{vmatrix} \\ \begin{vmatrix} a & 1 & c \\ d & 0 & f \\ g & 0 & i \end{vmatrix} & \begin{vmatrix} a & 0 & c \\ d & 1 & f \\ g & 0 & i \end{vmatrix} & \begin{vmatrix} a & 0 & c \\ d & 0 & f \\ g & 1 & i \end{vmatrix} \\ \begin{vmatrix} a & b & 1 \\ d & e & 0 \\ g & h & 0 \end{vmatrix} & \begin{vmatrix} a & b & 0 \\ d & e & 1 \\ g & h & 0 \end{vmatrix} & \begin{vmatrix} a & b & 0 \\ d & e & 0 \\ g & h & 1 \end{vmatrix} \end{bmatrix}$$

，有 1, 0, 0 出現的話，劃掉之後，利

用剩餘元素變成二階行列式，但要注意正負性質，見圖 2。

但圈起來的部分與的 $A = \begin{bmatrix} a & b & c \\ d & e & f \\ g & h & i \end{bmatrix}$ 的順序不同,所以將其轉置,並為了方便記憶

可以將 1, 0, 0 填入對應符號,見圖 2,該位置左右劃掉後,剩下元素作二階行列式,但要記得正負號。

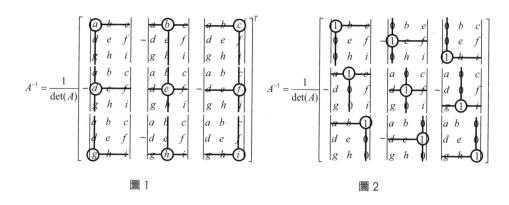

圖 1　　　　　　　　　　圖 2

而二階反矩陣亦同理,$A = \begin{bmatrix} a & b \\ c & d \end{bmatrix}$,則 $A^{-1} = \dfrac{1}{\det(A)} \begin{bmatrix} \begin{vmatrix} a & b \\ c & d \end{vmatrix} & -\begin{vmatrix} a & b \\ c & d \end{vmatrix} \\ -\begin{vmatrix} a & b \\ c & d \end{vmatrix} & \begin{vmatrix} a & b \\ c & d \end{vmatrix} \end{bmatrix}^T$,

所以 $A^{-1} = \dfrac{1}{\det(A)} \begin{bmatrix} d & -c \\ -b & a \end{bmatrix}^T = \dfrac{1}{\det(A)} \begin{bmatrix} d & -b \\ -c & a \end{bmatrix}$,與先前求得二階反矩陣一樣,故正確。

補充說明:已知二階矩陣、三階矩陣有反矩陣,事實上可推到 n 階矩陣,當 $\det(A) \neq 0$ 時,都有反矩陣。

8-11 矩陣的應用 (1)：轉移矩陣的概念

　　矩陣常見應用是轉移矩陣。轉移矩陣是馬可夫討論人口流動的問題，所使用的方法。但原本式子複雜，所以用矩陣相乘加以簡化，又被稱爲馬可夫鍊（Markov chain），接著用例題來加以認識轉移矩陣。

例題：發現每年市區會有 10% 人改到鄉村居住，90% 不動；鄉村會有 30% 人改到市區居住，70% 不動。第一年有市區有 20 萬人、鄉村有 10 萬人，第二年情形是如何？第三年情形是如何，一直到第 n 年情形？是否會有穩定狀態呢？

假設第一年市區人有 x_0 人，鄉村人有 y_0 人，

移動過後，第二年市區 $0.9x_0 + 0.3y_0$ 人，鄉村人有 $0.1x_0 + 0.7y_0$ 人，

令第二年市區 x_1 人，鄉村人有 y_1 人，所以可以得到 $\begin{cases} 0.9x_0 + 0.3y_0 = x_1 \\ 0.1x_0 + 0.7y_0 = y_1 \end{cases}$。

同理第三年就會變成，市區 $0.9x_1 + 0.3y_1$ 人，鄉村人有 $0.1x_1 + 0.7y_1$ 人，

令第三年市區 x_2 人，鄉村人有 y_2 人，所以可以得到 $\begin{cases} 0.9x_1 + 0.3y_1 = x_2 \\ 0.1x_1 + 0.7y_1 = y_2 \end{cases}$。

可以認知到第一年的 x_0、y_0 與第二年 x_1、y_1 的關係是 $\begin{cases} 0.9x_0 + 0.3y_0 = x_1 \\ 0.1x_0 + 0.7y_0 = y_1 \end{cases}$，

以及認知到第二年的 x_1、y_1 與第三年 x_2、y_2 的關係是 $\begin{cases} 0.9x_1 + 0.3y_1 = x_2 \\ 0.1x_1 + 0.7y_1 = y_2 \end{cases}$，

可以發現其方程式相似度高，而方程式可以跟矩陣相乘互換，故可以表達爲

$$\begin{bmatrix} 第二年市區人口 \\ 第二年鄉村人口 \end{bmatrix} = \begin{bmatrix} 0.9 & 0.3 \\ 0.1 & 0.7 \end{bmatrix} \begin{bmatrix} x_0 \\ y_0 \end{bmatrix} = \begin{bmatrix} x_1 \\ y_1 \end{bmatrix} 、$$

$$\begin{bmatrix} 第三年市區人口 \\ 第三年鄉村人口 \end{bmatrix} = \begin{bmatrix} 0.9 & 0.3 \\ 0.1 & 0.7 \end{bmatrix} \begin{bmatrix} x_1 \\ y_1 \end{bmatrix} = \begin{bmatrix} x_2 \\ y_2 \end{bmatrix}，$$

其中這個矩陣定義爲轉移矩陣，轉移矩陣特色：每一直行加總後都是 1。

而在數學上的書寫上會表達爲，人口與轉移矩陣 A 關係爲 $AX_n = X_{n+1}$。

也就是 $AX_0 = X_1 \Leftrightarrow \begin{bmatrix} 0.9 & 0.3 \\ 0.1 & 0.7 \end{bmatrix} \begin{bmatrix} x_0 \\ y_0 \end{bmatrix} = \begin{bmatrix} x_1 \\ y_1 \end{bmatrix}$、$AX_1 = X_2 \Leftrightarrow \begin{bmatrix} 0.9 & 0.3 \\ 0.1 & 0.7 \end{bmatrix} \begin{bmatrix} x_1 \\ y_1 \end{bmatrix} = \begin{bmatrix} x_2 \\ y_2 \end{bmatrix}$，而

$\begin{cases} AX_0 = X_1 \cdots (1) \\ AX_1 = X_2 \cdots (2) \end{cases}$，所以 $A(AX_0) = X_2$，也就是 $A^2 X_0 = X_2$，

　　推廣到 n 年後，就是 $A^n X_0 = X_n$，有此矩陣之後就可以進行每一年的預測。

回到問題：

1. $\begin{bmatrix} 第二年市區人口 \\ 第二年鄉村人口 \end{bmatrix} = \begin{bmatrix} 0.9 & 0.3 \\ 0.1 & 0.7 \end{bmatrix} \begin{bmatrix} 20 \\ 10 \end{bmatrix} = \begin{bmatrix} 21 \\ 9 \end{bmatrix}$、

   $\begin{bmatrix} 第三年市區人口 \\ 第三年鄉村人口 \end{bmatrix} = \begin{bmatrix} 0.9 & 0.3 \\ 0.1 & 0.7 \end{bmatrix} \begin{bmatrix} 21 \\ 9 \end{bmatrix} = \begin{bmatrix} 21.6 \\ 8.4 \end{bmatrix}$。

2. $\begin{bmatrix} 第n+1年市區人口 \\ 第n+1年鄉村人口 \end{bmatrix} = \begin{bmatrix} 0.9 & 0.3 \\ 0.1 & 0.7 \end{bmatrix}^n \begin{bmatrix} 20 \\ 10 \end{bmatrix}$

3. 穩定的意思為：市區去鄉村數量等於鄉村來市區數量，也就是人口轉移後數量不

   變，也就是 $X_n = X_{n+1}$，故可設數學式為 $\begin{bmatrix} 0.9 & 0.3 \\ 0.1 & 0.7 \end{bmatrix} \begin{bmatrix} a \\ b \end{bmatrix} = \begin{bmatrix} a \\ b \end{bmatrix}$。將其換回方程式來

   討論，$\begin{cases} 0.9a + 0.3b = a \\ 0.1a + 0.7b = b \end{cases}$，則 $0.1a = 0.3b \rightarrow a = 3b$，可得 $\begin{bmatrix} 市區人口 \\ 鄉村人口 \end{bmatrix} = \begin{bmatrix} a \\ b \end{bmatrix} = \begin{bmatrix} 3b \\ b \end{bmatrix}$，

   當市區與鄉村人口差 3 倍時，會變穩定狀態，就是市區與鄉村數量移動後不再變
   化，除非轉移矩陣改變。

   同時也可以用百分比表示，此時全體人口為 $4b$，所以

   $\begin{bmatrix} 市區人口 \\ 鄉村人口 \end{bmatrix} = \begin{bmatrix} 75\% 全體人口 \\ 25\% 全體人口 \end{bmatrix}$ 時，會變穩定狀態。以這題為例，總人數為 20 + 10

   萬，當 $\begin{bmatrix} 市區人口 \\ 鄉村人口 \end{bmatrix} = \begin{bmatrix} 75\% \times 30萬 \\ 25\% \times 30萬 \end{bmatrix} = \begin{bmatrix} 22.5萬 \\ 7.5萬 \end{bmatrix}$ 時，會變穩定狀態。

8-12 矩陣的應用 (2)：如何求轉移矩陣

　　在上一小節可以發現轉移矩陣的便利性，但是如果找轉移矩陣，都要先寫成聯立方程式那將會相當麻煩（但具有數學式的直覺性），再看一次上一小節的例題：發現每年市區會有 10% 人改到鄉村居住，90% 不動；鄉村會有 30% 人改到市區居住，70% 不動。其關係是 $\begin{cases} 0.9x_0 + 0.3y_0 = x_1 \\ 0.1x_0 + 0.7y_0 = y_1 \end{cases}$，故轉移矩陣為 $\begin{bmatrix} 0.9 & 0.3 \\ 0.1 & 0.7 \end{bmatrix}$。在此有兩個方法可以幫助找轉移矩陣。

1.樹狀圖找法

將其關係畫成樹狀圖，

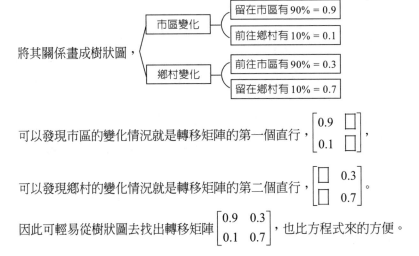

可以發現市區的變化情況就是轉移矩陣的第一個直行，$\begin{bmatrix} 0.9 & \square \\ 0.1 & \square \end{bmatrix}$，

可以發現鄉村的變化情況就是轉移矩陣的第二個直行，$\begin{bmatrix} \square & 0.3 \\ \square & 0.7 \end{bmatrix}$。

因此可輕易從樹狀圖去找出轉移矩陣 $\begin{bmatrix} 0.9 & 0.3 \\ 0.1 & 0.7 \end{bmatrix}$，也比方程式來的方便。

2.表格找法

下一階段 ＼ 上一階段	市區	鄉村	轉移矩陣
市區	90%	30%	$\begin{bmatrix} 0.9 & 0.3 \\ 0.1 & 0.7 \end{bmatrix}$
鄉村	10%	70%	

　　所以就有了更好的方法來求轉移矩陣，以利進行運算。

　　利用轉移矩陣，比一步一步去計算每一年的數量來的便利，同時交給電腦來計算矩陣自乘後，每一個位置數字的情形，再來乘上初始人口，就可得到想要的答案，對於人數的估計更加便利。有了矩陣的想法後，電腦效率會提升很多。

補充說明 1：轉移矩陣是一個預估值，應該每過一陣子就予以修正，但可以以該年
度爲基準去預估未來幾年內的情況。

補充說明 2：轉移矩陣不是只能討論人口變化，也可以討論其他有互相轉移的情況。
1. 商品市占率，如報紙的選擇改變，進而探討，何時變穩定狀態以及獲利情況。
2. 補習班的學生流動率，每三個月流失多少學生，又增加多少學生，何時變穩定狀
   態，以及獲利情況，來討論是否要收掉這個分店。

補充說明 3：安德雷·安德耶維齊·馬可夫（1856～1922），見圖 1，俄國數學家。
　　馬可夫的主要研究領域是機率和統計方面。他的研究開創隨機過程這個新的領域，
並以他的名字命名 —— 馬可夫鏈。馬可夫鏈在現代工程、自然科學和社會科學各個
領域都有很廣泛的應用。

圖 1

結論：
　　矩陣的兩大功能，一是對於高階數學：線性代數的部分內容。二是座標系圖形的
變形與移動。對於一般人來說，早期學習到的情況是單純的在紙本上的圖案變化，缺
乏描述數學家腦中抽象想像的逐步動作。同時在早期電腦科技下全面表達數學家的想
像。到 1980 年代起，可由 2D 馬力歐電動遊戲、2D 的動畫，一直到現代 3D 的遊戲、
3D 的動畫，這些都需要向量、矩陣的概念在內。

8-13 矩陣的應用 (3)：血型的轉移矩陣

　　曾有人討論過 AB 血型的人很少，同時有一部分人認為四個血型都是接近 25%。作者找了資料研究一下是否 AB 血型的人應該很少，或是說經過一代代結婚生子後會變少，並查詢目前臺灣的血型的比例。

　　先觀察父母與子女基因關係，見圖 1，並從圖 1 的粗框部分，可計算出到 A 型下一代各血型的機率，也就是下一代是 A 型（AA 與 Ai）有 8 個、B 型（BB 與 Bi）有 2 個、AB 型（AB）有 2 個、O 型（ii）有 4 個，以此類推後並計算機率，見圖 2，也就代表

著血型的轉移矩陣為 $\begin{bmatrix} 50\% & 12.5\% & 37.5\% & 25\% \\ 12.5\% & 50\% & 37.5\% & 25\% \\ 12.5\% & 12.5\% & 25\% & 0\% \\ 25\% & 25\% & 0\% & 50\% \end{bmatrix}$。

　　而由維基百科可知目前臺灣的血型是 A 型 26%、B 型 24%、AB 型 6%、O 型 44%。利用此轉移矩陣，假設 25 年一代，25 年後就是經過一次矩陣運算：

$$\begin{bmatrix} 50\% & 12.5\% & 37.5\% & 25\% \\ 12.5\% & 50\% & 37.5\% & 25\% \\ 12.5\% & 12.5\% & 25\% & 0\% \\ 25\% & 25\% & 0\% & 50\% \end{bmatrix}\begin{bmatrix} 26\% \\ 24\% \\ 6\% \\ 44\% \end{bmatrix} = \begin{bmatrix} 29.3\% \\ 28.5\% \\ 7.8\% \\ 34.5\% \end{bmatrix} = X_1$$

　　也就是 25 年後預估，A 型 29.3%、B 型 28.5%、AB 型 7.8%、O 型 34.5%，並可發現到 6 次後變穩定狀態，見圖 3，也就是 150 年後的血型分布是 A 型 30%、B 型 30%、AB 型 10%、O 型 30%。

結論：可以看出 AB 型的確是會最少。經查詢維基百科可知目前全球的國家都是 AB 型最少，所以此轉移矩陣有一定程度的正確性。

補充說明：討論血型的轉移，應該建立在封閉的情況轉移，才能有較精準的預測，而臺灣可以假設是一個相對封閉的情況，但是看起來目前並不是穩定狀態，可能是因為有新住民的移入，以及臺灣有特殊血型（如：孟買、米田堡血型），導致轉移矩陣需要修正。如果假設臺灣 AB 型的基因是 ABi，會得到一個新的情況，見圖 4，並發現多次轉移後與原本情況接近，參考圖 5、6，穩定後 A 型 27.6%、B 型 27.6%、AB 型 7.2%、O 型 37.6%，與一開始接近，見表 1，所以用轉移矩陣來討論血型的預測是相當有趣的。

表 1

	A	B	O	AB
目前	26%	24%	44%	6%
預期 4 代後穩定	27.6%	27.6%	37.6%	7.2%

補充說明 1：如果有現在血型的實際轉移情況，也就是找一段時間，比如說近十年，A型父親與下一代的各血型的機率，以此類推各血型以及母親部分，可作出臺灣的轉移矩陣，或許能驗證假設 AB 型是含有 ABi 基因，是否正確。

補充說明 2：A 型基因也表達為 $I^A I^A$、$I^A i$，而本書使用的是 AA、Ai，比較不會混淆。

父\母	血型		A		B		AB		O	
		基因	Ai		Bi		ABi		ii	
血型	基因	卵子\精子	A	i	B	i	A	B	i	i
A	Ai	A	AA	Ai	AB	Ai	AA	AB	Ai	Ai
		i	Ai	ii	Bi	ii	Ai	Bi	ii	ii
B	Bi	B	AB	Bi	BB	Bi	AB	BB	Bi	Bi
		i	Ai	ii	Bi	ii	Ai	Bi	ii	ii
AB	AB	A	AA	Ai	AB	Ai	AA	AB	Ai	Ai
		B	AB	Bi	BB	Bi	AB	BB	Bi	Bi
O	ii	i	Ai	ii	Bi	ii	Ai	Bi	ii	ii
		i	Ai	ii	Bi	ii	Ai	Bi	ii	ii

圖 1

下\上一代	A	B	AB	O
A	50.0%	12.5%	37.5%	25.0%
B	12.5%	12.5%	37.5%	25.0%
AB	12.5%	12.5%	25.0%	0.0%
O	25.0%	25.0%	0.0%	50.0%

圖 2

x0	x1	x2	x3	x4	x5	x6	x7
26.0%	29.3%	29.7%	29.9%	30.0%	30.0%	30.0%	30.0%
24.0%	28.5%	29.4%	29.8%	29.9%	30.0%	30.0%	30.0%
6.0%	7.8%	9.2%	9.7%	9.9%	10.0%	10.0%	10.0%
44.0%	34.5%	31.7%	30.6%	30.2%	30.1%	30.0%	30.0%

圖 3

父\母	血型		A		B		AB		O	
		基因	Ai		Bi		ABi		ii	
血型	基因	卵子\精子	A	i	B	i	A	B	i	i
A	Ai	A	AA	Ai	AB	Ai	AA	AB	Ai	Ai
		i	Ai	ii	Bi	ii	Ai	Bi	ii	ii
B	Bi	B	AB	Bi	BB	Bi	AB	BB	Bi	Bi
		i	Ai	ii	Bi	ii	Ai	Bi	ii	ii
AB	AB	A	AA	Ai	AB	Ai	AA	AB	Ai	Ai
		B	AB	Bi	BB	Bi	AB	BB	Bi	Bi
		i	Ai	ii	Bi	ii	Ai	Bi	ii	ii
		i	Ai	ii	Bi	ii	Ai	Bi	ii	ii
O	ii	i	Ai	ii	Bi	ii	Ai	Bi	ii	ii
		i	Ai	ii	Bi	ii	Ai	Bi	ii	ii

圖 4

下\上一代	A	B	AB	O
A	50.00%	11.10%	33.30%	22.20%
B	11.10%	50.00%	33.30%	22.20%
AB	11.10%	11.10%	14.80%	0.00%
O	27.80%	27.80%	18.50%	55.60%

圖 5

	x0	x1	x2	x3	x4	x5
A	26.0%	27.4%	27.6%	27.6%	27.6%	27.6%
B	24.0%	26.7%	27.3%	27.5%	27.9%	27.9%
AB	6.0%	6.4%	7.0%	7.1%	7.2%	7.2%
O	44.0%	39.5%	38.2%	37.8%	37.6%	37.6%

圖 6

在數學中最令我欣喜的，是那些能被證明的東西。

——羅素（Russell）

這是一個可靠的規律，當數學或哲學著作的作者以模糊深奧的話寫作時，他是
在胡說八道。

——A·N·懷德海（Alfred North Whitehead）

死背定義的數學學習方式，或說不清楚的數學，根本不配稱為好的數學教育。

——波提思（Praxis）

數學是一門可以被說清楚的演繹邏輯，不能說清楚的部分愈少愈好

——波提思（Praxis）

第九章
總結

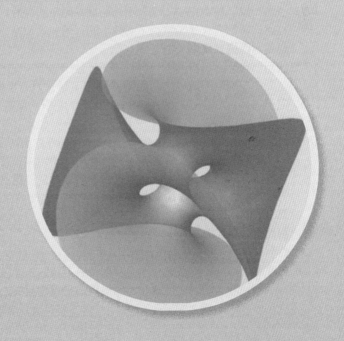

9-1 相關歷史

　　本節略作介紹，中學數學中，行列式、矩陣、列運算、向量的歷史。

行列式、矩陣、列運算的數學史

十七世紀前

1545 卡當在解兩個一次方程組的方法。他把這種方法稱為「母法」（regula de modo）。這種方法和後來的克拉瑪法則已經很相似了，但卡當並沒有給出行列式的概念。

1693 德國，萊布尼茲 — 行列式論：萊布尼茲對行列式的研究成果中已經包括了行列式的展開和克拉瑪法則，**但這些結果在當時並不為人所知。**

十八世紀

1730 蘇格蘭，科林・麥克勞林在他的《論代數》中已經開始闡述行列式的理論，記載了用行列式解二元、三元和四元一次方程的方法，並給出了四元一次方程組的一般解的正確形式，儘管這本書直到麥克勞林逝世兩年後 1748 年才得以出版。

1750 瑞士，克拉瑪整理出解三元聯立方法：行列式與克拉瑪法則。

1764 法國，艾蒂安・貝祖的論文中，關於行列式計算的研究，簡化了克萊瑪法則，並給出判別線性方程組的方法。

1771 法國，亞歷山德・西奧菲勒・范德蒙德的論著中，是第一個將行列式與解方程理論分離，對行列式單獨作出闡述。這是數學家們開始對**行列式本身進行研究的開始**。

1772 法國，拉普拉斯在論文《對積分和世界體系的探討》中，推廣了范德蒙德著作裡面，將行列式展開為若干個較小的行列式之和的方法，發展出子式的概念。也就是**行列式降階**的概念。

1772 法國，約瑟夫・拉格朗日發現了的行列式與空間中體積的聯繫。他發現：原點和空間中三個點所構成的**四面體的體積**，是它們的**坐標所組成的行列式的六分之一**。即為原點和空間中三個點，展開的平行六面體，是行列式的值。

十九世紀

1810 行列式在歐洲被稱為「determinant」這稱呼由高斯在他的《算術研究》中引入的。這詞有「決定」意思，因為在高斯的使用中，行列式能夠決定二次曲線的性質。在同一本著作中，高斯還敘述一種通過係數之間加減，來求解多元一次方程組的方法，也就是現在的高斯消元法（高斯列運算）。並創立一個符號來運算，現稱：增廣矩陣。

1829 柯西將行列式排成方陣來加以討論。

1830 行列式被用於多重函數的積分。

1850 凱萊和詹姆斯・約瑟夫・西爾維斯特將矩陣的概念，引入數學研究中。發現行列式和矩陣之間的密切關係，使得矩陣論蓬勃發展的同時，也帶來許多關於行

列式的新結果。行列式被應用各種領域中。高斯在二次曲線和二次型的研究中，使用行列式作爲二次曲線和二次型，劃歸爲標準型時的判別依據。卡爾·魏爾斯特拉斯和西爾維斯特研究矩陣的行列式以及初等因子，完善二次型理論。

1858 阿瑟·凱萊是矩陣論的奠基人，並驗證 3×3 矩陣。

1884 龐加萊在兩篇不嚴謹地使用了無限維矩陣和行列式理論的文章，開始對無限維矩陣的專門研究。

1896 漢密爾頓由弗羅貝尼烏斯 1894 年的論文中，討論了矩陣理論和四元數理論的關係，其中證明 4×4 矩陣，並給出了凱萊 — 哈密爾頓定理的完整證明。

1906 希爾伯特引入無限二次型（相當於無限維矩陣）對積分方程進行研究，極大地促進了無限維矩陣的研究。在此基礎上，施密茨、赫林格和特普利茨發展出算子理論，而無限維矩陣成爲了研究函數空間算子的有力工具。

小結：19 世紀後，矩陣理論沿著兩個方向發展，分別是作爲抽象代數結構，和作爲代數工具描述幾何空間的線性變換。矩陣理論爲群論和不變數理論的發展。

物理、向量的歷史

1829 科里奧利和彭賽列經過共同研究後，各自發表的著作中正式引進了現在的「功」和「動能」的概念，並討論了兩者之間的關係。

1840 格拉斯曼進行潮起潮落理論的空間分析，有數量積和向量差異的想法。但其內容不被重視，一直到 1870 年。

1843～1846 漢密爾頓因四元數與複數的研究，做出了向量的前身。

1840～1870 漢密爾頓、朱斯托、柯西、赫爾曼·格拉斯曼、莫比烏斯月、伯爵聖維南、馬修·奧布賴恩。這些數學家有著對向量的各自的研究。

1873 物理學家**詹姆斯·克拉克·麥克斯韋**出版《**電磁通論**》。**麥克斯韋**以四元數的代數運算去表述電磁場理論，並將電磁場的勢作爲其電磁場理論的核心。到 1881 年運用純量勢和向量勢來解麥克斯韋方程組是現今通用的解法。幾年後黑維塞和彼得·格思里·泰特就向量分析和引入四元數兩種方法在對電磁場的研究中的相對優越性進行了爭論。

1878 克利福德簡化四元數的研究，利用向量的內積和外積。

1881 約西亞·威拉德吉布斯，以**麥克斯韋在 1864 年發表的論文《電磁場的動力學理論》**，分離出向量的基本性質，進行計算整理。

1901 埃德溫·比德韋爾威爾遜發表向量分析，改編自吉布的講座。

結論：

　　20 世紀數學家研究物理向量的數學式特性，發現與數學可以相結合，其概念可簡化許多過程，到如今向量與矩陣的研究是線性代數內容的重要部分。

　　20 世紀末電腦技術的成熟，向量與矩陣被應用在電腦動畫。

9-2 結論

　　在我們的數學學習中，有關於行列式、向量、矩陣、因為加入物理概念導致學習相當混亂。或許使用向量的教學能簡化學習，但因為增加太多的名詞，與突如其來的定義，會令人感覺相當突兀、單元不連貫，或者會令人感覺各單元各自獨立的情形。而這些問題從歷史上來看就一目了然，但唯一的缺點是原本解析幾何的方法，太過麻煩並且難以推導。

　　傳統解析幾何已經可以解決當時的很多問題，但當數學家將代數問題慢慢推到 n 維度，發現原本的方法不夠使用，所以首先出現了行列式（這與現在中學課本順序不同），接著數學與物理各自研究：數學家發展出矩陣；物理學家發展出向量。同時數學家也利用向量的內容，再繼續發展為**線性代數**、及**向量分析**。

　　可以發現數學也需要其他科目的靈感來加以茁壯，否則原本方法可能難以推導。向量跟矩陣的相互討論，就是現在的線性代數。向量與矩陣對於現代是非常重要的，它是電腦動畫、統計、工程數學的根本。可以了解到，數學的知識必須走在科技前面，即便是數學知識在當下不知能否用到，但在未來的某一天它就是科技的重要基礎。

**　　由上一小節已知部分相關歷史，作者節錄出重要里程碑**

1545　卡當有**行列式概念**。

1750　**克拉瑪的行列式**出現。

1829　柯西將行列式看做整體來，延伸出**矩陣**。

1829　物理出現「**功**」的概念。

1840　物理開始有**向量**的研究，於現代觀點可視作將行列式拆開來看。

1864　物理有電磁學的概念，並**討論向量**的性質。

1901　向量分析被發表。

20 世紀　數學家研究物理向量的數學式特性，發現與數學可以相結合，其概念可簡化許多過程，到如今向量與矩陣的研究是線性代數內容的重要部分。
同時向量再度回到物理，如：希爾伯特空間。

20 世紀末　電腦技術的成熟，向量與矩陣大量應用在電腦動畫。

　　在臺灣教育，原本是用傳統解析幾何的方式來教空間，但在 61 或 73 課綱時（1972 年或 1984 年）才改為用向量方式講解空間，換句話說用向量教解析幾何是近 50 年的事情，但如果不去思考改變教法是否順暢，那麼學生將學的莫名其妙。

　　了解歷史可以很清楚看到發展的軌跡：傳統幾何與座標系→行列式→列運算→向量、矩陣各自發展→向量、矩陣一起發展。與現行課本相當的不同，現在課本拿掉了許多直覺的部分，直接教向量，然後是行列式的規則，再說計算空間問題要用到行列式，也就是先教規則才說可以用在哪裡。**作者認為應該有頭有尾，先講問題，再說**

明解決的方式。

　同時現行教科書在向量的介紹中引進物理觀念，令人不禁懷疑這個數學式的合理性為何？所以用歷史來學習，固然慢點，但勝在清晰且直覺。引用向量作為介紹空間，也應該說清楚向量的內積、外積的內容，也就是必須**僅以數學方式說明**（內積：夾角問題；外積：求公垂向量解兩次內積的聯立方程式），而沒有必要引進物理概念（功與力矩）。因為物理有功的內積數學式，也無法說明數學有這條數學式，這樣會讓學生誤會學習空間必須用到向量。**事實上傳統解析幾何的內容用向量符號改寫後，就能驗證功與力矩的數學式。**所以是數學支撐物理，而不是用物理來學數學。

　不可否認向量介紹空間，有其非常方便的便利性，但數學與其他科最大的不同，是必須讓人 100% 覺得合理，不存在死背，不能說這就是公式（內積、外積）而不去說明為什麼，這樣就不配稱為數學。如果真的要用向量來介紹空間，也必須說明數學上內積、外積的意義與由來。以及為什麼用向量改變數學的教法，**因為利用垂直而內積為 0，使得解析變得乾淨俐落，縮短了運算過程，這些都是應該點明的。**

註 1：令學生覺得死背或是不合理的數學，最早的是起源是負負得正，也就是討厭數學的起點，附錄 1 會說明為何負負得正。
註 2：數字的由來，也是有其典故，其實也該說明清楚，見附錄 2。

　為什麼會編寫這本書？作者之一在學習與教學上，是用物理的向量部分（功與力矩）來討論空間，而不是用數學的想法，但這並不是正確的學習數學方式。如果用餘弦定理來說明內積，就能使學習順利。兩位作者都認為不該用物理（功與力矩）的方式來討論空間，同時討論後發現在更早的課綱內容是用傳統解析幾何來學習空間，因此重新整理有關空間、行列式、矩陣、向量的內容。

　希望本書有助於向量的學習，不再莫名其妙的死背公式：內積、外積，以及必須用物理方式理解內積、外積，再硬套到數學上，其實可以直接用數學方式來學習內積、外積，不需要以物理方式解釋數學。

Note

附錄

附錄 1. 為什麼負負得正呢？

變號公式為什麼正確？正 × 正 = 正、正 × 負 = 負、負 × 正 = 負、負 × 負 = 正，公式中的正、負所代表的是正數、負數，或是說加減？先認識數字的概念，在正負數中有一個奇妙的地帶，正 1 與負 1 距離是 2，但其他相鄰數字都是距離 1，其中正 1 與負 1 距離是 2 感覺很奇怪，為了每一個相鄰數字都是距離 1，才將空洞補起來，而這個空洞就是 0，0 並不是為了表示沒有，而是讓每一個數與數之間的間隔一樣，0 剛好在正數負數的最中間，而同時它的意義也能代表著沒有。因為數字的世界，增加 0 與負數，定下每一個數（正數）都有一個對應的負數，並且正數加上所對應的負數等於 0；$a + (-a) = 0$，是正整數。對應的負數：原本的數前方加上負號，又稱加法反元素。變號公式問題，使用變號時，有時是兩數相乘時有負數而變號，例如：$(-2) \times (-3) = 6$、$7 \times (-3) = -21$；有時卻又是加、減號與負數而變號，例如：$20 + (-1) = 20 - 1 = 19$；那麼變號公式說的到底是哪一個情形？還是兩個情況用的是一樣的公式？

乘法部分的變號：

正數乘正數得到正數，「正正得正」本身沒有問題，加入負號會產生什麼變化呢？
用嚴謹的數學說明正數與負數彼此相乘的關係：

1. 負正得負：已知 $a + (-a) = 0$ 令 $a = 1$，以及利用分配律的觀念。

$$1 + (-1) = 0$$

同乘1　　　　　　　　　　$[1 + (-1)] \times 1 = 0 \times 1$

分配律展開　　　　　　　$1 \times 1 + (-1) \times 1 = 0$

這時候(−1)×1不知道多少　$1 + (-1) \times 1 = 0$

同時加上 −1　　　　　　$-1 + 1 + (-1) \times 1 = -1 + 0$

結合律　　　　　　　　　$(-1 + 1) + (-1) \times 1 = -1$

0加上任何數等於任何數　$0 + (-1) \times 1 = -1$

負正得負　　　　　　　　$(-1) \times 1 = -1$

注意這時「負正得負」，負正得負不是符號，是負數乘正數。

2. 正負得負：接著把乘 1 放在前面，同理再做一次，就能看到「正負得負」並可知道負數、正數的相乘也具有交換律：負數乘正數 = 正數乘負數。

3. 負負得正：同樣的方法再做一次，這次乘上 −1

$$1 + (-1) = 0$$

同乘 −1　　　　　　　　$[1 + (-1)] \times (-1) = 0 \times (-1)$

分配律展開　　　　　　$1 \times (-1) + (-1) \times (-1) = 0$

已知 $1 \times (-1) = -1$，這時候不知道 $(-1) \times (-1)$ 為多少？

$$-1 + (-1) \times (-1) = 0$$

同時加上1	$1-1+(-1)\times(-1)=1+0$
結合律	$(1-1)+(-1)\times(-1)=1$
0加上任何數等於任何數	$0+(-1)\times(-1)=1$
負負得正	$(-1)\times(-1)=1$

注意這時「負負得正」負負得正不是符號,是負數乘負數。

加減部分的變號:運算符號的變號公式是另一件事情,但其規則是一樣,現在來看其原因。弄錯唸法的4個運算:

正正得正:$a+(+b)=a+b\Rightarrow 2+(+1)=2+1=3$ (原本有2元加上1元)

正負得負:$a+(-b)=a-b\Rightarrow 2+(-1)=2-1=1$ (原本有2元加上你還欠別人1元)

負正得負:$a-(+b)=a-b\Rightarrow 2-(+1)=2-1=1$ (原本有2元花掉1元)

負負得正:$a-(-b)=a+b\Rightarrow$

想法1:$100-90=10$	100元花去90元,剩10元	
想法2:$100-90$		
$=100-(100-10)$	已知$90=100-10$	
$=100-(100+(-10))$	已知,減法 = 加負數 $-10=+(-10)$	
$=100-100-(-10)$	而減法可以2個加起來付錢,例:$7-(1+2)$	
	也可以分開付錢$7-1-2$	
$=0-(-10)$	此式應該要等於想法1的答案10元	
$\Rightarrow\quad 10=0-(-10)$		
$0+10=0-(-10)$	所以減負得加	

所以加減時的口訣應該這樣念才正確,見下表。

錯誤念法	運算	正確念法
正正得正	$a+(+b)=a+b$	加正數,用加法
正負得負	$a+(-b)=a-b$	加負數,用減法
負正得負	$a-(+b)=a-b$	減正數,用減法
負負得正	$a-(-b)=a+b$	減負數,用加法

也就是「加減運算符號」與「正負性質符號」,會得到運算的方法。

結論:清楚四個口訣的由來後,可以把正負符號當正負數直接使用,其結果不變,但原理要知道。**讀者一定要弄清楚,因為沒有道理的死背公式,會開始厭惡數學。**

補充說明：負數的加減法，也可以用另外一個方法。

　　已知你有 100 元，同時你還欠別人 80 元，那還錢後是剩 20 元，其數學式為 100 + (−80) = 100 − 80 = 20。

　　那換一個情境，如果別人說不用還了，理論上可知，還會有 100 元，但如果把每一個事件，有 100 元，要還 80 元，不用還 80 元了，都寫在數學式中，會是 100 + (−80) − (−80)，而答案會是 100，故 100 + (−80) − (−80) = 100，而依照順序可知 100 + (−80) = 20，所以變成 20 − (−80) = 100，減 (−80) 應該是怎樣與 20 運算才會得到 100 呢？20 − (−80) = 100 必須是 20 + 80 才可以等於 100，所以減負得加法。

附錄 2. 為什麼阿拉伯數字會長這樣？

阿拉伯數字並非阿拉伯人發明，是印度人發明。而印度人又是學習腓尼基人商人的計算方法，一套方便的符號與計算方式。隨後阿拉伯人經由經商將這套方便的數字，流傳到歐洲再傳到世界各地。有幾個角表示數字幾，看完原始寫法就是多少數字

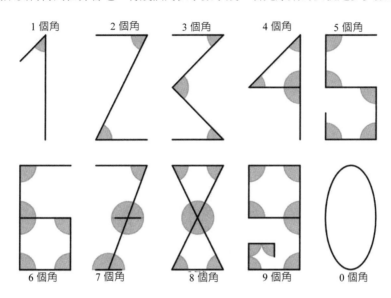

真正的阿拉伯數字是這樣寫，而且阿拉伯人數字書寫是由右向左

印度數字	0	1	2	3	4	5	6	7	8	9	10
阿拉伯數字	·	١	٢	٣	٤	٥	٦	٧	٨	٩	١٠

補充說明：羅馬數字

羅馬數字方便記憶，卻不好計算，而且沒有 0。計算的時候，羅馬人使用算板，而不是羅馬數字。好比說中國以前算數是用算盤，而不是國字去加減。在許多地方使用羅馬數字象徵其特殊性。羅馬數字的由來，打仗時用樹枝來計算天數，以 1 根樹枝代表 1、2 根樹枝代表 2、到了 5 用 V，可以表示第一代、第二代、一世、二世等，對於加減法方便，但在乘除法上就相當的麻煩。

羅馬數字規則

1. 羅馬數字的計算規則，
   1 個羅馬數字出現幾次代表那個數字加幾次，III = 1 + 1 + 1 = 3
2. 小的數在右邊是加，　6 = VI，　　　　I 是 1，　　　V 是 5
   　　　　　　　　　60=LX，　　　　　X 是 10，　　L 是 50
   小的數在左邊是減，　4 = IV，　　　　I 是 1，　　　V 是 5
   　　　　　　　　　40 = XL，　　　　X 是 10，　　L 是 50
   但左邊減小數字不能跨位元數，就是說百位不能減去個位 99 不能寫成 IC
   要寫 90 + 9 = XC + IX ➡ XCIX，同樣的右邊加數字不能一樣的出現 3 次，
   比如說 9 不能寫 VIIII 要寫 10 – 1 等於 IX。
3. 在一個羅馬數字上方加一個橫線、或右下方寫 M，代表該數字乘上 1000 倍，2
   條橫線是 1000 倍再 1000 倍。
   如 $\overline{V}$=5×1000=5000；X_M =10×1000 = 10,000；$\overline{\overline{V}}$=5×1000×1000=5,000,000；
4. 數碼限制：同樣羅馬數字最多只能出現 3 次，如 40。不能表示為 XXXX，而要
   表示為 XL。但是，由於 IV 是古羅馬神話主神朱庇特（IVPITER）的開頭，因此
   用 IIII 來代替 IV，一般的大時鐘就用 IIII 代替，但不包括英國大笨鐘。有可能是
   為了時鐘數位都是 2 個字的關係。羅馬數字相當特別，只有 1 = I、5 = V、10 =
   X、50 = L、100 = C、500 = D、1000 = M，剩下都靠組合。

阿拉伯數字	1	2	3	4	5
羅馬數字	I	II	III	IV	V
阿拉伯數字	6	7	8	9	10
羅馬數字	VI	VII	VIII	IX	X
阿拉伯數字	11	12	13	14	15
羅馬數字	XI	XII	XIII	XIV	XV
阿拉伯數字	16	17	18	19	20
羅馬數字	XVI	XVII	XVIII	XIX	XX
阿拉伯數字			30	40	50
羅馬數字			XXX	XL	L
阿拉伯數字	60	70	80	90	100
羅馬數字	LX	LXX	LXXX	XC	C
阿拉伯數字	100	200	300	400	500
羅馬數字	C	C	C	CD	D
阿拉伯數字	600	700	800	900	1000
羅馬數字	DM	DMM	DMMM	CM	M
阿拉伯數字	5000	1000000	5000000	101	299
羅馬數字	$\overline{V}$	$\overline{M}$	$\overline{\overline{V}}$	CI	CCXCIX

附錄 3. 配方法與雙重配方法

$ax^2 + bx + c$ 的配方法

$ax^2 + bx + c$

$= a(x^2 + \dfrac{b}{a} \times x) + c$

$= a(x^2) + 2 \times \dfrac{b}{2a} \times x + (\dfrac{b}{2a})^2) + c - a \times (\dfrac{b}{2a})^2$

$= a(x + \dfrac{b}{2a})^2 + c - \dfrac{b^2}{4a}$

所以是最小值 $c - \dfrac{b^2}{4a}$，發生在 $x + \dfrac{b}{2a} = 0$，x 值為 $-\dfrac{b}{2a}$。

結論：

$ax^2 + bx + c$ 經配方法，得到 $a(x + \dfrac{b}{2a})^2 + c - \dfrac{b^2}{4a}$，

當 x 值為 $-\dfrac{b}{2a}$，有最小值 $c - \dfrac{b^2}{4a}$。

$ax^2 + bxy + cy^2 + dx + ey + f$ 的雙重配方法

$ax^2 + bxy + cy^2 + dx + ey + f$

目標是變成 $(\square x + \square y + \square)^2 + (\square y + \square)^2 + \square$，找出每個框框的個別係數。

先處理 x^2, xy, x 三項，得到

$(\sqrt{a}x + \dfrac{b}{2\sqrt{a}}y + \dfrac{d}{2\sqrt{a}})^2 - (\dfrac{b}{2\sqrt{a}}y)^2 - 2 \times (\dfrac{b}{2\sqrt{a}}y) \times (\dfrac{d}{2\sqrt{a}}) - (\dfrac{d}{2\sqrt{a}})^2 + cy^2 + ey + f$

化簡後，得到。

$(\sqrt{a}x + \dfrac{b}{2\sqrt{a}}y + \dfrac{d}{2\sqrt{a}})^2 + (c - (\dfrac{b}{2\sqrt{a}})^2)y^2 + (e - 2 \times (\dfrac{b}{2\sqrt{a}}) \times (\dfrac{d}{2\sqrt{a}}))y + (f - (\dfrac{d}{2\sqrt{a}})^2)$

$= (\sqrt{a}x + \dfrac{b}{2\sqrt{a}}y + \dfrac{d}{2\sqrt{a}})^2 + (c - \dfrac{b^2}{4a})y^2 + (e - \dfrac{bd}{2a})y + (f - \dfrac{d^2}{4a^2})$

第二步要處理 y^2, y 兩項，得到

$$(\sqrt{a}x + \frac{b}{2\sqrt{a}}y + \frac{d}{2\sqrt{a}})^2 + (c - \frac{b^2}{4a})[y^2 + \frac{e - \frac{bd}{2a}}{c - \frac{b^2}{4a}} \times y] + (f - \frac{d^2}{4a^2})$$

$$= (\sqrt{a}x + \frac{b}{2\sqrt{a}}y + \frac{d}{2\sqrt{a}})^2 + (c - \frac{b^2}{4a})[y^2 + 2 \times (\frac{1}{2} \times \frac{e - \frac{bd}{2a}}{c - \frac{b^2}{4a}}) \times y + (\frac{1}{2} \times \frac{e - \frac{bd}{2a}}{c - \frac{b^2}{4a}})^2]$$

$$+ (f - \frac{d^2}{4a^2}) - (c - \frac{b^2}{4a})(\frac{1}{2} \times \frac{e - \frac{bd}{2a}}{c - \frac{b^2}{4a}})^2$$

$$= (\sqrt{a}x + \frac{b}{2\sqrt{a}}y + \frac{d}{2\sqrt{a}})^2 + (c - \frac{b^2}{4a})[y + \frac{1}{2} \times \frac{e - \frac{bd}{2a}}{c - \frac{b^2}{4a}}]^2 + (f - \frac{d^2}{4a^2}) - (c - \frac{b^2}{4a})(\frac{1}{2} \times \frac{e - \frac{bd}{2a}}{c - \frac{b^2}{4a}})^2$$

$$= (\sqrt{a}x + \frac{b}{2\sqrt{a}}y + \frac{d}{2\sqrt{a}})^2 + (c - \frac{b^2}{4a})[y + \frac{2ae - bd}{4ac - b^2}]^2 + (f - \frac{d^2}{4a^2} - \frac{1}{4a} \times \frac{(2ae - bd)^2}{4ac - b^2})$$

所以最小值 $f - \frac{d^2}{4a^2} - \frac{1}{4a} \times \frac{(2ae - bd)^2}{4ac - b^2}$，發生在 $y + \frac{2ae - bd}{4ac - b^2} = 0$，$y$ 值為

$-\frac{2ae - bd}{4ac - b^2}$，求出 y 值代入 $\sqrt{a}x + \frac{b}{2\sqrt{a}}y + \frac{d}{2\sqrt{a}} = 0$，就能得到 x 值為 $x = \frac{be - 2cd}{4ac - b^2}$。

結論：

$ax^2 + bxy + cy^2 + dx + ey + f$ 經雙重配方法，得到，

$$(\sqrt{a}x + \frac{b}{2\sqrt{a}}y + \frac{d}{2\sqrt{a}})^2 + (c - \frac{b^2}{4a})[y + \frac{2ae - bd}{4ac - b^2}]^2 + (f - \frac{d^2}{4a^2} - \frac{1}{4a} \times \frac{(2ae - bd)^2}{4ac - b^2})，$$

當 x 值為 $\frac{be - 2cd}{4ac - b^2}$，$y$ 值為 $-\frac{2ae - bd}{4ac - b^2}$，有最小值 $f - \frac{d^2}{4a^2} - \frac{1}{4a} \times \frac{(2ae - bd)^2}{4ac - b^2}$。

附錄 4. 相關聯結

CH8 可用連結

1. 向量平移

   https://youtu.be/IiVWt3Z9zf0
2. 向量放大

   https://youtu.be/Gz4AUFfjInM
3. 向量旋轉

   https://youtu.be/snzhYdv1_a4
4. 向量平移 2

   https://youtu.be/23fhfPAxZLQ
5. 向量放大 2

   https://youtu.be/AjiJ_O7CMgE
6. 向量旋轉 2

   https://youtu.be/R3qtQLmnYuU
7. 向量分解再變形

   https://youtu.be/CLajjtM9gk4
8. 向量分解再變形 2

   https://youtu.be/7oWZgXd5440
9. 向量 — 五芒星平移

   https://youtu.be/UfheQ5uDsTU
10. 向量 — 五芒星自體中心旋轉

    https://youtu.be/4Eva6OKs8Mw
11. 向量 — 五芒星某一角爲中心作旋轉

    https://youtu.be/LYtZUZtPGpo
12. 向量 — 五芒星某一角爲中心作旋轉

    https://www.youtube.com/watch?v=c8a9y_xUyGs&feature=youtu.be
13. 向量 — 五芒星放大縮小

    https://youtu.be/TZaZKxjp4a4
14. 向量 — 五芒星鏡射

    https://youtu.be/n4-vy2okB5A
15. 向量 — 五芒星伸縮

    https://youtu.be/2ka27pYnbzE
16. 矩陣 $A \times$ 矩陣 $B \neq$ 矩陣 $B \times$ 矩陣 A

    https://www.youtube.com/watch?v=lzfgXG4-FmU&feature=youtu.be

以上也可在 youtube 搜尋「波提思 向量」，即可找到。

8-13 血型參考資料

17. https://zh.wikipedia.org/wiki/ABO%E8%A1%80%E5%9E%8B%E7%B3%BB%E7%BB%9F

18. http://www.blood.org.tw/Internet/main/docDetail.aspx?docid=23744&pid=6377&uid=6380

19. https://zh.wikipedia.org/wiki/%E8%A1%80%E5%9E8B#.E4.BA.9E.E5.AD.9F.E8.B2.B7.E8.A1.80.E5.9E.8B.E7.B3.BB.E7.B5.B1

9-1 歷史資料參考自 WIKI

20. 行列式

https://zh.wikipedia.org/wiki/%E8%A1%8C%E5%88%97%E5%BC%8F#.E5.8E.86.E5.8F.B2

21. 漢彌爾頓

https://zh.wikipedia.org/wiki/%E5%9B%9B%E5%85%83%E6%95%B8

22. 矩陣

https://zh.wikipedia.org/wiki/%E7%9F%A9%E9%99%A3%E7%90%86%E8%AB%96

23. 克拉瑪

https://zh.wikipedia.org/wiki/%E5%8A%A0%E5%B8%83%E9%87%8C%E5%B0%94%C2%B7%E5%85%8B%E6%8B%89%E9%BB%98

21. 麥克斯韋

https://zh.wikipedia.org/wiki/%E8%A9%B9%E5%A7%86%E6%96%AF%C2%B7%E5%85%8B%E6%8B%89%E5%85%8B%C2%B7%E9%BA%A6%E5%85%8B%E6%96%AF%E9%9F%A6

24. 埃德溫‧比德韋爾威爾遜

https://zh.wikipedia.org/wiki/%E7%BA%A6%E8%A5%BF%E4%BA%9A%C2%B7%E5%A8%81%E6%8B%89%E5%BE%B7%C2%B7%E5%90%89%E5%B8%83%E6%96%AF

25. 科里奧利和彭賽列

https://zh.wikipedia.org/wiki/%E8%B4%BE%E6%96%AF%E5%B8%95-%E5%8F%A4%E6%96%AF%E5%A1%94%E5%A4%AB%C2%B7%E7%A7%91%E9%87%8C%E5%A5%A5%E5%88%A9

9-2 參考連結

26. 課綱參考連結

https://www.facebook.com/notes/%E6%9E%97%E7%91%9E%E6%81%92/%E6%95%99%E5%AD%B8%E7%B6%93%E9%A9%97%E5%82%B3%E6%89%BF%E4%B9%8B%E5%89%8D%E6%95%B8%E5%AD%B8%E8%AA%B2%E7%B6%B1/810309022384313

國家圖書館出版品預行編目資料

圖解向量與解析幾何／吳作樂，吳秉翰著.
　－－初版.－－臺北市：五南圖書出版股份
　有限公司，2017.11
　　面；　公分
　ISBN 978-957-11-9418-9（平裝）

1.向量分析　2.幾何

313.76　　　　　　　　106016527

5Q39

圖解向量與解析幾何

作　　　者 ― 吳作樂（56.5）、吳秉翰

發 行 人 ― 楊榮川

總 經 理 ― 楊士清

總 編 輯 ― 楊秀麗

副總編輯 ― 王正華

責任編輯 ― 金明芬

封面設計 ― 姚孝慈

出 版 者 ― 五南圖書出版股份有限公司

地　　　址：106台北市大安區和平東路二段339號4樓

電　　　話：(02)2705-5066　　傳　　真：(02)2706-6100

網　　　址：https://www.wunan.com.tw

電子郵件：wunan@wunan.com.tw

劃撥帳號：01068953

戶　　　名：五南圖書出版股份有限公司

法律顧問　林勝安律師事務所　林勝安律師

出版日期　2017年11月初版一刷
　　　　　2021年 2 月初版二刷

定　　　價　新臺幣300元

經典永恆·名著常在

五十週年的獻禮 — 經典名著文庫

五南，五十年了，半個世紀，人生旅程的一大半，走過來了。
思索著，邁向百年的未來歷程，能為知識界、文化學術界作些什麼？
在速食文化的生態下，有什麼值得讓人雋永品味的？

歷代經典·當今名著，經過時間的洗禮，千錘百鍊，流傳至今，光芒耀人；
不僅使我們能領悟前人的智慧，同時也增深加廣我們思考的深度與視野。
我們決心投入巨資，有計畫的系統梳選，成立「經典名著文庫」，
希望收入古今中外思想性的、充滿睿智與獨見的經典、名著。
這是一項理想性的、永續性的巨大出版工程。
不在意讀者的眾寡，只考慮它的學術價值，力求完整展現先哲思想的軌跡；
為知識界開啟一片智慧之窗，營造一座百花綻放的世界文明公園，
任君遨遊、取菁吸蜜、嘉惠學子！